UM OLBERNHAU UND SEIFFEN

Akademie der Wissenschaften der DDR
Institut für Geographie und Geoökologie
Arbeitsgruppe Heimatforschung

Werte unserer Heimat

Heimatkundliche Bestandsaufnahme
in der Deutschen Demokratischen Republik

Band 43

Um Olbernhau und Seiffen

Ergebnisse
der heimatkundlichen
Bestandsaufnahme
in den Gebieten von Zöblitz,
Olbernhau, Neuwernsdorf
und Rübenau

Von einem Autorenkollektiv

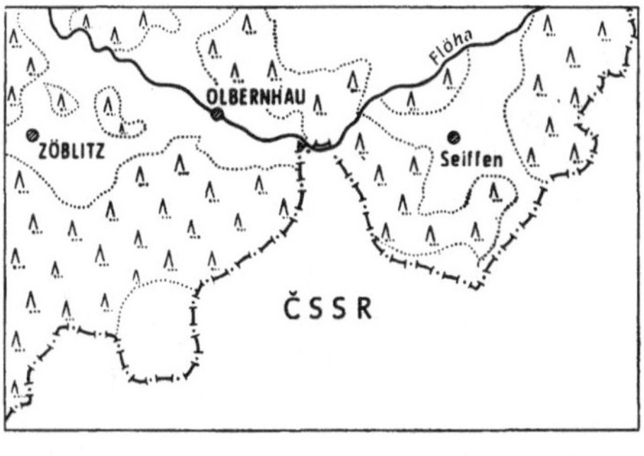

Mit 39 Abbildungen,
20 Kunstdrucktafeln,
1 Übersichtskarte

Akademie-Verlag Berlin
1985

Leitung der wissenschaftlichen Bearbeitung und Redaktion:
Dr. sc. Dietrich Zühlke †, Akademie der Wissenschaften der DDR,
Institut für Geographie und Geoökologie, Arbeitsgruppe Heimatforschung, 8010 Dresden, Augustusstraße 2

Erschienen im Akademie-Verlag Berlin, 1086 Berlin, Leipziger Straße 3–4

Lizenznummer: 202 · 100/131/85
P 120/83
Printed in the German Democratic Republic
Gesamtherstellung: VEB Druckhaus „Maxim Gorki", 7400 Altenburg
LSV 5235
Bestellnummer: 754 272 0 (2084/43)

01250

INHALTSVERZEICHNIS

VORWORT

Erste Bemühungen um einen Band „Seiffen und Olbernhau" von Dr. Karl-Ewald Fritzsch gehen auf die Zeit 1959/60 zurück. Daraus resultierten Beschreibungen von Johannes Eichhorn in Seiffen und Curt Jeremies in Neuhausen über ihre Wirkungsorte und deren unmittelbare Umgebung. Außerdem erarbeitete Paul Roitzsch aus Marienberg 1961/62 historische Einzeldarstellungen von einem Gebiet zwischen Pfaffroda, Olbernhau und Rothenthal, das mit den Feldern C und J dieses Bandes übereinstimmt.
Auf diese Vorarbeiten konnte zurückgegriffen werden, als 1976 ein Autorenkollektiv das Bemühen um einen Band für dieses Gebiet fortsetzte. Bei der damaligen wie bei der 1980/81 erfolgten Gesamtbearbeitung halfen Behörden, Institutionen und Betriebe in mannigfacher Weise. Hellmut Bilz und Roland Schmidt in Seiffen sowie Werner Spickenreuther in Lauterbach vervollständigten Beschreibungen für die Sachgebiete Volkskunde und Baudenkmale, während Dr. Werner Hempel in Dresden nach dem Tod von Willy Flößner dessen botanische Beschreibungen und Dr. Dietrich Flößner die Tabelle E aktualisierten. So sind wir vielen zu Dank verpflichtet für die natur- wie gesellschaftswissenschaftliche Disziplinen umfassende Kollektivleistung dieser heimatkundlichen Bestandsaufnahme, deren Endmanuskript dankenswerterweise die Herren Prof. Dr. habil. Friedrich Klitzsch †, Technische Hochschule Karl-Marx-Stadt, und Oberlehrer Dipl.-Päd. Rudolf Preußner, Mitglied des Rates des Kreises Marienberg für Kultur, abschließend begutachteten und durch ihre kritischen Hinweise bereicherten.

Prof. Dr. sc. H. Lüdemann   Prof. Dr. habil. Dr. eh. E. Lehmann   Dr. sc. D. Zühlke

AUTORENVERZEICHNIS

Dr. Dieter Beeger (Geologie) und Dr. Werner Quellmalz (Lagerstätten), Staatliches Museum für Mineralogie und Geologie Dresden

Dr. Arnd Bernhardt, Sächsische Akademie der Wissenschaften, Arbeitsgruppe Naturhaushalt und Gebietscharakter Dresden (Physische Geographie)

Dipl.-Päd. Franz Böhme, Kreisvolkshochschule Olbernhau (Geschichte, Volkskunde, Baudenkmale), unter Verwendung von Manuskripten von Johannes Eichhorn, Curt Jeremies † und Paul Roitzsch †

Willy Flößner †, Olbernhau (Botanik, Tabelle E)

Dipl.-Phil. Volkmar Geupel, Landesmuseum für Vorgeschichte Dresden (Ur- und Frühgeschichte)

Prof. Dr. sc. Karlheinz Hengst, Pädagogische Hochschule Zwickau (Namenkunde)

Dipl.-Ing.-Ökon. Alfred Kaden, Kühnhaide (Forstgeschichte, -wirtschaft)

Studienrat Wolfgang List, Oberschule Olbernhau-Niederneuschönberg (Territorialstruktur)

Dr. Helmut Wilsdorf, Dresden (Montangeschichte)

Bearbeitung: Dr. Ernst Barth, gesellschaftswissenschaftlicher Anteil
Dr. sc. Dietrich Zühlke, naturwissenschaftlicher Anteil

Manuskript abgeschlossen am 30. 9. 1981

VERZEICHNIS DER SUCHPUNKTE

Die Nummern entsprechen denen am Rande des Textes sowie denen auf der Übersichtskarte

Überschau

Der Naturraum

Tief hat die Flöha das Erzgebirge bis in Kammnähe aufgeschnitten. Olbernhau liegt, ganze 13 km von der Wasserscheide zur Ohře entfernt, nur 450 m ü. NN in einer breiten Talwanne. Selbst der Erzgebirgskamm hat bei Nová Ves v Horách (Gebirgsneudorf) mit 721 m ü. NN seine tiefste Einsattelung zwischen dem Aschberg bei Klingenthal und dem Kahleberg bei Altenberg. So wird die sogenannte Flöhalinie, jene Linie von Flöha über Olbernhau bis südlich Deutschneudorf, zur Trennlinie zwischen dem westlichen und östlichen Erzgebirge. Sie ist auch geotektonisch/geologisch als mindestens 10 km breite Flöha-Querzone bekannt, die bis in das ausgehende Paläozoikum hinein in Bewegung war.
Beiderseits schließen sich zwei weitgehend selbständige alte Blöcke an, im W der Annaberger und im NO der Freiberg—Fürstenwalder Block, welche schon wesentlich früher zur Ruhe kamen. Sie sind Bestandteil der Fichtelgebirgisch-Erzgebirgischen Antiklinalzone. Diese besteht in ihrem zentralen Teil im wesentlichen aus kristallinen Schiefern, die Gneise dort sind sedimentärer Herkunft, sogenannte Paragneise, und stellen mit einem Alter zwischen 900 und 570 Millionen Jahren präkambrische Bildungen (Freiberger und Preßnitzer Serie) dar.
Hingegen kam es entlang der Flöha-Querzone im jüngeren Präkambrium zu einer Einmuldung, einer Füllung mit Ablagerungen (s. B 1) und schließlich zu tiefgreifenden tektonischen Bewegungen an großen Scherhorizonten. Sogar aus dem Erdmantel drangen bei Zöblitz peridotitische Schmelzen auf, die nach Umwandlungsvorgängen heute als Serpentinite (s. G 4) vorliegen. Als Folge turbulenter tektonischer Vorgänge treten hier Paragneise mit Merkmalen einer teilweisen Aufschmelzung sowie Granulitgneise auf.
Während im Bereich der alten Blöcke die Umwandlung der tonig-sandigen Ausgangsgesteine zu Grauen Gneisen (s. L 1) schon vor dem Jüngstpräkambrium abgeschlossen war, wanderten Faltungen und Metamorphose danach in benachbarte Sedimentationsräume, so auch in die Flöha-Querzone hinein. Vom Ende des Präkambriums bis in das tiefste Ordovizium dauerte das Aufdringen granitischer Schmelzen in die älteren Hüllgesteine an, wobei die Schmelzkörper im Gebiet von Sayda einerseits und Reitzenhain — Hora Sv. Kateřiny (Katharinaberg) andererseits kuppelförmige Ausmaße (s. N 2) erlangten. Nach der Metamorphose faßt man die nunmehr als Augengneise (s. G 6), langflasrige Zweiglimmergneise (s. N 4, P 1) und Muskowitgneise (s. G 2) vorliegenden Gesteine zur Gruppe der Rotgneise zusammen. In der Flöha-Querzone erneut auflebende

tektonische Bewegungen ermöglichten im Permokarbon noch die Ablagerung von Konglomeraten, Sandsteinen und Schiefertonen mit Glanzkohlenflözchen. Diese jungpaläozoischen Sedimente hatten schließlich als weichere Gesteinsformationen den auffälligen Ausraum der Olbernhau — Brandover Talwanne und somit die beträchtliche Eintiefung in unmittelbarer Kammnähe zur Folge. Auch im N der Flöhalinie greift zwischen Flöha und Falkenau das Permokarbon in den Gebirgskörper hinein. Letzte Zeugen der Erdgeschichte sind tertiäre vulkanische Bildungen in Gestalt kleiner Basaltvorkommen (s. G 2, N 3) und des wuchtigen Kamenný vrch (Steinl) auf ČSSR-Territorium.
In dem fast ausschließlich aus Rot- und Graugneisen bestehenden Gesteinskörper des Olbernhauer Gebietes werden heute keine wirtschaftlich nutzbaren Mineralvorkommen mehr abgebaut. Immerhin hat es jedoch in der Vergangenheit nicht an Versuchen gefehlt, Erze zu gewinnen. Es muß in erster Linie Seiffen genannt werden, wo bereits im Hochmittelalter eine Zinnerzgewinnung erfolgte (s. L 4.1). Bemerkenswerterweise fehlt hier ein Granit, wie er für die osterzgebirgischen Zinnerzlagerstätten typisch ist. Im „Stockwerk" von Seiffen wurde eine mit Zinnstein vererzte Gneisbrekzienzone, also eine Störungszone mit Bruchstücken des Nebengesteins, abgebaut. Ferner waren in der südöstlichen Umgebung des Ortes zahlreiche echte Zinnerzgänge zeitweise Gegenstand bergmännischer Gewinnung. Ausläufer dieses Gangsystems befinden sich im Tal des Schweinitzbaches (s. Q 2) und bei Oberlochmühle (s. Q 1). Die Mineralführung dieser Gänge der Zinnerzformation beschränkt sich relativ einheitlich auf Zinnstein mit Quarz als taube Gangart.
Im Gegensatz hierzu treten im westlichsten Teil des Gebietes Zinnerzgänge mit größerem Mineralreichtum auf, so bei Hintergrund im Tal der Schwarzen Pockau (s. G 6). Sie gehören bereits zu den östlichsten Ausläufern des Marienberg — Pobershauer (s. Bd. 41, H 7) Erzreviers.
Diese Erzgänge zählen wir zu den pneumatolytischen, also gasförmigen Bildungen; es kommen auch hydrothermal entstandene Erzgänge vor, Ausscheidungen von Mineralen aus wäßrigen Lösungen. Dazu zählen wir die Gänge der kiesig-blendigen Bleierzformation, die vor allem sulfidische Blei- und Kupfererze führen (s. E 5, G 6, L 1). Sie wurden u. a. bei Deutschkatharinenberg (s. Q 2) und bei Mörtelgrund (s. D 3) abgebaut. Weiterhin galt das Interesse den Silbererzen der Wismut-Kobalt-Nickel-Formation, die auf den Gängen beim Katzenstein (s. G 7), bei Mörtelgrund und bei der Annahöhe (s. A 7) aufsetzten. Sehr verwachsene Halden zeugen noch vom einstigen Bergbau auf diesen Gängen. Schließlich wären als hydrothermale Bildungen noch die Erze der Roteisen-Baryt-Formation zu nennen. Wie der Name schon sagt, bilden Roteisenstein und Schwerspat neben Quarz die wichtigsten Minerale. Solche Gänge wurden einst im oberen Flöhatal bei Heidersdorf (s. K 1) und bei Rauschenbach (s. E 5) abgebaut.

D. Beeger, W. Quellmalz

Die Olbernhauer Umgebung ist als alte geotektonische Schwächezone auch morphologisch (Abb. 1) nicht zufällig von tief eingeschnittenen Tallandschaften bestimmt. An die weite Talwanne mit ihren bis über 200 m hohen Hängen schließen sich im N das Pockauer Flöhatal (s. A 2) sowie ostwärts das Neuhause-

ner Flöhatal und südwärts das untere Schweinitzbachtal (s. E 5) an. Steilhängig eingetieft haben sich die von den westlichen Kammhochflächen herabkommenden Täler der Pockau (s. N 1) und der Natzschung (s. P 2). Selbst der in geringerer Höhe entspringende Bielabach gestaltet noch eine von Talhängen bestimmte Kleinlandschaft (s. B 3).

Die meisten Talbereiche begegnen uns in Gestalt von Kerbsohlentälern. Auf überwiegend schmalen Wiesenauen, in denen die Fließgewässer hin und her pendeln, finden wir zuoberst eine knapp 1 m mächtige Decke aus sandigen glimmerreichen Aulehmen, darunter folgen Sande und Kiese und schließlich grobe Schotter. Abgesehen von wenigen höheren Auenpartien, dominieren hier reine Grundwasserböden (Gleye).

Scharf setzen die mäßig steilen bis steilen und 100—200 m hohen Talhänge gegen die Auen ab. Talwindungen mit Gleithängen und felsdurchsetzten Prallhängen (s. A 2), viele kurze kerbartige Hangtälchen, die Kerbsohlentäler der größeren Nebenbäche (s. D 3, G 1) sowie einige quellenreiche steile Hangmulden, so die von Eisenzeche, verleihen den Talhängen eine große Vielgestaltigkeit. Die steinigen, aber zumeist noch feinbodenreichen und auch ausreichend tiefgründigen Hangschuttdecken tragen überwiegend Braunerden. Sie sind aber kleinflächig überall, besonders an Hangkanten und auf Spornen, von Bereichen durchsetzt, in denen der anstehende Fels nahe an die Oberfläche gelangt. Hier bestehen grus- und steinreiche Schuttböden, die von den Braunerden zu den Rohböden (Rankern) überleiten. An den Prallhängen sowie besonders auf den Steilhängen der Natzschung und der Schwarzen Pockau tritt der Gneis schließlich in Felsklippen zutage (s. G 7, N 2). Dazwischen befinden sich hier unter der Nadelstreu reine Blockmeere, aus denen der Feinboden ausgespült ist.

Klimatisch gehören diese Talbereiche überwiegend zu den Mittellagen. Nur über den Pockauer Flöhatalabschnitt greifen die gemäßigten unteren Gebirgslagen mit einem Jahresmittel um +7 °C noch bis in die Talsohle der Olbernhauer Talwanne hinein (s. J 5). Sonnen- und Schattenhänge, reduzierter Strahlungsgenuß, geringere Bewindung, häufigere und tiefere Strahlungsfröste in den Talsohlen, vielfach auch eine erhöhte Luftfeuchtigkeit kennzeichnen das Geländeklima dieser Talbereiche, das kleinflächig wechselt.

Wegen der Reliefungunst kam es hier, außer in der Olbernhauer Talwanne, auch nicht zu primären bäuerlichen Rodungen, sondern nur zu kleineren Spätgründungen, meist im Zusammenhang mit dem Montanwesen (s. J 8, K 1) oder als Exulantensiedlungen (s. K 2, L 2, Q 2). So sind die Kerbsohlentalbereiche — die Burggründung Purschenstein/Neuhausen bildet eine Ausnahme — dünn besiedelt. Eine Reihe von einst an die Wasserkraft gebundenen Mühlen, heute vielfältig umfunktioniert, bereichert das bauliche Inventar. Weithin dominieren die Waldhänge, deren besonderer Wert in den noch hohen Laubholzanteilen zu sehen ist, die an das ursprüngliche Waldbild erinnern und deren wertvollste Bestände deshalb unter Naturschutz gestellt wurden (s. A 2, C 6, H 3, K 5). Nur um Neuhausen, Blumenau und Sorgau sind auf vorherrschenden Graugneisen größere Hangbereiche gerodet worden. Teile davon hat man in den letzten Jahren wegen zu hoher Hangneigung, Bodenerosionsgefahr oder zu geringer Schlaggrößen der Grünlandnutzung zugeführt.

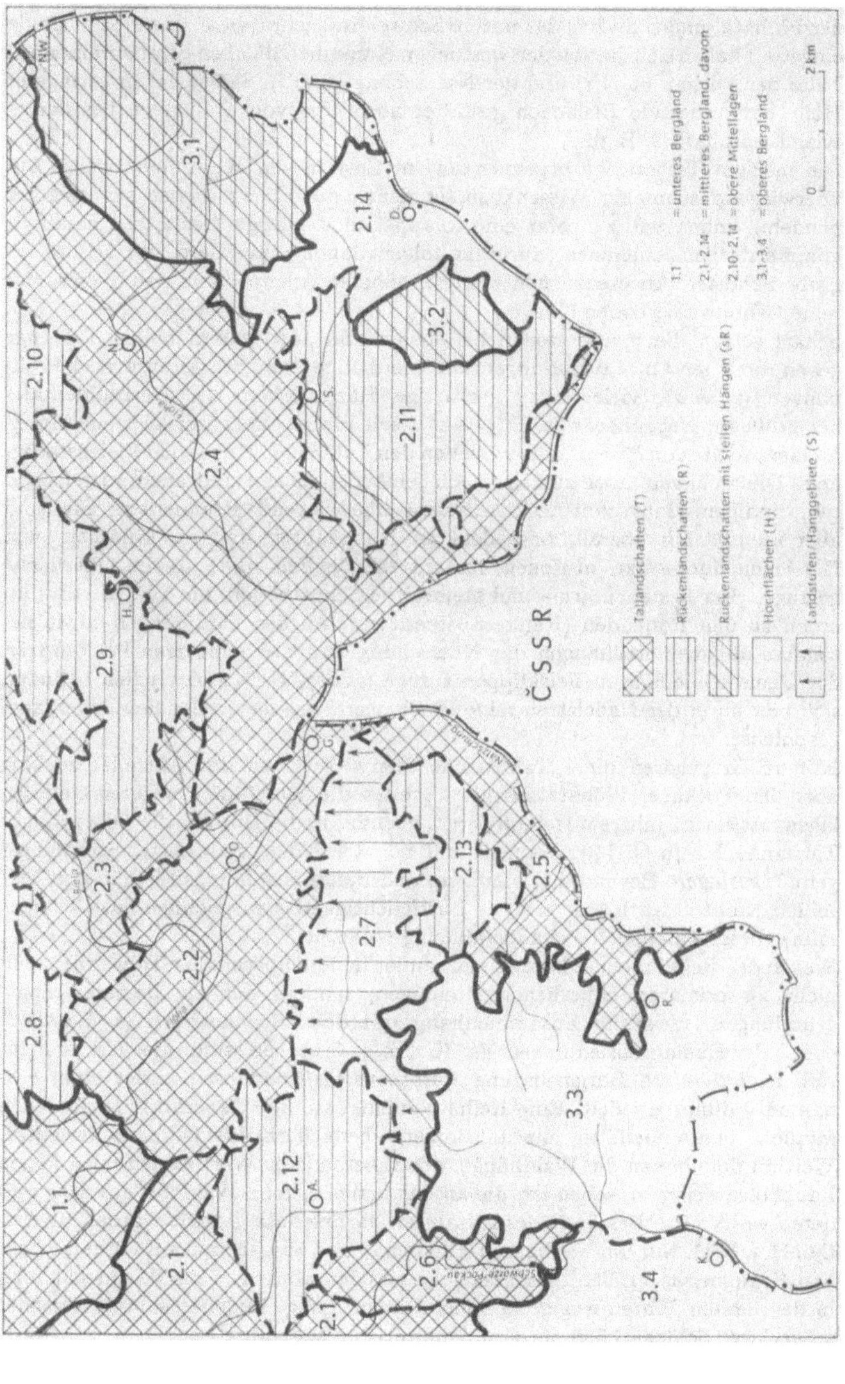
ČSSR
Tallandschaften (T)
Rückenlandschaften (R)
Rückenlandschaften mit steilen Hängen (sR)
Hochflächen (H)
Landstufen/Hanggebiete (S)
1.1 = unteres Bergland
2.1-2.14 = mittleres Bergland, davon
2.10-2.14 = obere Mittellagen
3.1-3.4 = oberes Bergland
0
2 km
NW
3.1
2.14
D.
3.2
2.10
N.
S.
2.11
2.4
H.
2.9
G.
2.3
2.2
2.8
2.13
2.7
2.5
R.
3.3
2.12
A.
1.1
2.1
2.6
3.4
K.

Zu beiden Seiten dieser Talzonen, und von diesen ausgehend, ist die Gebirgshochfläche der Nordabdachung weitgehend zerschnitten und in Rücken und Riedel aufgelöst. Solche Rückengebiete finden wir um Seiffen, Ansprung, Heidersdorf, Wernsdorf und Sayda. Es handelt sich überwiegend um flache und breite Höhenrücken. Deren Flanken sind fächerförmig von Quellmulden und Muldentälchen kleiner Nebenbäche gegliedert. Dadurch erhalten die Höhenrücken ihre Feinformung, hauptsächlich in Gestalt von Einsattelungen, flachen Kuppen und kurzen, schmaleren Nebenrücken.

Die Hohlformen sind überwiegend feucht, grund- und staunaß; denn hier tritt ein Großteil des in den Schuttdecken angesammelten Sickerwassers zutage. Vereinzelt bestehen sogar kleine Moorbildungen. Außerhalb der Hohlformen dominieren mächtige, steinhaltige sandig-lehmige Gneisschuttdecken, auf denen sich überwiegend Braunerden, stellenweise — mit Bleichungserscheinungen — auch schon Braunpodsole entwickelt haben. Dabei besitzen Böden auf Graugneisschuttdecken ein günstigeres natürliches Nährstoffdargebot als die der meisten Rotgneise, ein Umstand, der in historischer Zeit Bedeutung hatte, heute von der Mineraldüngung im wesentlichen ausgeglichen wird. An Hangkanten sowie auf den flachen Einzelerhebungen treten kleinflächig weniger mächtige Schuttdecken auf. Hier bestehen dann Übergänge zu steinreichen lehmig-sandigen Böden sowie zu Grus- und Schuttböden. Auch gibt es im Bereich der Rücken und Einzelerhebungen noch auffällige Materialsortierungen in Gestalt von Feinerdenestern mit steinreichen Umrandungen (s. C 4), die als Überreste arktischer Strukturböden aus der letzten Kaltzeit anzusehen sind.

Die meisten Rückengebiete sind wegen ihrer relativ günstigen Relief- und Bodenbedingungen stark gerodet und im wesentlichen Träger der agraren Produktion. Das Klima dieser mittleren Gebirgslagen gestattet bei Jahresmitteltemperaturen von etwa +6,5 bis +5,5 °C noch den Anbau der meisten Feldfrüchte. Allerdings engt die kürzere Vegetationsperiode den Zwischenfruchtanbau stark ein, weshalb hier dem Feldfutterbau eine größere Bedeutung zukommt. Bemerkenswert ist der noch heute betriebene Flachsanbau. Die freien Rückenlagen sind windoffen und deshalb im Winter stark von Schneeverwehungen betroffen. Bei Hochdruckwetter, besonders im Winterhalbjahr, ragen sie oft über die häufigen Temperaturinversionen hinaus. Dann bestehen unter blauem Himmel in reiner Luft oft hervorragende Fernsichten. Besonders in den oberen Mittellagen, wie im Bereich des exponierten Saydaer Rückens, treten klimatisch hochlagennahe Bedingungen auf, die südöstlich von Sayda zu größeren Feldaufforstungen geführt haben und den kammnahen Sophienstein-Rücken (s. J 9) unter Waldnutzung beließen.

Als dritter Hauptbestandteil der Olbernhauer Umgebung treten die rauhen Hochlagen des Erzgebirgskammes weit an die Talsysteme heran. Westlich

Abb. 1. Kleinlandschaften (Naturräumliche Gliederung; Entwurf A. BERNHARDT unter Verwendung von SANDNER 1974, s. Abb. 3.); Erklärung der Zahlen s. Anhang C

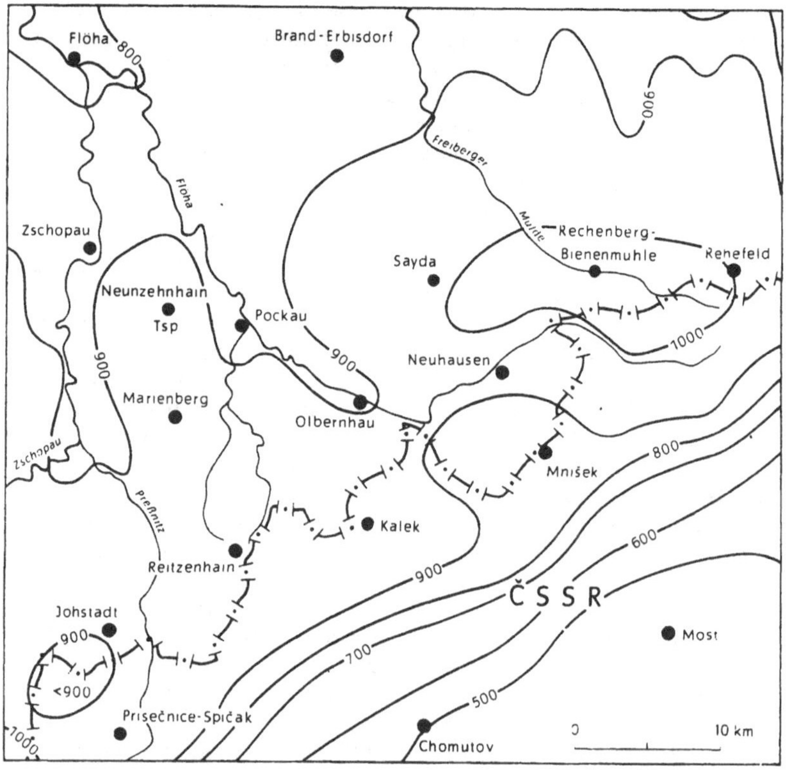

Abb. 2. Jahresmittel des Niederschlags (links, in mm) und der Temperatur (rechts, in °C), nach Klima und Witterung im Erzgebirge 1973.
Tsp. = Talsperre

der etwa 6 km langen Kammeinsattelung bei Deutschneudorf beginnen sie auf ČSSR-Territorium jenseits des basaltischen Kamenný vrch (Steinl = 842 m ü. NN), der über Brandov reichlich 300 m aufragt. Südlich von Ansprung besteht auf der Pockau-Flöha-Wasserscheide eine 100 m hohe Landstufe, die zur bewaldeten Rübenauer Kammhochfläche (s. N 4) überleitet. Diese Landstufe bewirkt auch die mächtigen Südhänge des Rungstockbaches (s. H 3 und 5). Ihre Stirn ist jenseits des Felstales der Schwarzen Pockau, das dieselbe aufschneidet, über die Goldkrone und den Wildsberg bis zum Hirtstein bei Satzung zu verfolgen. In deren Rückland finden wir die von der Tiefenerosion noch fast unzernagte Satzung—Kühnhaider Hochfläche (s. N 6), die mit ihren großen Moorflächen zu den frostgefährdeten Hochlagen des Erzgebirges zählt.
Ostwärts der Deutschneudorfer Kammeinsattelung hat die Flöha mit ihren Nebenbächen die Kammhochfläche, deren höchste Erhebung hier der Loucna (Wieselstein = 956 m) südlich von Fláje ist, weitgehend aufgeschnitten. Die bewaldeten steilhängigen hohen Rücken südlich von Neuwernsdorf (s. F 3), als

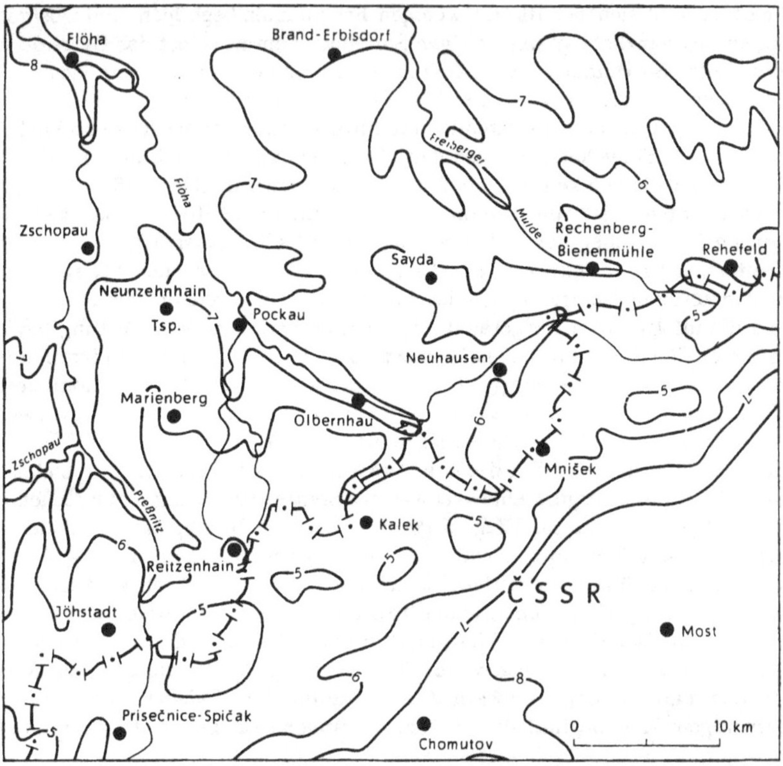

deren westlichster erniedrigter Auslieger der Schwartenberg anzusehen ist, und das isolierte Ahornberg-Massiv (s. L 10) stellen hier die letzten Überreste der einstigen Kammhochfläche dar.

Bemerkenswert ist besonders auf den Hochflächen der häufig anzutreffende verfestigte Gesteinsschutt an der Basis der meist mächtigen Gneisschuttdecken, der eine Bodenvernässung begünstigt. Auf den skeletthaltigen sandig-lehmigen Böden kommt es unter dem feuchtkühlen Hochlagenklima und unter dem Einfluß der sauren Rohhumusdecken zu stärkerer Auswaschung und damit zur Ausbildung von Braunpodsolen. Auf weniger lehmigen Standorten treten auch reine Podsole auf. Ein besonderes Gepräge geben den Kammhochflächen die hohen Anteile vernäßter Standorte mit teilweise beachtlichen Moorbildungen (s. N 6).

Das rauhe Klima (Anhang D) der Hochlagen mit Jahresmitteltemperaturen (Abb. 2) von etwa +5,5 bis +4,0 °C und hohen Niederschlägen (>950 mm/Jahr) ermöglichte eine nur sehr begrenzte und relativ späte agrare Erschließung. Der

Feldbau muß sich bereits mit wenigen Fruchtarten begnügen, und Obstgehölze fehlen fast gänzlich. In ungünstigen Sommern kommt selbst das Getreide kaum zur Reife. So drangen rein bäuerliche Siedlungen nur auf den noch relativ günstigen Gneisböden vereinzelt bis in die Hochlagen vor.

Eine in der Regel lang anhaltende und durchgehende Schneedecke und mächtige Rauhfrostbehänge kennzeichnen den Hochlagenwinter. Auch im Sommer liegen des öfteren die Wolken auf, und bei empfindlicher Kühle muß häufig geheizt werden. Intensiv ist hingegen die Sonnenstrahlung bei Hochdruckwetter. Dabei werden im Sommer nur selten Werte von +25 °C überschritten, während im Winter bei bester Fernsicht die Temperaturen oft wesentlich höher liegen als in den unteren Gebirgslagen oder im Vorland. Die reichlichen Niederschläge und die infolge der niedrigeren Temperaturen geringere Verdunstung bewirken in diesen Bereichen ein hohes Wasserdargebot, das in zunehmendem Maße für die Trinkwassergewinnung (s. F 1) genutzt wird. Wirtschaftlich dominiert die Holznutzung. Das Reizklima und die Schneesicherheit bestimmen diese Bereiche zugleich zunehmend als Erholungsgebiete.

Eine Betrachtung der Niederschlagswerte des Olbernhauer Gebietes (Anhang D, Abb. 2) ergibt eine weniger markante Staffelung entsprechend der Höhenlage als sonst im Erzgebirge. Die Ursache hierfür ist in lokalen Lee-Effekten zu sehen, mit denen auch thermische Wirkungen verknüpft sein können. Gegenüber den vorherrschenden westlichen und südwestlichen Luftströmungen liegen die Olbernhauer Talwanne und das Schweinitztal bis hinauf zur Kammeinsattelung im Windschatten und erhalten dadurch etwas geringere Niederschläge. Schon wenig weiter östlich werden die Luftmassen am Saydaer Rücken und an den Neuwernsdorfer Kammhöhen wieder zum Aufsteigen gezwungen. Hier beginnt das niederschlagsreiche Luvgebiet des oberen Osterzgebirges.

Abb. 3 faßt die Substrat- und Bodenbildungen des Olbernhauer Raumes zu Standortgruppen zusammen. Dabei fallen die braunpodsoligen Hochlagen durch relativ großflächige einförmige Standortgruppen sowie, besonders bei flachem Relief, durch hohe Anteile von Naß- und Moorböden auf. Die Rückengebiete sind demgegenüber stärker von kleinflächigen Schutt- und Zersatzstandortgruppen sowie von gleichfalls kleinflächigen, mäßig bis stärker vernäßten Dellen und Talanfängen durchsetzt. In den Talräumen gesellen sich als weitere Standortgruppen die Fels- und Schuttstandorte der Steilhänge und die bandartigen grundnassen Auen hinzu, wodurch hier die Substrat- und Bodenbildungen ihre größte Vielfalt erreicht.

A. Bernhardt

Im Vegetationsbild fällt der Wald um Olbernhau und Seiffen dadurch auf, daß er im Kammgebiet völlig, sonst in der Regel zerstreut aus Fichtenforst besteht. Entweder ist er pflanzenleer, und nur eine Decke von Nadelstreu bedeckt den Boden, oder wir finden Heidelbeergestrüpp mit einer offenen Moosschicht. Anfang des vorigen Jahrhunderts besaß das westliche Kammgebiet in seinen flachen Quellmulden noch eine Anzahl von Hochmooren, die aber vor etwa 140 Jahren alle trockengelegt und mit Fichten aufgeforstet wurden. Gegenwärtig treten dort Moorbirken (*Betula pubescens*) hinzu. Lediglich die

Mothäuser Heide (s. N 6) blieb als einzigartiges Spirkenmoor erhalten. Bei Deutscheinsiedel fiel ein Hochmoor (s. M 2) bis auf einen kleinen Rest dem Abbau zum Opfer, genauso wie die beiden Talmoore am Rand der rechten Flöhaaue bei Kleinneuschönberg und Reukersdorf (s. B 3).

Reich vertreten ist der Laubwald, und zwar vornehmlich der Buchenwald (s. C 6, F 3, H 3, K 4). In ihm besitzt die Landschaft einen hohen Erholungswert. Als besonders reizvoll gilt er im Frühjahr, wenn für kurze Zeit das helle frische Grün leuchtet. Bis auf den Gebirgskamm steigt der Buchenwald, so bis 810 m am Teichhübel bei Deutscheinsiedel und bis 820 m am Ahornberg bei Seiffen (s. L 10). Einst war die Tanne (s. H 3) sein Begleiter. Das Tannensterben begann nach der Jahrhundertwende und dürfte nur zum Teil klimatische Ursachen haben. In dem vorherrschenden artenarmen Buchen-(Tannen-)Wald — die krautreichere Form trifft man seltener an (s. P 1) — fallen in einer sehr lückigen Krautschicht Farne auf, so Frauenfarn (*Athyrium filix-femina*), Buchenfarn (*Phegopteris connectilis*) und Eichenfarn (*Gymnocarpium dryopteris*), sowie Waldgräser, beispielsweise der Waldschwingel (*Festuca altissima*). Die dieser Gesellschaft sonst eigene Art, die Weiße Hainsimse (*Luzula luzuloides*), ist kaum vorhanden; dagegen begegnet man häufig dem Roten Hasenlattich (*Prenanthes purpurea*). Auch das Fuchsgreiskraut (*Senecio fuchsii*) fehlt nicht, im Volksmund heißt es Machling, und seine Blätter werden als Bäderzusatz oder als Heilmittel bei Entzündungen und Quetschungen verwendet. Selten taucht der Buchenspargel (*Monotropa hypophegea*) auf. Über der Krautflur gaukelt der Nagelfleck (*Aglia tau*), ein charakteristischer Schmetterling des Buchenwaldes.

An den Talflanken stockt Hangwald (s. A 2), zusammengesetzt aus Edellaubhölzern, wie Bergahorn, Esche, Ulme, Buche, und mit zum Teil reicher Hochstaudenflur in verschiedenen Zusammensetzungen. Einige Naturschutzgebiete sollen naturnahe Eigenarten der betreffenden Laubwälder bewahren (s. C 6, H 3, K 5).

An den Waldwegen und -straßen siedeln spärlich der Rippenfarn (*Blechnum spicant*), der Berglappenfarn (*Thelypteris oreopteris*) und lediglich westlich des Flöhatales sehr selten der Rote Alpenlattich (*Homogyne alpina*) und der Waldwachtelweizen (*Melampyrum silvaticum*), schließlich zerstreut der Keulenbärlapp (*Lycopodium clavatum*). An kurzrasigen Wald-, Gebüsch- und Wegsäumen findet man die Bärwurz (*Meum athamanticum*), im Volksmund Köpernickel genannt und als Suppengrün verwendet. Auf vergrasten Waldwegen hat sich nach dem zweiten Weltkrieg und teilweise reichlich ein Einwanderer aus Nordamerika, die Zarte Binse (*Juncus tenuis*), angesiedelt, die mit dem Einjährigen Rispengras (*Poa annua*) und anderen Pflanzen eine Trittgesellschaft bildet.

Die offene, von der Landwirtschaft beanspruchte Flur wird hier und da von Steinrücken-Gebüschen durchzogen, die nicht nur Schutz gegen die teilweise sehr starken Südoststürme, den „Böhmischen Wind", bieten, sondern auch den Vögeln das Nisten ermöglichen und die Landschaft beleben. Sie setzen sich zusammen aus Strauchwerk mit Salweide (*Salix caprea*), Haselnuß (*Corylus avellana*), Zitterpappel (*Populus tremula*), Traubenkirsche (*Prunus padus*), Vogelkirsche (*Prunus avium*), Schwarzdorn (*Prunus spinosa*), Vogelbeere (*Sorbus aucuparia*), Heckenrose (*Rosa canina*), selten mit Buschrose (*Rosa dumetorum*), Zweigriffligem Weißdorn (*Crataegus oxyacantha*), Traubenholunder

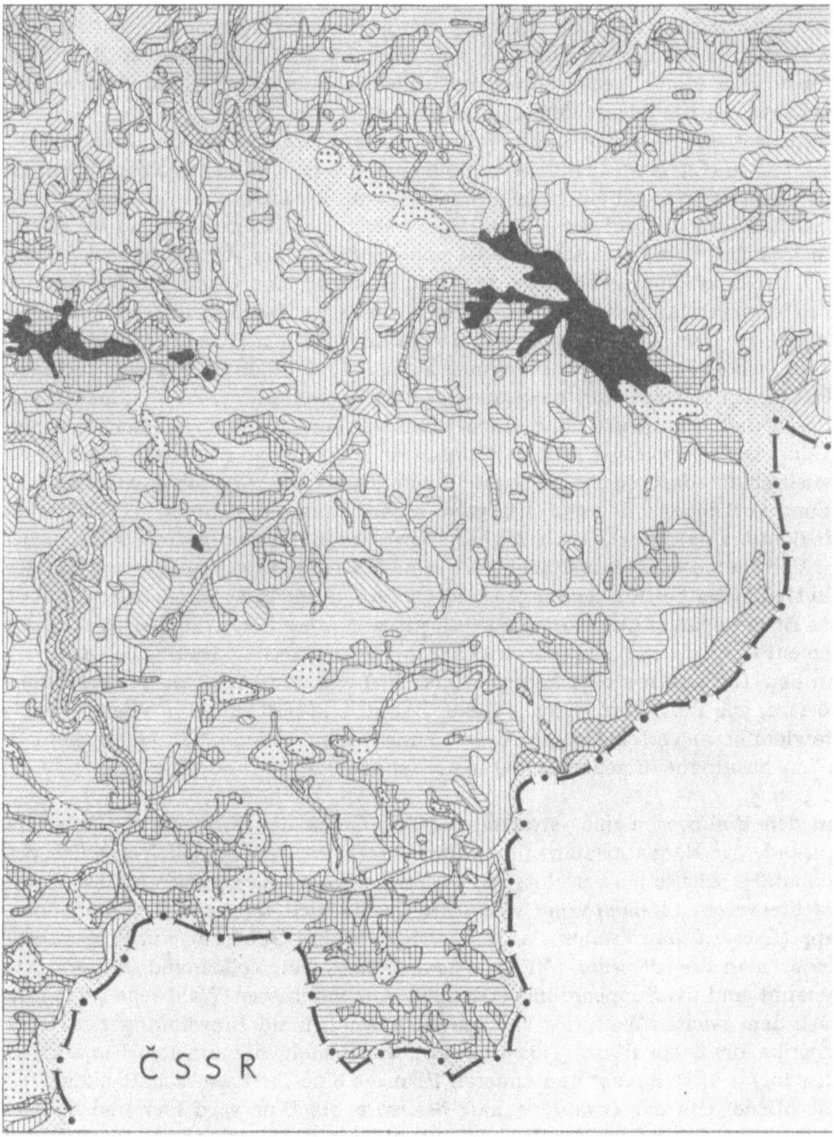

Abb. 3. Naturräumliche Gliederung nach Physiotopgruppen (vereinfacht nach SANDNER: 1974)

1 Fels- und Schuttbodenstandorte an Steilhängen
(Klippen, Rohböden/Ranker, flachgründige Ranker-Braunerden)

2 Flachgründige skelettreiche Standorte der Vollformen: Kuppen, Rücken, Hangkanten
(Braunerden und Braunpodsole auf lehmigem Sand bis stark sandigem Lehm)

3 Flachgründige skelettreiche Hangstandorte
(Braunerden und Braunpodsole auf lehmigem Sand bis stark sandigem Lehm)

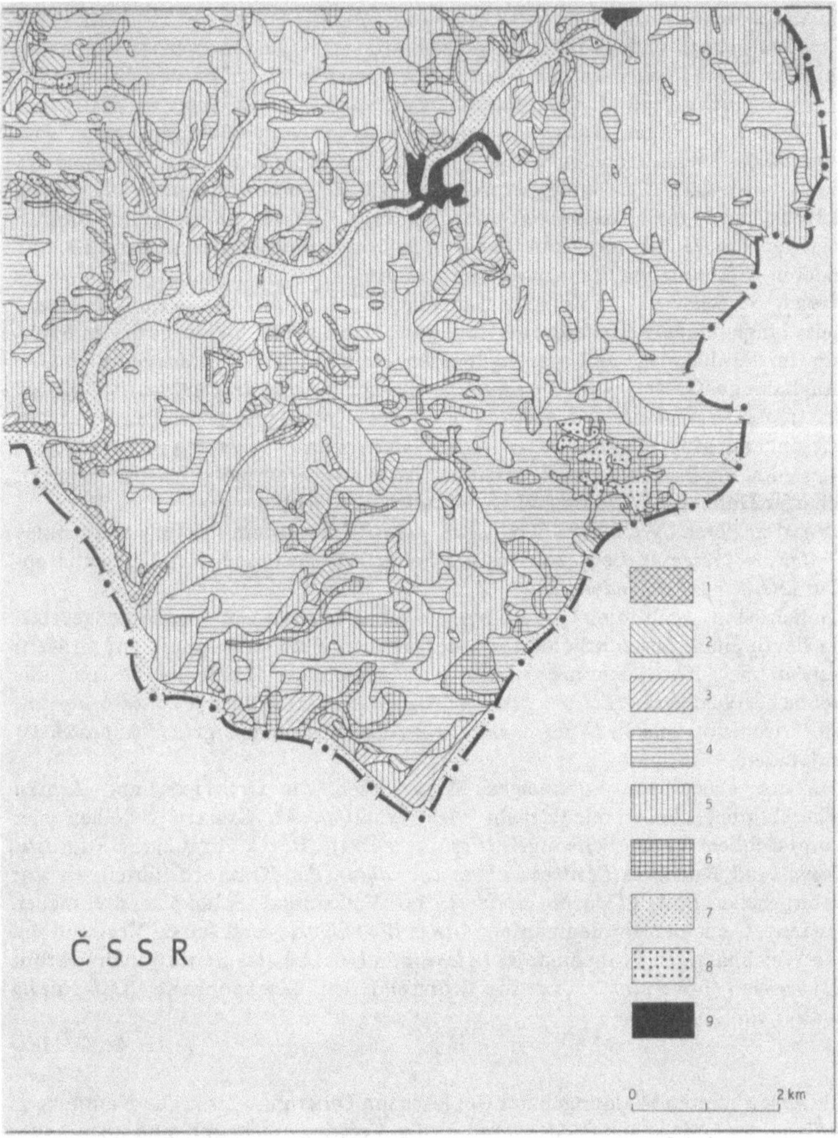

4 Mittelgründige feinerdereiche Standorte in gering geneigter Lage
(steinhaltige sandig-lehmige Braunerden und Braunpodsole)
5 Mittelgründige feinerdereiche Hangstandorte
(steinhaltige sandig-lehmige Braunerden und Braunpodsole)
6 Durch Stau- und Hangwasser bestimmte sowie beeinflußte Standorte, vorherrschend in Mulden und an Unterhängen
(Braunstaugleye und Staugleye auf sandigem Lehm, z. T. auf mächtigem sandig-schluffigem Lehm)
7 Grundwasserbestimmte und -beeinflußte Standorte der Auen
(Gleye und Vegagleye auf sandig-lehmigen bis lehmigen Alluvionen)
8 Hoch- und Übergangsmoore (über 3 dm Torf)
9 Größere Halden, Steinbrüche, bebaute Flächen und stehende Wasserflächen

(*Sambucus racemosa*), Schneeball (*Viburnum opulus*), Schwarzer Heckenkirsche (*Lonicera nigra*) und aus Waldgehölzen, die auch zu Bäumen auswachsen: Bergahorn und Esche. In der Krautflur kommen vor: an Farnen Frauenfarn (*Athyrium filix-femina*) und Männlicher Wurmfarn (*Dryopteris filix-mas*), an Gräsern Wolliges Reitgras (*Calamagrostis villosa*), Hainrispengras (*Poa nemoralis*), Wiesenknäuelgras (*Dactylis glomerata*), ferner Echte Nelkenwurz (*Geum urbanum*), Stinkender Storchschnabel (*Geranium robertianum*), Zaungiersch (*Aegopodium podagraria*) und Leinkraut (*Linaria vulgaris*). Die Ränder begleitet der Goldkälberkropf (*Chaerophyllum aureum*), der zusammen mit anderen Pflanzen eine Saumgesellschaft bildet.
Wiesen bedecken die sanft geneigten oberen Täler und die breiten Talauen, meist langhalmige Fettwiesen, die eine gute Mahd geben. Sie leuchten im Frühjahr im strahlenden Gelb der blühenden Maiblumen (*Taraxacum officinale*). Langhalmige Gräser, wie Wiesenfuchsschwanz (*Alopecuris pratensis*), Hoher Glatthafer (*Arrhenatherum elatius*), Gemeines Knäuelgras (*Dactylis glomerata*), Wiesenkammgras (*Cynosurus cristatus*), sind ebenso vertreten wie Kräuter: Wiesenknöterich (*Polygonum bistorta*), Wiesensauerampfer (*Rumex acetosa*), Scharfer Hahnenfuß (*Ranunculus acer*), auch Butterblume genannt. Außer zwei Kleearten, dem Weißklee (*Trifolium repens*) und dem Roten Wiesenklee (*Trifolium pratense*), begegnen wir als hoher Wiesenstaude dem Wiesenbärenklau (*Heracleum sphondylium*).
Ähnlich sind auch die Viehweiden, meist Kunstwiesen, zusammengesetzt, die heute einen beträchtlichen Teil der offenen Flur einnehmen. An Gräsern gesellen sich hier noch hinzu: das Wiesenlieschgras (*Phleum pratensis*), das Deutsche Weidelgras (*Lolium perenne*), der Wiesenschwingel (*Festuca pratense*), die Kriechende Quecke (*Agropyron repens*), das Wiesenrispengras (*Poa pratensis*) und andere.
Von den ehemaligen kurzrasigen Magerwiesen, die Orchideen und Arnika beherbergten, blieben nicht mehr viele erhalten. An Gräsern gedeihen hier hauptsächlich Roter Schwingel (*Festuca rubra*), Rotes Straußgras (*Agrostis tenuis*) und Ruchgras (*Anthoxanthum odoratum*). An Kräutern führen wir an: Gebirgshellerkraut (*Thlaspi alpestre*), im Volksmund Schokoladenblümchen genannt, Gemeinen Frauenmantel (*Alchemilla vulgaris*) und seinen Verwandten, den Weichhaarigen Frauenmantel (*Alchemilla hybrida*), das Echte Johanniskraut (*Hypericum perforatum*) und die Rundblättrige Glockenblume (*Campanula rotundifolia*).

W. Flößner

Die ausgedehnten Waldungen des Gebietes um Olbernhau bis in die Kammlagen entlang der Grenze zur ČSSR waren in der Vergangenheit und sind noch heute Einstandsgebiet des Rotwildes. Das Rehwild erleidet in den Kammlagen im schneereichen Winter immer wieder hohe Verluste. Begünstigt durch die Großflächenwirtschaft der sozialistischen Landwirtschaft hat sich das Schwarzwild in den letzten Jahren vermehrt. Daß es in diesem Gebiet immer vorhanden war, beweisen uns die Streckenberichte kurfürstlicher Großjagden aus dem 17. und 18. Jh. Großraubwild, wie Luchs und Bär, gehörten ebenfalls früher zum Wildbestand des Erzgebirges. So erlegte Kurfürst JOHANN GEORG I. 1628

einen Bären von ungewöhnlicher Größe bei Reitzenhain und ein Jahr darauf eine Bärin im Kriegwald. 1542 fing Herzog MORITZ bei Grumbach drei Bären (LUNGWITZ 1903). Namen von Forstorten, wie Bärenfang, Bärenloch, Bärenbach, erinnern uns ebenfalls an diese Art. Verschwunden ist auch die Wildkatze, während Hase, Fuchs, Dachs, Edel- und Steinmarder, Iltis, Großes und Kleines Wiesel hier noch zu Hause sind. Der vor Jahrzehnten relativ wenig beunruhigte Wald der Kammlagen beherbergte auch das Auerwild. Heute kann man dort nur gelegentlich noch das Birkwild beobachten.

A. Kaden

Die Kulturlandschaft

Älteste von Menschen hergestellte Gegenstände im Raum um Olbernhau sind zwei Steinäxte, die in Hallbach (s. B 2) und Heidelberg (s. L 7) gefunden wurden. Nach ihrer typischen Form stammen sie aus verschiedenen urgeschichtlichen Perioden, und zwar die Hallbacher Axt aus der jüngeren Steinzeit, die Heidelberger dagegen vom Ende der Bronzezeit. Die Frage, ob die Funde als Nachweis für eine Begehung des Gebirges in urgeschichtlicher Zeit oder als Zeugnisse frühneuzeitlichen Aberglaubens, der ihnen unheilabwehrende Kraft zuschrieb, zu werten sind, ist nicht sicher zu entscheiden. Zumindest bei dem in freier Feldflur zutage gekommenen Gerät aus Hallbach ist es nicht unwahrscheinlich, daß es bereits durch den Jungsteinzeitmenschen bei der Nutzung des Erzgebirges hierher gelangte.
Die planmäßige und geschlossene Besiedlung unseres Gebietes begann jedoch erst in der Mitte des 12. Jh., als mit der Entwicklung der Produktivkräfte und der Ware-Geld-Beziehung das gesamte Erzgebirge bis in seine Kammlagen durch umfangreiche Rodungen erschlossen wurde, ein Vorgang, der im wesentlichen innerhalb von zwei Generationen vollzogen war. Während der Westen des hier zu behandelnden Raumes Teil der Herrschaft Lauterstein war, also des pleißenländischen Reichsterritoriums, gehörte das östlich anschließende Gebiet zu der weitgehend von Böhmen her kolonisierten Herrschaft Purschenstein—Sayda. Für den Landesausbau war dies jedoch unerheblich, da sich weder die Siedler noch das Wesentliche des Siedelvorganges nennenswert unterschieden. Fernwege, die das Altsiedelland über den Erzgebirgskamm hinweg mit Böhmen verbanden, sogenannte Alte Böhmische Steige, fungierten dabei als Siedelbahnen. Das belegen die in der Kolonisationszeit für unseren Raum wichtigen Wege von Chemnitz über Zschopau—Zöblitz—Rübenau nach Prag (s. G 3.1, O 2, T 3) und von Wurzen über Leisnig—Sayda—Most nach Prag (s. E 1, E 3, L 9; ARNOLD 1979). Der erste erscheint in der Grenzbeschreibung des Hersfelder Klosterlandes aus der Mitte des 12. Jh. mit der Nennung der Burg Nidberg an der Pockau (s. G 3.1), mit dem zweiten kann ein archäologischer Fund von der Paßhöhe bei Deutscheinsiedel in Verbindung gebracht werden (s. L 9). Die Rodung griff auch in Gebiete der Kammregion über, die heute wieder zusammenhängendes Waldland sind; so liegt inmitten des ausgedehnten Forstreviers Kriegwald am rechten Ufer der Pockau die Burg Liebenstein (s. N 3), bei der es sich wahrscheinlich um einen dörflich-grundherrlichen Sitz handelte,

und südöstlich der Wehranlage lassen die Flurnamen Ullersdorfer Bach und Ullersdorfer Teich auf eine Ortswüstung schließen (s. N 4).
Die Siedelbewegung wurde vom Adel geführt, die siedlungsmäßige und wirtschaftliche Erschließung des Landes von den zuwandernden Bauern getragen. Als kolonisierende Herren wirkten im Raum um Zöblitz Ministeriale im Dienst des deutschen Königtums, namentlich die Reichsministerialen von Erdmannsdorf (KOBUCH 1978). Dieser Abschnitt des Erzgebirgskammes war Teil des Hersfelder Klosterlandes zwischen Zschopau und Großer Striegis, das über ein kleines Altsiedelgebiet südlich von Döbeln mit dem Reichsland um Colditz und Leisnig verbunden war. In dem von Süden her erschlossenen Gebiet um die Paßstraße Sayda—Purschenstein dagegen war das böhmische Geschlecht der Hrabišice Träger des Landesausbaus (s. E 3); das Ausgangsfeld ihrer Kolonisationsherrschaft bildete das Gebiet um Most und Osek (BILLIG 1964). Den siedelnden Bauern wurden rechtliche und wirtschaftliche Vergünstigungen, wie Lockerung der feudalen Abhängigkeit und Verringerung der Abgaben, zugestanden, und damit war ein Anreiz gegeben, die Rodearbeit durchzuführen. Als typische Form der Fluraufteilung begegnen uns in den Gebirgsrodedörfern die Waldhufen.
Die Rodung und Aufsiedlung des Gebirgslandes müssen als große kolonisatorische Leistung gewertet werden. Nicht alle in der Besiedlungszeit entstandenen Dörfer aber konnten in der Folgezeit bestehen. Namentlich im 14. Jh. führten verschiedene natürliche und gesellschaftliche Ursachen, so das Zusammenlegen von Kleinsiedlungen aus wirtschaftlichen Gründen und die spätmittelalterliche Agrarkrise, zur Aufgabe von Kulturland (STERN, VOIGT 1964). In unserem Raum stehen zur Frage der Wüstungsbildung neue Forschungen aus; ob das Ende der Burg Liebenstein, das nach den archäologischen Funden in das 14. Jh. fällt, mit dieser Wüstungsperiode im Zusammenhang steht, muß deshalb vorerst offenbleiben.

V. Geupel

Am Ende des 15. Jh. war die im wesentlichen bäuerliche Besiedlung unter feudalen sozialökonomischen Bedingungen im Gebiet der oberen Flöha, denen sich auch die bergbaulichen Aktivitäten in Seiffen (s. L 4) unterordneten, größtenteils abgeschlossen. Aus Flurgrößen und Flurnamen ist zu schließen, daß sich vor allem fränkische Siedler niederließen. Sie bevorzugten dazu die Oberläufe der Seitentäler im Bereich der Rücken bis in Höhenlagen von etwa 650 m ü. NN. In den Hochlagen, auf den Firsten der Rücken und an den Hängen der Täler grünte weiter der Wald. Die Talsohlen waren vielfach unwegsam und teilweise versumpft.
Mit dem Beginn des 16. Jh. begann sich der Charakter der Besiedlung auch im Gebiet der Flöha entscheidend zu ändern. Frühkapitalistische Wirtschaftsformen fingen an, ihren Einfluß geltend zu machen, der im wesentlichen über den Bergbau erfolgte. Dieser fand in der 1521 gegründeten Bergstadt Marienberg ein bedeutendes Zentrum (s. Bd. 41, G 6). Um die Kraft des fließenden Wassers besser nutzen zu können, legten die Bergleute Kunstgräben an (s. M 1, N 7). Wegen der Bevorzugung der neuen Verbindung über Marienberg und Reitzenhain nach Böhmen verlor der Fernverkehr im Zuge der alten Steige relativ an Bedeutung.

Zur Waldnutzung gehörten in unserem Gebiet neben dem Holzeinschlag im wesentlichen die Flößerei, die Köhlerei und die Gewinnung von Pottasche für Seifensiederei und Glaserzeugung. Unter den Glashütten (s. A 3, G 8, G 10, L 2) arbeitete die Heidelbacher am längsten, bis ins 19. Jh.
Köhler, Äscher und auch Holzschläger fanden — zumindest während der warmen Jahreszeit — Unterkunft in Hütten im Walde. Es lag im Interesse der Obrigkeit, ihnen einen festen Wohnsitz zu geben und sich damit die Ausbeutung ihrer Arbeitskraft zu sichern. Deshalb wurden sie in den bestehenden Dörfern am Rande der großen Wälder zumeist als Häusler oder Hausgenossen seßhaft gemacht. Es entstanden aber auch neue Dörfer, in denen die Ansiedler anstelle von Hufen kleine Waldstücke, sogenannte Räume, zur Rodung und Nutzung erhielten. Reihendorfartige Siedlungen, Häuslerzeilen, kleine Häusergruppen (Tempel; s. R 3) und verstreute Einzelgehöfte bestimmten das Bild der neuen Siedlungen.
Zunächst entstanden hoch am Hang über der Flöha auf noch waldhufenähnlichen Parzellen aufgelockerte Reihendörfchen (s. A 6, H 1), deren Gärtner und Häusler zu Wald- und Flößarbeiten herangezogen werden konnten. Dann lenkten die großen Waldungen im Süden die Aufmerksamkeit auf sich. An Grenzübergängen, die in der ersten Hälfte des 16. Jh. erstmals markiert worden waren, wurden meist in der Nachbarschaft älterer böhmischer Grenzdörfer einzelne Anwesen errichtet. Um diese siedelten sich auf ihnen überlassenen Räumen Waldarbeiter an, und verhältnismäßig schnell entwickelten sich die heutigen Ortschaften (s. L 9, S 1, T 1—3).
In dieser Zeit erkannte Kurfürst August die Bedeutung der Grenzwälder für die Versorgung der Freiberger Hütten mit Holzkohle. 1559 erwarb er, seine Macht rücksichtslos einsetzend, von den Herren von Berbisdorf die waldreichsten Gebiete aus deren Herrschaft und errichtete in Lauterstein ein Amt, dem beträchtliche Waldungen an und südlich der oberen Flöha unterstanden (s. L 9, N 5). Auch die Saigerhütte in Grünthal (s. J 3) ging 1567 in den Besitz des Kurfürsten über. Zu Beginn des 17. Jh. breitete sich das Hüttengewerbe vor allem dank des Unternehmungsgeistes des Grünthaler Faktors August Rohdt, der außerdem an vielen Eisenerzgruben beteiligt war, weiter aus (s. J 8, R 3).

F. Böhme

An dieser Stelle erscheint es angebracht, einige Erkenntnisse über die Montangeschichte in der hier zu untersuchenden Landschaft zusammenzufassen, da der Bergbau infolge einiger Besonderheiten keine geringe Rolle gespielt hat.
Jahrhundertelang ist der Abbau von Zinnstein bei Seiffen (s. L 4.1) zu verfolgen mit der interessanten Ausmündung bergbautechnischer Konstruktionen durch Umbau in Drechslerwerkstätten am Ende der Bergbauepoche.
Die Großanlage der Saigerhütte in Grünthal war ein territorialstaatlich hoch bedeutsamer Monopolbetrieb, der siedlungsbildend gewirkt hat und infolge seiner außerordentlich hohen Rentabilität in Staatsregie genommen wurde (s. J 3).
Der zu Grünthal parallele Aufbau der Drahthütte in Rothenthal (s. J 8) und

die Gründung der Gewehrmanufaktur in Olbernhau (s. J 1.2) sind geradezu zwei Musterbeispiele für die Struktur der vielseitigen „Berg-Fabriquen" und zugleich sehr frühe und sehr konsequent geleitete Unternehmungen in diesem Sektor.

Dagegen repräsentiert Einsiedel-Sensenhammer den nicht sehr häufigen Typ der Metallverarbeitung zu einseitig hochspezialisierten, verschleißfesten, aber eben darum begrenzt absatzfähigen Eisenerzeugnissen (s. T 2).

Durch die mineralogisch bemerkenswerte Sonderstellung des Serpentinsteinvorkommens bei Zöblitz (s. G 3.2 u. 4) und Ansprung (s. G 10) entstand das Sondergewerbe der Serpentinsteindrechsler, das volkskünstlerisch und künstlerisch hohen Ansprüchen gewachsen war und vielleicht auch auf die Gestaltung der „Seiffener Ware" technisch eingewirkt hat. Da es sich am Rande des Montansektors entwickeln und behaupten mußte, wird der Konflikt zwischen der an die Zunftordnung gebundenen und der die Bergbaufreiheit genießenden Betriebsform deutlich, womit die Nähe der „Bergfabrique" erreicht ist.

Der bedeutungsvolle Zusammenhang von „Bergbau—Wald—Flöße" tritt in diesem Gebiet stark hervor; denn die Kammwälder links der Flöha lieferten das für die Hüttenwerke im Montanzentrum Freiberg benötigte Holz auf mühseligen Wegen. Die Gebirgsbäche — Flöha, Schwarze und Rote Pockau, Rauschenbach, Wernsbach, Steinbach, Schweinitz und Natzschung — durchflossen zwar stattliche Waldungen, aber der Bedarf des Montanwesens südlich von Freiberg und Marienberg, der beiden großen Bergstädte, hatte bereits um 1550 die Bestände stark gelichtet. Ersichtlich wird dies aus der 1560 erlassenen I. kurfürstlich sächsischen Holzordnung für das im Jahr zuvor erkaufte Amt Lauterstein. Sie schrieb für jeden einzelnen von den Herren von Berbisdorf übernommenen „holzberechtigten" Untertanen vor, wieviel Holz er kostenfrei erhalten sollte und wieviel er darüber hinaus kaufen durfte. Diese Regelung war zwar eine Höchstleistung von Pedanterie und infolge der unvermeidlichen Änderungen in kürzester Zeit wirkungslos, aber sie verrät als die erste ihrer Art eindrucksvoll die bereits recht schwierige Lage.

Obwohl Flößanlagen erhebliche Kosten verursachten, war deren Ausbau unvermeidlich — und doch sind gerade diese wasserbautechnisch bedeutsamen Anlagen fast völlig aus dem Landschaftsbild unserer Tage verschwunden, wie die 1603 bei Kühnhaide zugunsten von Marienberg angelegten Flößteiche (s. O 3). 1624 war festgestellt worden, daß allein in den 5 Jahren seit 1619 die Holzrechen in Blumenau (s. B 8), Görsdorf und Borstendorf in der Flöha 4000 Gulden gekostet hatten. Doch erforderten nicht nur die Wasserwege großen Bauaufwand, sondern ebenso die Achswege (Abb. 4), auf denen die Holzkohlenfuhren vielfach in bäuerlicher Fronleistung zugunsten des landesfürstlichen Montanwesens zu erbringen waren — und dennoch verausgabten die Freiberger Bergkassen in den gleichen 5 Jahren 33000 Gulden für Fuhrlohn.

Schließlich sind noch die normalen Kleinbetriebe der eisenschaffenden Hammerwerke diesseits und jenseits der Grenze vertreten, wobei sie über Jahrhunderte hinweg gutnachbarlich Wasserkraft, Wege, Holzvorräte und Eisensteinvorkommen gemeinsam nutzen mußten. Sie verloren nach und nach alle ihre Erzbasis und wurden nur noch eisenverarbeitende Hammerwerke, bis sie zu bloßen

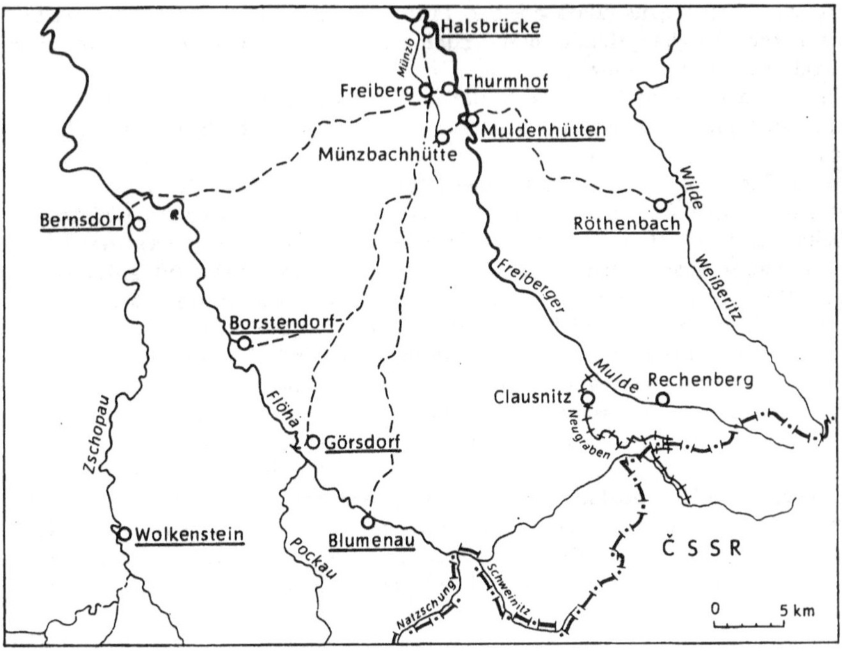

Abb. 4. Kohlfuhrstraßen und Flößwege (nach LÖFFLER in WILSDORF/HERRMANN/LÖFFLER 1960); Floßplätze = unterstrichen

Schmiedewerkstätten für den lokalen Bedarf absanken (s. A 4, B 6, E 2, R 2, T 1, T 2).

Da nirgends nennenswerte Erzvorkommen angetroffen wurden, entwickelte sich keine „freie Bergstadt" mit ihren typischen Sondererscheinungen und ihren montan-kulturellen Ausstrahlungen. Vielmehr blieb die gesamte Entwicklung in Kleinformen stecken, die weder typisch dörflich noch städtisch genannt werden können, weil sie eben das kursächsische Sondergepräge der „exempten" Entwicklung des Bergstaates tragen, der in vielfach falsch berechnetem Staatsinteresse begünstigt wurde. Wenn der kursächsische Bergbau, der um 1550 bis 1580 nach und nach infolge der Erschöpfung oberflächennaher, gut verhüttbarer Erze zum Erliegen gekommen war, nach 1648 wieder aufgebaut worden ist, so nur durch die starke Belastung fast aller anderen Berufsstände, die keineswegs unmittelbare Grubenanteile besaßen. Rentabel waren — mitunter in großem Ausmaß — nur einige wenige „Bergfabriquen" wie eben die Saigerhütte Grünthal (s. J 3). Von den Gewehrmachern in Olbernhau (s. J 1.2) wie von den Serpentinsteindrechslern in Zöblitz (s. G 3.2) sind nur ganz vereinzelt bedeutende Geschäftserfolge erzielt worden. Aber die sehr unterschiedliche Verflechtung der Einzelbetriebe in das gesamte Montanwesen war für unser Gebiet vorgegeben, weil die Oberbeamten einen möglichst großen „Befehlsbereich" zu erlangen suchten. Es kam nach 1668 über die natürlichen

Ressortstufen hinaus (Markscheider, Probierer, Berggeschworener, Bergmeister, Zehntner, Berghauptmann und andere) zu einer Quasi-Militarisierung mit Ansätzen zum Uniformzwang.

Die mit der Konstituierung des kursächsischen „Bergstaats", der tatsächlich ein Staat im Staate war und es nach dem Willen seiner Beamten auch sein sollte, verbundenen Probleme sind für das hier zu untersuchende Gebiet von unterschiedlicher Bedeutung gewesen: Im Hinblick auf die äußerliche Ausgestaltung durch Reglementierung der Bergmannstracht, durch Eidesleistungen beim Dienstantritt und sonstige Feierlichkeiten haben sie nirgends tief in die Lebensweise eingegriffen; im Hinblick auf das Streben nach Integrierung der kleinsten privaten Betriebe in das landesfürstliche Direktionssystem sind sie weit wichtiger gewesen, nicht nur durch die für den Dienst erwünschte „Schulbildung" auf den Hüttenwerken, sondern auch durch die allgemein erlangten technischen Fähigkeiten und Geschicklichkeiten, die folgenreich wurden, als der Montanbereich immer stärker zurückging und Ersatzberufe aufgebaut werden mußten. Gemildert wurde allerdings das landesherrliche Bergregiment, weil ihm nach altem Recht nur der Zugriff auf Gold, Silber (und Salz) sowie alle silberhaltigen Erze zustand. Das für das Schwartenberggebiet so wichtige Zinn stand dagegen dem Grundherrn zu, und so amtierte bis 1851 in Seiffen das „adlich schönbergische Vasallen-Bergamt" unabhängig von der staatlichen Bergwerksadministration, was immerhin auch zu den Besonderheiten zu zählen ist (s. L 4.1).

H. Wilsdorf

Die Verwüstung vieler Bauernhöfe im Dreißigjährigen Krieg hatte auch das Vermögen der Grundherren vermindert. Die Familie von Schönberg war gezwungen, Teile ihres Besitzes zu veräußern, teils an Verwandte (s. C 1), teils an den Kurfürsten (s. K 3, L 9). Um die alte Lebensweise auch unter den Bedingungen der sich nun stärker herausbildenden Geldwirtschaft weiterführen zu können, reichte es nicht aus, die wüsten Hausstellen zu den bisherigen Bedingungen wiederzubesetzen. Deshalb bemühten sich die Herren, neue Untertanen anzusiedeln und dabei vor allem zinsbar zu machen. Diesem Streben hat eine Reihe von Dörfern um die obere Flöha ihre Entstehung nach 1650 zu verdanken. Sowohl Caspar von Schönberg auf Pfaffroda (s. B 5, B 6, J 4, K 1) als auch die Purschensteiner (s. L 7, Q 2, R 2, R 3) hatten daran einen Anteil, aber auch der Kurfürst ließ es sich nicht entgehen, auf diese Weise den Ertrag seiner Ämter zu steigern (s. E 6, F 6, K 2, L 6).

Die neuen Orte in dem verhältnismäßig dicht besiedelten Gebiet mit kargem Boden und rauhem Klima erlangten eine gewisse, auch auf ältere Gemeinden ausstrahlende Bedeutung durch zwei Umstände. Erstens fanden die Siedler, die sich von der Landwirtschaft allein nicht ernähren konnten, nicht alle Arbeit im Forst oder in den Berg- und Hüttenwerken. Sie waren gezwungen, sich nach anderen Erwerbsmöglichkeiten umzusehen. Zum anderen wurden auch Auswanderer aus Böhmen, die Exulanten, aufgenommen; diese Familien waren nicht gewillt, den im Ergebnis des Dreißigjährigen Krieges von ihnen geforderten Wechsel des Glaubensbekenntnisses zu vollziehen (s. z. B. B 6,

F 6, J 4, K 2, L 7, Q 2, R 2, R 3). Ein Teil von ihnen brachte aus der alten Heimat nutzbare handwerkliche Kenntnisse und Fertigkeiten mit.

Das förderte in der Folgezeit die auch im Interesse der Grundherren liegende Entwicklung von vielerlei Gewerben. Diese fanden ihre Grundlage in dem infolge des starken Bedarfes der Hütten nicht immer ausreichenden Holz der Wälder, im Flachs, der hier verhältnismäßig günstige Anbaubedingungen fand, in der nutzbaren Wasserkraft der Flüsse und Bäche und in der möglichen Zufuhr von metallischen Werkstoffen. Manche dieser Gewerbe, wie die Leineweberei, der Strumpfwirkerstuhlbau, die Olbernhauer Büchsenmacherei und Spiegelfabrikation (s. J 1.3), die Rübenauer Nagelschmiederei (s. T 1), konnten nicht zur industriellen Fertigung übergehen und erlagen, zumeist im 19. Jh., der Konkurrenz.

In stärkerem Maße als die Kriegswirren des 18. und beginnenden 19. Jh. behinderten die feudale Ausbeutung, die Lasten der absolutistischen Staatsführung und fortbestehende feudale Strukturen die wirtschaftliche Entwicklung. Deshalb kam es 1790 zu Bauernunruhen mit dem Zentrum in Neuhausen (s. E 3). Das Kleinbürgertum entwickelte eine demokratische Gesinnung, die im Zuzug zum Dresdener Maiaufstand 1849 gipfelte. Der Rückhalt, den die an der Grenze fast durchgehend betriebene Pascherei (s. S 1), die Wilddieberei und in gewissem Maße sogar das Räuberunwesen in der Bevölkerung fanden, ist als Protest gegen die herrschende politische und soziale Ordnung aufzufassen. Daß der König schließlich gezwungen war, die Verwaltung zu reformieren, feudale Lasten abzulösen und die Belange des Bürgertums berücksichtigende Gesetze zu erlassen, wirkte sich fördernd auf die Wirtschaft aus. Die Sicherheit im Grenzbereich verstärkte ein Hauptgrenz- und Territorialrezeß zwischen Sachsen und Österreich im Jahre 1848, der die Landesgrenze endgültig festlegte, deren Verlauf bis dahin teilweise noch ungeklärt war.

Vorteile aus der geänderten ökonomischen Lage zogen besonders kapitalistische Verleger, die vornehmlich die Holzwarenhersteller in Seiffen (s. L 4.2) und in den umliegenden Dörfern ausbeuteten. Die meisten hatten ihren Sitz in Grünhainichen (s. Bd. 28, M 6) und in zunehmendem Maße in Olbernhau (s. J 1.3), das — begünstigt durch seine Verkehrslage — im 18. und 19. Jh. rasch aufblühte. Die seit der Mitte des 19. Jh. entstehenden Fabriken leiteten die Industrialisierung dieses Ortes und seiner Umgebung ein, die durch den 1875 hergestellten Bahnanschluß nach Flöha beschleunigt wurde. Olbernhau entwickelte sich zu einem wirtschaftlichen Zentrum, dessen Einwohnerzahl sehr rasch wuchs und das 1902 Stadtrechte erlangte. Von einem großen Teil seines Hinterlandes wurde Olbernhau aber durch die alte Grenze zwischen den Grundherrschaften Purschenstein und Lauterstein getrennt, die sich noch 1875 bei der Festlegung der Grenze zwischen den Kreishauptmannschaften Dresden und Chemnitz auswirkte. Deshalb erlangte Olbernhau auch nur geringe administrative Bedeutung.

Mit der Industrie entwickelte sich im Gebiet des oberen Flöhatales auch die Arbeiterbewegung. Ihre Anfänge sind mit dem Namen des Redakteurs und Schriftstellers Emil Rosenow verbunden (s. J 8), der 1897 im 20. Wahlkreis, zu dem auch unser Gebiet gehörte, im Stichkampf gegen den Großgrundbesitzer Gottfried von Herder auf Rauenstein/Lengefeld in den Reichstag gewählt

wurde, wo er seinen erzgebirgischen Kreis bis zu seinem frühen Tod als Dreiunddreißigjähriger im Jahre 1904 vertrat. Es entwickelte sich eine breite Bewegung verschiedenartiger Arbeitervereine. In der Folge der Novemberrevolution erstarkte die revolutionäre Bewegung durch die Bildung von Gruppen der KPD, woran MAX ROSCHER in Pockau einen starken Anteil hatte. Obwohl nach 1933 der faschistische Terror, gestützt auf viele kleinbürgerliche Elemente, schwer auf dem Gebiet lastete und große Opfer forderte, erlahmte der Widerstand gegen die Nazidiktatur nicht. Von Bedeutung war vor allem von 1933 bis 1938 die Aufrechterhaltung von Verbindungen zur Tschechoslowakei.
Trotz der Verluste in den Konzentrationslagern standen deshalb erprobte revolutionäre Kader zur Verfügung, die nach der Befreiung des Gebietes durch die Sowjetarmee am 7. und 8. Mai 1945 den politischen und wirtschaftlichen Neuaufbau leiten konnten. Einschneidende Veränderungen brachte die demokratische Bodenreform, die die jahrhundertealte Herrschaft der Grundherren in Purschenstein (s. E 3) und Pfaffroda (s. C 1) beendete. Dabei wurden auch große Teile der Waldungen in das Eigentum von Alt- und Neubauern übergeben. Durch die Bildung von Waldgemeinschaften gelang es den Bauern, die forstliche Pflege des Waldes zu sichern und Raubbau sowie Spekulation weitgehend zu verhindern. Die gesammelten Erfahrungen kamen ihnen 1952 bis 1960 bei der Gründung von LPGs zugute.
In der Industrie herrschte im Gebiet der oberen Flöha nach der Befreiung vom Faschismus noch der Kleinbetrieb vor, zum Teil, wie im Spielwarengewerbe, die hausindustrielle und handwerkliche Produktion. Von den wenigen in Volkseigentum übergegangenen mittleren Betrieben, zum Beispiel von dem aus der alten Saigerhütte hervorgegangenen VEB Blechwalzwerk Olbernhau (s. J 3), gingen vorwärtsweisende Impulse aus. Über die Gründung handwerklicher Produktionsgenossenschaften und von Betrieben mit staatlicher Beteiligung führte der Weg zur weiteren Konzentration der Produktion. Diese wurde durch den Umstand erleichtert, daß 1952 mit der Verwaltungsreform die alten administrativen Schranken durch die neue Grenzziehung im Olbernhauer Wirtschaftsgebiet beseitigt wurden.

F. Böhme

Die gegenwärtige Territorialstruktur im Raum zwischen Zöblitz, Olbernhau, Seiffen und Neuhausen ist dadurch gekennzeichnet, daß hier, in der südöstlichen Randzone des Ballungsgebietes Karl-Marx-Stadt/Zwickau, vor allem Industrie, Tierproduktion und Erholungswesen bedeutsam sind. Damit bildet dieses Gebiet einen Ergänzungs- und Reserveraum für den Ballungskern Karl-Marx-Stadt.
Die Industrie umfaßt neben der traditionellen Holzverarbeitung auch die Blechherstellung, die Normteilfertigung, die Glasveredlung, den Maschinenbau sowie die Gewinnung und Verarbeitung des Serpentinsteines. Diese Zweige sind mehr oder weniger eng mit dem inneren Ballungsgebiet verbunden, weil sie wichtige Zulieferungen für den Wohnungsbau, für den Werkzeugmaschinenbau bzw. für den Motoren- und Kraftfahrzeugbau übernehmen. Außerdem stellt die holzverarbeitende Industrie in nicht geringem Maße Konsumgüter für die gesamte Republik zur Verfügung. Der Raum um Olbernhau bildet das Zen-

trum für die Herstellung von Holzspielwaren und von Raum- und Tafelschmuck aus Holz (s. J 1.5).
Einige traditionelle Fertigungen haben immer stärker den Charakter von Spezialproduktionen angenommen, die zum Teil einen weltweiten Absatz finden. Solche Exporterzeugnisse sind kunstgewerbliche Gegenstände aus dem 1981 gebildeten Kombinat Erzgebirgische Volkskunst mit 32 Betrieben im Bezirk Karl-Marx-Stadt. Wertvolle Erzeugnisse liefern der VEB Erzgebirgische Volkskunst Seiffen, die Produktionsgenossenschaft Handwerk Seiffener Volkskunst (s. L 4.2), die PGH Drechslerwerkstätten Olbernhau, der VEB Kunstgewerbewerkstätten Olbernhau, Holz- und Plastspielzeuge kommen aus dem VEB Holzspielwaren VERO Olbernhau, Sitzmöbel aus dem VEB Vereinigte Sitzmöbelindustrie Neuhausen (s. E 3). Aber auch andere Produktionszweige sind exportwirksam; so kommen Blechsortimente aus dem VEB Blechwalzwerk Olbernhau (s. J 3) oder Glasvitrinen aus dem VEB Glaswerk Olbernhau (s. J 2) zum Versand in die verschiedensten Staaten.
Ein industrielles Zentrum in diesem Gebietsteil bildet die Stadt Olbernhau mit einem relativ breiten Produktionsprofil. Täglich pendeln einige 100 Arbeitskräfte aus den umliegenden Ortschaften nach Olbernhau ein, was am Beispiel des VEB Blechwalzwerk Olbernhau deutlich sichtbar wird (Abb. 25). Lokale industrielle Konzentrationen bilden noch Zöblitz, Neuhausen und teilweise der Kurort Seiffen sowie Deutschneudorf. Vor allem für Seiffen ist die Fertigung in kleineren Handwerksbetrieben typisch, während anderwärts die kleinen und mittleren Betriebsgrößen dominieren. Diese typische Struktur findet ihren Ausdruck im VEB Kombinat Holzspielwaren VERO Olbernhau (Abb. 5).
Die landwirtschaftliche Produktion in diesem Gebiet zeichnet sich durch einen hohen Entwicklungsgrad der tierischen Veredelung — besonders bei Rindern und Schweinen — aus, wobei der Viehaufzucht eine führende Stellung zukommt. Diese Spezialisierung, verbunden mit der Großflächennutzung, ermöglicht sowohl auf den Hochflächen, an den wenig geneigten Hängen als auch in den Talgebieten industriemäßige Formen der landwirtschaftlichen Produktion. Dabei bildeten sich spezialisierte landwirtschaftliche Großbetriebe heraus:

- LPGs Pflanzenproduktion,
- LPGs Tierproduktion,
- Zwischengenossenschaftliche Einrichtungen, wie Agrochemisches Zentrum Marienberg/Zschopau, Kartoffellagerhaus und Trockenwerk Pfaffroda (s. C 1), Zentrale Bauorganisation Landbau Marienberg,
- Meliorationsgenossenschaft Erzgebirge.

Vor allem die mittleren, die nördlichen und die östlichen Teile des Gebietsausschnittes werden von drei Zentren aus landwirtschaftlich durch Genossenschaften für Pflanzenproduktion genutzt. Sie versorgen die Betriebe der Tierproduktion mit hochwertigen Futtermitteln. Etwa 3500 ha bearbeitet die LPG (P) Vorwärts in Ansprung. Ihre Flächen erstrecken sich von Olbernhau bis Pockau, von hier über Sorgau bis Ansprung und Zöblitz. Außerdem gehört dazu die landwirtschaftliche Nutzfläche um Rübenau. Die LPG (P) Roter Stern in Pfaffroda umfaßt mit ihren etwa 5000 ha die Fluren von Hallbach, Wernsdorf,

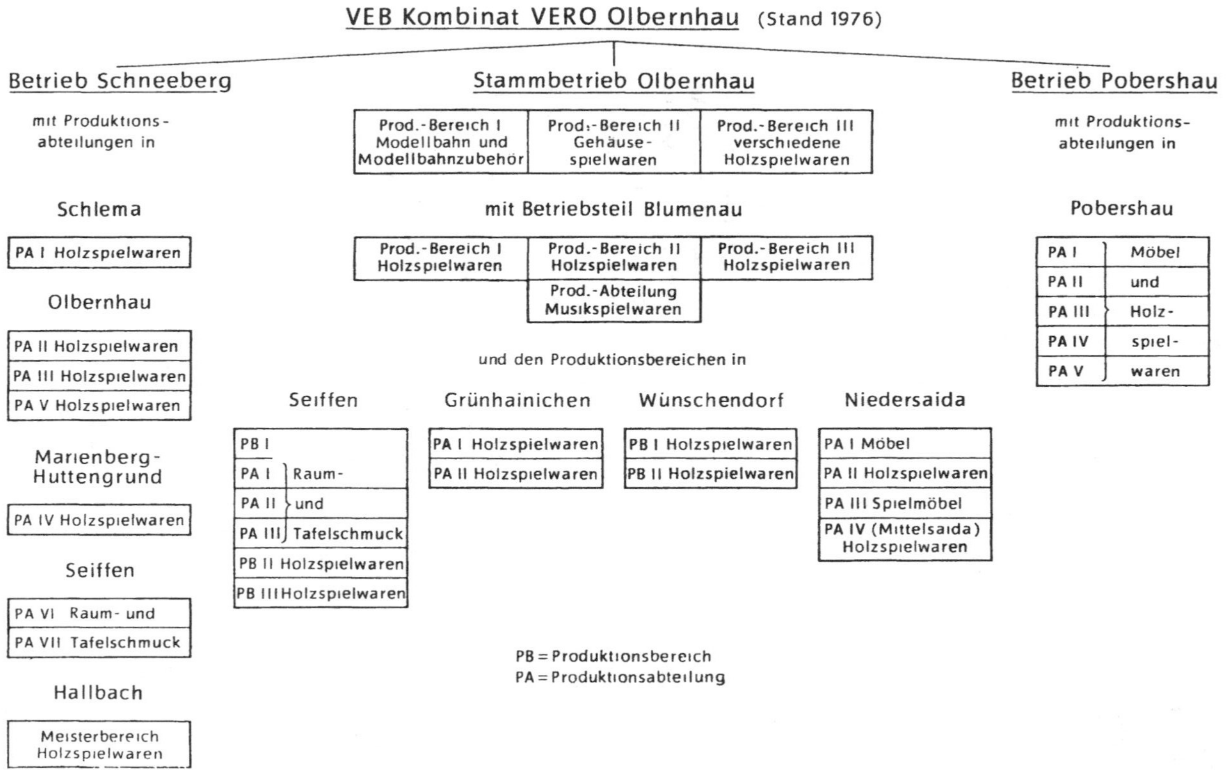

Abb. 5. Gliederung des VEB Kombinat Holzspielwaren VERO Olbernhau

Pfaffroda, Schönfeld und Dittmannsdorf sowie die Flächen um Dörnthal, Haselbach, Forchheim und Lippersdorf. Im östlichen Teil bearbeitet die LPG (P) Neuhausen eine Fläche von reichlich 2000 ha. Diese schließt das Gebiet von Heidersdorf bis Neuhausen und den Raum um Seiffen, Deutschneudorf, Deutscheinsiedel ein.

Die landwirtschaftlichen Betriebe der Tierproduktion im Gebiet sind

- LPG (T) Rinderaufzucht Ansprung, Sitz Olbernhau-Reukersdorf (s. B 4),
- LPG (T) Einheit Olbernhau/Pockau (s. J 1.5),
- LPG (T) Rotes Banner Dörnthal,
- LPG (T) Thomas Müntzer Pfaffroda (s. C 1),
- LPG (T) Bergweide Heidersdorf (s. D 2),
- LPG (T) Schwartenberg Seiffen (s. L 4).

In diesen landwirtschaftlichen Betrieben liegen viele kleinere und mittlere Ställe teilweise kilometerweit voneinander entfernt. Ausnahmen bilden die neuerrichteten Großställe zur Jungviehaufzucht in Seiffen für 1000 Tiere und die moderne Anlage in Olbernhau-Reukersdorf für 4200 Jungtiere.

Um Zöblitz, Olbernhau, Seiffen und Neuhausen wohnen insgesamt rund 35000 Menschen. Die Berufsstruktur weist aus, daß der Anteil der in der Landwirtschaft Beschäftigten ab-, der Anteil der in der Industrie Beschäftigten zunimmt. Die Verteilung der Wohnbevölkerung zeigt eine deutliche Konzentration in Olbernhau. Hier wohnen rund 40% der Gesamtbevölkerung. Der östliche Teil um Seiffen und Neuhausen bildet mit einem Anteil von 28% ein weiteres Konzentrationsgebiet, während der vorwiegend landwirtschaftlich genutzte nördliche Streifen wie auch das Forstwirtschaftsgebiet im Südwesten weniger dicht bevölkert sind. Außer der Flächengröße der beiden Städte Olbernhau und Zöblitz fällt die der typischen Streusiedlungen Rübenau und Seiffen auf (s. Anhang B). Alle anderen Gemeinden sind mehr oder weniger stark ausgeprägte Reihendörfer, die sich an Flußläufen oder Straßen entlangziehen. Die Altbausubstanz ist im beschriebenen Raum außerordentlich hoch, so daß gegenwärtig an vielen Gebäuden Aus- und Umbauten vorgenommen werden. Neubaukomplexe entstanden vor allem in Olbernhau mit etwa 450 und in Zöblitz mit über 120 Wohnungseinheiten (s. G 3.1), während der Eigenheimbau in allen Gemeinden sichtbar erweitert wurde. Individuell gestaltete Häuschen verschönen an vielen Stellen das Siedlungsbild. Für die weitere Entwicklung der territorialen Rationalisierung ist es sehr bedeutsam, daß sich Gemeinden und Städte zu kommunalen Gemeindeverbänden zusammengeschlossen haben. Damit wird auch für relativ kleine Gemeinden ein effektiver Einsatz der materiellen und finanziellen Mittel gesichert. Solche Gemeindeverbände zum Zweck gemeinsamer Aktivitäten mit ökonomischer und kultureller Zielrichtung bestehen unter den Bezeichnungen „Schwartenberg" (Kurort Seiffen, Deutscheinsiedel, Deutschneudorf, Neuhausen, Heidersdorf), „Hirtstein" (Rothenthal, Rübenau, Kühnhaide, Reitzenhain, Satzung), „Bielatal" (Pfaffroda, Dörnthal, Hallbach, Dittmannsdorf) und „Serpentinstein" (Zöblitz, Ansprung, Rittersberg, Niederlauterstein).

Der beschriebene Raum ist verkehrsmäßig gut erschlossen; jede Gemeinde kann mit einem öffentlichen Verkehrsmittel erreicht werden. Den Hauptversorgungsstrang bildet die an der Flöha entlang führende Eisenbahnstrecke Pockau—

Olbernhau—Neuhausen, durch die der Anschluß von und nach Karl-Marx-Stadt hergestellt wird. Ein dichtes Straßennetz gewährleistet den Güteraustausch und die Versorgung der Bevölkerung. Besonders belastet sind die Straßenabschnitte zwischen Olbernhau, Zöblitz und Marienberg sowie zwischen Olbernhau und Seiffen. Von der Stadt Olbernhau als Verkehrsknoten bestehen günstige Omnibusverbindungen nach allen Richtungen, wie es die Abb. 6 ausweist. Den Raum Deutschneudorf—Neuhausen durchquert die Erdgasleitung Nordlicht (s. R 3). Bei Deutscheinsiedel führt eine Produktenleitung, die die beiden Chemiewerke Litvinov-Záluži (ČSSR) und Otto Grotewohl in Böhlen miteinander verbindet (s. L 9), über die Staatsgrenze.

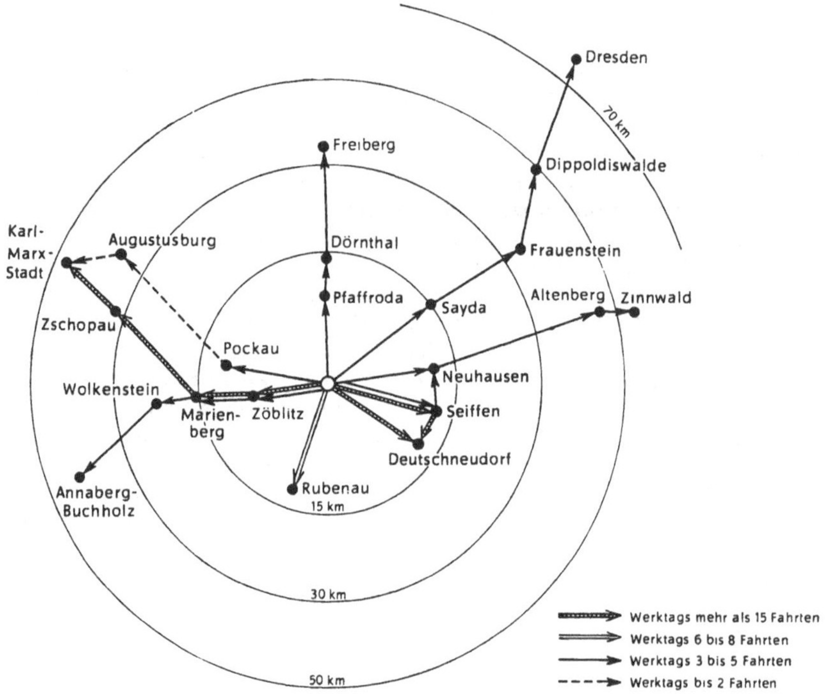

Abb. 6. Omnibusverbindungen von Olbernhau aus (Stand 1976)

Im 18. Jh. hatte Bad Einsiedel erste Kurgäste aufgenommen; heute ziehen die waldreiche Mittelgebirgslandschaft und einige touristische Punkte den Fremdenverkehr an. Für das Erholungswesen eignen sich besonders der südliche und östliche Teil. Das Zentrum bildet dabei die nähere und weitere Umgebung des Kurortes Seiffen mit dem Schwartenberggebiet (s. L 1 u. 4), in dem sich die Ferienheime des FDGB — das modernste von ihnen ist das Paul-Gruner-Ferienheim an der Talsperre Rauschenbach (s. F 1) —, die Betriebsferienheime wie auch die Unterkünfte für das Reisebüro der DDR konzentrieren. Aber auch in

anderen waldreichen Gebieten, so in Rübenau, Kühnhaide, Ansprung, Hallbach, Pfaffroda, Schönfeld und in Olbernhau-Grünthal werden die Möglichkeiten zur Erholung genutzt. Für den internationalen und nationalen Touristenverkehr stehen außerdem drei vorzüglich ausgestattete Jugendherbergen in Ansprung, Zöblitz und im Mörtelgrund bei Sayda zur Verfügung.

W. List

Wald bedeckt ungefähr 75% der Landoberfläche zwischen Schwarzer Pockau, Flöha und Staatsgrenze. Wie beschrieben, begann mit dem Aufblühen des Bergbaus, der Errichtung von Hammerwerken und Schmelzhütten eine bis zur Waldverwüstung (s. N 5) reichende Nutzung des Waldes, zumal regellos das stärkste und beste Holz genutzt wurde, während minderwertiges stehenblieb. Die sogenannten Plenterhiebe — ununterbrochene Holzentnahme — führten dazu, daß dem Wald auf großen Flächen das Gerüst genommen wurde; dadurch konnten Sturmkatastrophen und in deren Gefolge Borkenkäferkalamitäten verheerende Ausmaße annehmen. Später beschaffte man Holz, indem man große Kahlschläge anlegte. Besonders an flößbaren Gewässern — so an Schwarzwasser und Natzschung — gelegene Berghänge wurden ihres Waldbestandes fast völlig beraubt (s. N 1, O 1).
Aus einer Arbeit über die „Bestockung der kursächsischen Wälder im 16. Jahrhundert" (Reinhold 1942), geht hervor, daß große Teile des damaligen Waldes „verhauen" oder als Kohlholz für die verschiedenen Hütten „abgetrieben" waren. Der Wiederbegrünung der großen Kahlschläge schenkte man wenig Aufmerksamkeit. Sie erfolgte auf natürlichem Wege und ging von einzelnen, später sogar von zu diesem Zweck auf der Kahlfläche belassenen Samenbäumen oder von benachbarten Waldrändern aus (s. H 3). Auf diese Weise verschwanden empfindliche Baumarten, so Tanne und Buche, die in der Jugend des Schutzes der Altbäume bedürfen.
Bald waren die an den Flüssen gelegenen, leicht greifbaren guten Waldbestände aufgezehrt, und die Köhler drangen tiefer in den Wald ein (s. K 4). Überall kann der aufmerksame Beobachter kleine ebene Flächen von etwa 6—7 m im Durchmesser, manchmal zwei bis drei nebeneinander, erkennen. Das sind die sogenannten Kohlplatten oder Kohlstätten, auf denen die Meiler rauchten, von denen die Holzkohle mit Pferdefuhrwerken oder auch in Körben auf dem menschlichen Rücken ins Tal gebracht wurde. Die Auswirkung der Köhlerei auf den Wald war so groß, daß Lehmann (Historischer Schauplatz ... Leipzig 1699) befürchtete, man werde in diesem „vormals ungeheueren Waldgebirge noch wohl großen Mangel an Holz leiden".
Aus den Beschreibungen jener Zeit geht jedoch auch hervor, daß sich in einigen Gebieten, so vor allem um Olbernhau, gute Waldbestände erhalten konnten, die vermutlich den Grundstock für die noch heute dort vorhandenen Buchenbestände, ursprünglich Buchen-Tannen-Mischbestände, bildeten (s. F 3, H 3, K 4, L 10). So wird 1765 berichtet, daß die Waldungen aus so hohen und starken Tannen (s. H 3) und Buchen bestanden, wie man sie so schön noch nirgends gesehen habe (Köhler 1896).
Die Erfindung des Holzschliffes um die Mitte des 19. Jh., die aufkommende Papierindustrie, auch die nun in der kapitalistischen Forstwirtschaft Fuß

fassende Reinertragslehre (s. K 4) führten zu einer Bevorzugung des Nadelholzes (s. E 1, F 3, L 10). In jene Zeit fallen auch die Versuche einer großzügigen Entwässerung der zahlreichen Hochmoore (s. N 6) mit der Absicht, durch Waldbau einen noch höheren Holzzuwachs auf diesen Flächen zu erreichen. Erst um die Jahrhundertwende wirkten namhafte Forstleute für die Erhaltung der Buchen- und Tannen-Mischbestände, besonders in den mittleren und unteren Berglagen (s. J 10). Auch dem Anbau ausländischer Arten schenkte man in zunehmendem Maße Aufmerksamkeit. Hier und da findet man Einzelbäume und Kleinbestände insbesondere von Douglasie, Weymouthskiefer und Roteiche.

In den Hoch- und Kammlagen blieb die Fichte naturgemäß der wichtigste Waldbaum. Ihre Sturmgefährdung führte zur Anwendung eines besonderen Sicherungssystems: der Einteilung der verschieden alten Bestände in Hiebszüge und Schlagreihen, begrenzt von quer zur Hauptwindrichtung verlaufenden Wirtschaftsstreifen oder Flügeln und senkrecht dazu stehenden Schneisen (s. C 1). Sturm-, Schnee- und Rauhreifkatastrophen haben jedoch oft dieses System einer zeitlichen und räumlichen Ordnung in Frage gestellt.

Nach Zerschlagung des Hitlerfaschismus durch die ruhmreiche Sowjetarmee begann der Neuaufbau einer sozialistischen Forstwirtschaft. Der Staatliche Forstwirtschaftsbetrieb Marienberg übernahm an Stelle der bisherigen Sächsischen Forstämter Olbernhau, Kriegwald, Zöblitz und Hirschberg-Sayda die Bewirtschaftung von Volkswaldflächen.

Während sich die Tätigkeit der Forstämter ausschließlich auf Waldbau und Nutzung im damaligen Staatsforst beschränkt hatte, wurden dem neuen Forstbetrieb weit umfassendere Aufgaben übertragen. So erforderte die Übernahme der Holzrückung und der Holzabfuhr den Aufbau eines leistungsfähigen Rücke- und Transportfuhrparks und die Einrichtung eines dazu notwendigen Reparaturwesens in Form der Forstwerkstätten. Zur Erhaltung, Modernisierung und Erweiterung der Wohn-, Dienst- und Produktionsgebäude dienten sogenannte Bautrupps. Um das umfangreiche Waldstraßennetz erhalten, modernisieren und erweitern zu können, entstand ein besonderer Wegebauzug.

Die Nachzucht der Forstpflanzen für die Aufforstung, die früher ausschließlich in Handarbeit auf Kleinstflächen betrieben wurde, entsprach nicht mehr den Anforderungen einer sich entwickelnden sozialistischen Forstwirtschaft und wurde deshalb auf zwei Baumschulkomplexe konzentriert. Durch chemische Unkrautbekämpfung, moderne Technik und neue wissenschaftliche Erkenntnisse, bei gleichzeitiger Einschränkung der manuellen Arbeit, wurde eine hohe Effektivität erreicht. Aus schwächeren Hölzern werden auf den Konsumgüterplätzen vielfältige Erzeugnisse hergestellt, von Tomatenstäben über Zaunfelder bis zu Fertigteilbungalows.

Ein bedeutender Wandel vollzog sich in der Technik der Holznutzung. Axt und Schrotsäge wurden von leistungsfähigen Einmann-Motorkettensägen und Entastungsmaschinen abgelöst. Die hohe Effektivität des Technikeinsatzes resultierte aus der Bildung von Technikkomplexen. Mit dieser Entwicklung ging die Ausbildung eines vielseitig qualifizierten, bewußt tätigen Forstarbeiters mit einem guten Maß an technischem Wissen parallel.

Auf der Grundlage sozialistischer Kooperationsbeziehungen mit der holz-

bearbeitenden und -verarbeitenden Industrie und der sozialistischen Landwirtschaft erfüllt die Forstwirtschaft die bedeutende Aufgabe, die Waldbestände als wichtige Rohstoffquelle optimal zu nutzen. Außer den traditionellen Leistungen Holznutzung, Walderneuerung und Bestandspflege obliegt ihr aber auch die Erfüllung landeskultureller Aufgaben durch Pflege von Natur- und Landschaftsschutzgebieten und Erholungswäldern.

A. Kaden

Ungewollt entsteht ein Umweltproblem durch die Verarbeitung der hochwertigen Braunkohlenreserven um Most und Litvínov. Die dabei anfallenden hohen Abgasmengen reichern sich besonders im Winterhalbjahr bei Hochdrucklagen entlang von Temperaturinversionen auf der Südseite des Erzgebirges unterhalb des Kammes an. Mit dem Fortbestand solcher Wetterlagen steigt das Inversionsniveau gewöhnlich an. Dann gelangen die Abgase — zuerst und am häufigsten über die Kammeinsattelung bei Deutschneudorf — auch auf die Gebirgsnordseite. Hier sind die immergrünen Nadelgehölze am stärksten der Wirkung des Schwefeldioxides (SO_2) ausgesetzt. Bei Anwesenheit von Feuchtigkeit bildet sich schweflige Säure, die ätzend wirkt. An den Bäumen reduziert sich im Laufe der Zeit die Zahl der gesunden Nadeljahrgänge immer mehr. Asteinschnürungen unterhalb der Baumwipfel sind ein weiteres Anzeichen des Kränkelns. Bei Nordwestwetterlagen tragen auch Abgasverlagerungen aus dem Ballungsgebiet zwischen Zwickau und Karl-Marx-Stadt zu dem Schadbild bei.

A. Bernhardt

Die starke Belastung des Gebietes durch Industrieexhalationen stellt die Forstwirtschaft vor neue, komplizierte Aufgaben. Umfangreiche Tests fast aller Gebirgsbaumarten der gemäßigten Zone in Rauchkammern und zahlreiche Versuchsanpflanzungen rauchharter Gehölze in der Umgebung von Deutscheinsiedel (s. L 10) belegen das intensive und bereits über Jahrzehnte währende Bemühen der Tharandter Forstwissenschaftler, in Zusammenarbeit mit den Forstpraktikern diese Rauchschäden auf ein Minimum zu reduzieren (s. E 1, G 2, L 10, R 1).
Zu den Aufgaben der Forstwirtschaft gehört auch die Hege eines gesunden Wildbestandes. Arbeiter, Bauern und Angehörige der Intelligenz führen in den Jagdgesellschaften die Jagd unter diesem Gesichtspunkt durch und sorgen gleichzeitig dafür, daß größere Wildschäden an land- und forstwirtschaftlichen Kulturen vermieden werden. Früher war die Jagd allein dem Landesherrn vorbehalten; den „gemeinen Mann" erwarteten harte Strafen, wenn er es wagte, dem Wild, selbst wenn es ihm seine mühsam dem kargen Boden abgerungenen Feldfrüchte vernichtete, zu Leibe zu rücken.

A. Kaden

Einzeldarstellung

A 1 **Nennigmühle,** Ortsteil von Wernsdorf

Oberhalb des nordwestlichen Eingangs zu einem bis Pockau reichenden Abschnitt des Flöhaengtales treten die Hänge des Wernsdorfer und vor allem die des Ansprunger Rückens immer weiter zurück, womit der Flöha eine breitere Auenfläche überlassen wird. An dieser Stelle verteilen sich die wenigen Gebäude von Nennigmühle.

Nennigmühle war ursprünglich ein zu Lauterstein gehörendes Vorwerk; die frühere Bezeichnung *Nennigkau* weist auf die Lage in der Aue hin. Seit dem 16. Jh. wurde es als Amtsgut vererbt. Eine Mühle arbeitete hier seit dem 17. Jh. Ein stattlicher Fachwerkbau an der Straße weist auf den Umfang der landwirtschaftlichen Tätigkeit hin. Einige Bedeutung erhielt das Gut aber erst, als 1875 die Eisenbahnhaltestelle für Wernsdorf und Sorgau angelegt wurde und damit auch eine Papierfabrik die Möglichkeit erhielt, sich zu entwickeln.

Nach dem ersten Weltkrieg erfolgte auf Betreiben der revolutionären Arbeiter Pockaus als Arbeitsbeschaffung der Bau der Straße im Flöhatal von Pockau nach Olbernhau, die in Nennigmühle von der über die Höhenrücken führenden Straße Zöblitz—Wernsdorf gekreuzt wird. Das Wirken des bekannten Arbeiterführers Max Roscher als Betriebsvorsitzender beim Straßenbau führte zur relativ raschen Ausbreitung der jungen KPD in einem Gebiet, in dem die Großindustrie fehlte.

Das Gut wurde im zweiten Weltkrieg zum sogenannten Lazarettlager für Kriegsgefangene bestimmt. Sowjetische Kriegsgefangene, die hauptsächlich durch unmenschliche Arbeitsbedingungen im Zwickauer Steinkohlenbergbau ausgemergelt und zusammengebrochen waren, wurden hier bei schlechter Verpflegung und mangelhafter medizinischer Versorgung untergebracht. Obwohl einzelne Einwohner, wie Frieda und Max Brückner aus Nennigmühle und die Lagerköchin Paula Küttner aus Pockau, den Kranken Lebensmittel zusteckten, siechten viele dahin und starben. 96 verstorbene Sowjetbürger wurden an der Straße nach Zöblitz, unmittelbar links am Waldrand, begraben. An dieser Stelle wurde 1947 ein Ehrenmal errichtet und 1960 zu einer Gedenkstätte umgestaltet, wobei die Bevölkerung durch viele freiwillige Aufbaustunden mithalf.

Unmittelbar an der Flöhabrücke werden die ehemaligen Gutsgebäude von der LPG Tierproduktion Neues Leben Forchheim als Ställe für die Schweinemast genutzt. In Nennigmühle befinden sich außerdem die Lagerplätze und die Verwaltung der Meliorationsgenossenschaft Erzgebirge.

Der Fabrikkomplex der Wernsdorfer Papierfabrik, ein Teil des VEB Papier-

fabriken Wernsdorf/Bockau, steht fast 1 km südöstlich der Straßenkreuzung Nennigmühle zwischen der Flöha und der Eisenbahnlinie. Hier werden Schreibhefte im Format A 4 für die gesamte Republik in großer Stückzahl produziert. A 1

Alte Leite A 2

Zwischen Blumenau und Nennigmühle finden wir links im Flöhaengtal einen bis zu 100 m hohen, sehr steilen und fast halbkreisförmigen Prallhang mit dem 38,7 ha großen Naturschutzgebiet Alte Leite. Block- und steinreiche Verwitterungsdecken mit Felsdurchragungen bestimmen den bis zu 40° geneigten Schattenhang, wo, besonders in Runsen, auch Hangwasser austritt.
Die Unterschutzstellung der Alten Leite erfolgte, weil hier ein in der Umgebung einmaliger typischer Hangwald stockt. Charakterarten dieses Bestandes sind unter den Bäumen der Bergahorn und die Sommerlinde und in der Krautschicht die hoch aufragende Mondviole oder das Silberblatt (*Lunaria rediviva*) mit violetten, wohlriechenden Blüten und das Christophskraut (*Actaea spicata*).
Weitere Glieder der Baumschicht sind als Hauptbestandteil Esche, dann spärlich Buche und vereinzelt Stieleiche, Ulme und Spitzahorn. Sträucher gedeihen spärlich, höchstens einige Haselnüsse und der Seidelbast (*Daphne mezereum*). In der Krautschicht (Abb. 7) sind die üblichen Waldfarne und Waldgräser vertreten, vielfach findet man das Hainrispengras (*Poa nemoralis*). Auffällig und auch zahlreich ist der Aronstab (*Arum maculatum*) mit spieß-pfeilförmigen Blättern. An Liliengewächsen findet man Quirliges und Vielblütiges Salomonssiegel (*Polygonatum verticillatum* und *multiflorum*). Gegen den Gehängefuß zu fällt der Waldgeißbart auf (*Aruncus silvester*). Nicht zu vergessen ist eine seltene Orchidee, die Bergwaldhyazinthe (*Platanthera chlorantha*), die meist in den Bergmischwäldern vereinzelt auftaucht. Auffällig ist auch das Springkraut oder Rühr-mich-nicht-an (*Impatiens noli-tangere*), dessen reife Früchte bei der geringsten Berührung elastisch aufspringen und die Samen fortschleudern. Weitere bekannte Kräuter sind Bingelkraut (*Mercurialis perennis*), Goldnessel (*Galeobdolon luteum*), Waldmeister (*Asperula odorata*), das niedliche Moschusblümchen (*Adoxa moschatellina*) und die alles überragende Nesselblättrige Glockenblume (*Campanula trachelium*) mit bläulichen Blüten.
Diesen Hangwald umgeben Buchenwälder, wo die Türkenbundlilie (*Lilium martagon*) vorkommt, die auch im Sauwinkel gedeiht. An einer Stelle stößt man an einem winzigen Fleck auf die Zwiebeltragende Zahnwurz (*Dentaria bulbifera*) ohne Begleitpflanzen. Zu finden sind weiterhin der Hohle Lerchensporn (*Corydalis cava*), begleitet vom Gelben Buschwindröschen (*Anemone ranunculoides*), und sogar das Hexenkraut (*Circaea lutetiana*), das in diesen Höhenlagen sehr selten vorkommt.
Talauf im Sauwinkel bedeckt Berglaubwald den Steilhang, durchsetzt von Felsen mit dem Tüpfelfarn (*Polypodium vulgare*). Der Mischwald stockt auf steinigem bis blockigem Boden; auch gedeiht hier ein seltener Strauch, die Alpenjohannisbeere (*Ribes alpinum*). Weitere Besonderheiten sind die Haselwurz (*Asarum europaeum*), die im Flöhatal selbst weiter talauf nicht vorkommt, und die Frühlingsplatterbse (*Lathyrus vernus*), die hier ihr höchstes Vorkommen

hat. An den beiden Seiten des Talweges erfreut man sich der Kolonien vom Waldgeißbart. Ein Fremdling hat sich in großem Bestand angesiedelt: das Kleinblütige Springkraut (*Impatiens parviflora*). Es verwilderte im vorigen Jahrhundert aus botanischen Gärten und stammt aus Zentralasien. Am oberen Beginn des Sauwinkels gedeiht eine kleine Herde der Großen Sternmiere (*Stellaria holostea*), die im Gebiet hier ihren höchsten Fundort hat. Am Flöhaufer wächst verschiedentlich in kleinen Herden die subatlantische Gelbe Gauklerblume (*Mimulus guttatus*), die aus dem westlichen Nordamerika stammt und sich seit dem vorigen Jahrhundert einbürgerte.

Lindenbestände belegen, daß der von der Alten Leite bis unterhalb von Pockau reichende Flöhatalabschnitt klimatisch zu den unteren Gebirgslagen zählt. Charakteristisch ist der Wechsel von engen Kerbsohlentalabschnitten und Talweitungen, in denen die Talaue bis zu 400 m Breite erreicht und wo ein Sohlental besteht. Die eigentlichen Talhänge steigen nur um 80 bis 120 Höhenmeter an, wobei sehr steile felsige Prallhänge, flache, meist gerodete Gleithänge und mäßig steile bis steile, von Nebentälchen und Hangmulden gegliederte Überganghänge in bunter Folge einander abwechseln. Darüber steigt das Gelände zwar flacher, aber weiter kontinuierlich bis zu den benachbarten Hochflächenrücken stetig an. Diese von Nebentälchen gegliederten und vielfach gerodeten Oberhangbereiche, so zwischen Wernsdorf und dem Treppenholz, tragen überwiegend geringmächtige steinreiche Gneisschuttdecken mit zur Austrocknung neigenden sandig-grusigen Braunerden, die auf den Mittel- und Unterhängen tiefgründiger und feinbodenreicher werden. Stellenweise, so südlich der Nennigmühle und in der Ortslage Pockau, bestehen auch steinige Gehängelehme, sedimentierte Abspülmassen der Hänge, die nahe dem Marterbüschel von einer Ziegelei erschlossen wurden. Die sandig-lehmi-

Abb. 7. Pflanzenarten Alte Leite

1 Zwiebelzahnwurz
2 Alpenjohannisbeere
3 Nesselblättrige Glockenblume
4 Bergwaldhyazinthe

gen und von Sanden und Schottern unterlagerten Aulehme sind durchweg stauvernäßt (vergleyt), nur in etwas höheren Lagen im Oberboden auch verbraunt. Das reich gegliederte hängige Talgebiet wurde auf etwa zwei Dritteln seiner Fläche gerodet und, wo es möglich war, dem Feldbau erschlossen. Aus Gründen der Hangneigung, der Bodenerosion und der Flächenzersplitterung haben hier in den letzten Jahren die Grünlandanteile stark zugenommen. A 2

Zöblitzbach A 3

Der Zöblitzbach entspringt am Ostrand des zwischen Dörnthal und Hallbach gelegenen Mittelwaldes in 600 m ü. NN. Zwei Drittel des 6 km langen Tales befinden sich im Wernsdorfer Rückengebiet. Hier besteht ein wenig eingetieftes und zum Teil bis auf die Hänge hinauf grund- und stauvernäßtes Muldental, in dem am Brandgut sogar kleine Torfbildungen auftreten. Erst unterhalb des Dachsbauweges stellt sich der Zöblitzbach mit wesentlich erhöhtem Längsgefälle in einem kurzen steilhängigen Engtal auf die Erosionsbasis der Flöha ein. Wo der Bachlauf an den Verbindungsweg Wernsdorf—Reukersdorf herantritt, fehlen nur 7 m Höhendifferenz, um in Richtung Nennigmühle zur Flöha zu entwässern. Das unterste Laufstück wendet sich südwärts zur engen Flöhaschlinge und schneidet unmittelbar vor der Mündung noch pleistozäne Flöhaschotter aus geschichtetem Sand und Kies mit großen gerundeten Geröllen an.
Im Zöblitztal soll die Glashütte gelegen haben, die im Purschensteiner Lehnbrief von 1451 als zweite genannt wird, zumal ihre Lage bei Reukersdorf bereits in einem Leibgedingebrief von 1445 erwähnt wurde. Sie muß Ende des 15. Jh. wieder eingegangen sein.

Wernsdorfer Hammer A 4

Die wenigen Gebäude des zu Wernsdorf gehörenden Ortsteiles Hammer liegen am Hang des Unterlaufes des Zöblitzbaches. Durch die Häusergruppe führt die Straße von Blumenau nach Wernsdorf.
Da die landarmen Bewohner des kleinen Ortes Arbeit auf dem großen Floßholz- und Kohlplatz Blumenau (s. B 8) fanden, lag es nahe, für das erforderliche Eisenwerkzeug ein bescheidenes Hammerwerk zu errichten, das vorwiegend Schmiedearbeiten durchführte.

Kamerun, Ortsteil von Wernsdorf A 5

Mit Kamerun bezeichnet man eine ehemalige Holzstoffschleiferei zwischen Blumenau und Nennigmühle. Ihr Standort befindet sich in einem Engtalabschnitt der Flöha an einer großen Flußschleife dort, wo die Eisenbahn die Flöha überquert.
Der Betrieb wurde im 19. Jh. angelegt, um die Wasserkraft der Flöha, besonders nach der Aufhebung der Flöße (s. B 8), weitgehend auszunutzen. Da die Er-

A 5 haltung der Wehre und Gräben, die für die Heranführung des Wassers nötig waren, sich als sehr aufwendig erwies, wurden später gebaute Werke mit Dampfkraft und in jüngerer Zeit mit Elektroenergie als rentableren Energieformen betrieben, so daß abgelegene und wenig erweiterungsfähige Werke — wie das in Kamerun — ihre Existenzberechtigung verloren. Auch die Holzschleiferei in Kamerun wurde stillgelegt. Eine Gewölbebrücke aus Bruchsteinen verbindet das Gebäude mit der Straße am jenseitigen Flöhaufer.

A 6 **Sorgau,** Ortsteil von Ansprung,

erstreckt sich über fast 3 km vom Thesenwald im SO bis an die Hänge des Flöhatales im NW. Die Dorfstraße führt am Hang einer langgezogenen Einsattelung talwärts nach Pockau. Der Ort wird urkundlich zuerst (1530) als *Naue Sorge* (1552 *Naw Sorge*, 1748 *Sorgau*) erwähnt, was namenkundlich als Bezeichnung für eine neue Sorgen, Bedenken oder Verpflichtungen erfordernde Siedlung gilt. Sorge oder Neusorge ist ein häufiger Name für jüngere Gründungen und Anbauten, meist wohl auf ungünstigem Boden gelegen.
Die Lage von Sorgau mit seinen stark hängigen Äckern und Wiesen läßt erkennen, daß das Dorf nicht hauptsächlich der landwirtschaftlichen Nutzung wegen angelegt worden sein kann, wenn auch die Parzellen der in lockeren Reihen erbauten Höfe sich der Form verkürzter Waldhufen annäherten und schöne, teils lindenbeschattete Höfe mit Wohnstallhäusern erhalten geblieben sind, die einen durchaus bäuerlichen Eindruck hinterlassen. Unter einigen Fachwerkhäusern verdient besondere Beachtung das gut gepflegte Haus Nr. 11 mit strebenreichem Fachwerkobergeschoß, das nach einem Brand 1830 errichtet wurde (Abb. 8). Der im Schlußstein auf 1817 datierte Türstock entstammt noch dem Vorgängerbau. Eine besondere Zierde ist der im Landschaftsbild recht wirkungsvolle völlig regelmäßige Giebel, wohl der schönste dieser Art im Kreis Marienberg.
Nach der Gründung des Ortes im Zuge einer Nachkolonisation durch die Herren von Berbisdorf in der ersten Hälfte des 16. Jh. übertraf die Zahl der besessenen Mann zunächst die der Häusler und Gärtner; alle hatten offensichtlich auch außerlandwirtschaftliche Dienstarbeit zu leisten. Angaben aus dem Lautersteiner Erbregister, demzufolge Bauern umliegender Dörfer zu Frondiensten, wie Hacken und Mähen mit der Sense, in Neusorge verpflichtet waren, legen nämlich die Vermutung nahe, daß die Herrschaft ein besonderes Interesse an der anderweitigen Verwendung der Arbeitskraft der Sorgauer hatte. Beschäftigung dürften sie vor allem in den seit 1559 kurfürstlichen Wäldern und an der Flöha-Flöße gefunden haben.
In späterer Zeit fanden sich einfache Dorfhandwerker in dem abgelegenen Dorf ein. So war der Vater der Heimatdichterin Grete Baldauf-Würkert (1878 bis 1962), die in Sorgau geboren wurde und hier ihren Lebensabend verbrachte, ein Korbmacher. Seit spätestens dem 19. Jh. ist auch die Fabrikation von Holzwaren für Sorgau verbürgt. Gefördert durch den Straßenbau von Pockau nach Olbernhau im Flöhatal (s. A 1), bei dem auch Sorgauer Arbeitslose beschäftigt waren, kam es im Ort früh zur Gründung einer Ortsgruppe der KPD.

Abb. 8. Fachwerkhaus
Sorgau Nr. 11

Die Fluren von Sorgau, die meist aus mehr oder weniger steilen Hangflächen bestehen, werden teils zum Weideauftrieb der LPG (T) Rinderaufzucht Ansprung (s. B 4), teils zur Pflanzenproduktion (s. G 10) genutzt. In Sorgau befindet sich ein größerer Rinderstall sowie ein Schweinemaststall der Ansprunger LPG. Die industrielle Produktion ist nur wenig entwickelt. Im Mitteldorf produziert der VEB Holzwaren Sorgau Kisten und Kleiderbügel; diesem Betrieb ist auch ein Sägewerk angeschlossen. Der größte Teil der im Ortsteil wohnenden 400 Einwohner findet Beschäftigung in den holzverarbeitenden Betrieben von Blumenau.

A 6 Die ehemalige kleine Dorfschule wurde zu einem kulturellen Zentrum für Sorgau ausgebaut. Auch die Bibliothek ist in diesem Gebäude untergebracht. Der Schulunterricht erfolgt in Blumenau, für die älteren Schüler in Olbernhau oder in Pockau.

A 7 Annahöhe (Hahnenbusch)

Den Nordrand des Anspruner Rückengebietes bildet ein bewaldeter Höhenzug, der vom Südrand des Thesenwaldes zur Annahöhe verläuft. Reichlich 250 m erhebt sich dieser Rotgneiszug über die Flöhaaue sowie 100 m über das nördlich angrenzende Wernsdorfer Rückengebiet. So bieten sich von den Waldrändern, auch vom Scheitelpunkt der Straße Zöblitz—Sorgau, weit reichende Sichtfelder nach N, S und SW.
Den Gipfelpunkt der Annahöhe (687 m) bezeichnet eine Steinpyramide. Nach nicht bestätigter Überlieferung soll hier eine Fürstin namens Anna bei der Jagd gerastet haben. Ein Höhenweg, der von Oberansprung nach Pockau führt, berührt die Annahöhe. Er wird hier als Kammweg, dagegen westlich der Sorgau—Zöblitzer Straße als Alte Freiberger Straße bezeichnet.
Am Südwesthang der Annahöhe baute die 'Segen Gottes Fundgrube' auf einem NNW—SSO streichenden und mit 70° nach NO einfallenden Gang der Wismut-Kobalt-Nickel-Formation, der im Rotgneis aufsetzte. Es handelt sich bei dieser unbedeutenden Vererzung um die östlichsten Ausläufer des Marienberger Erzreviers (s. G 6).
Der Wald um die Annahöhe heißt Hahnenbusch, auch Hahnbusch oder kurz Hahn und bildet das Bindeglied zwischen dem Revier Sorgau (Zöblitz) und dem Thesenwald (s. G 2). Der stark geröllhaltige Boden eignete sich vermutlich nicht für eine landwirtschaftliche Nutzung, obwohl es nicht an Versuchen zum Feldbau gefehlt hat, wie die zahlreichen Lesesteinhaufen in der Umgebung der Annahöhe beweisen. In früheren Jahren befand sich eine Schäferei auf der Annahöhe.
Der Wald besteht vorwiegend aus Fichten. Diese Bestände zeigen durch die exponierte Höhenlage Anzeichen von Rauchschädigungen. Einzelne ältere Buchen und Buchenverjüngungen bieten ein gutes Beispiel für den notwendigen Holzartenwandel. Die Hauptwege sind mit prächtigen Lärchen eingefaßt. Vereinzelt kommt der Bergahorn vor. Eberesche und Hirschholunder sind teilweise stark vertreten.
Die drei Vorwerke westlich des Hahnenbuschs (Oberes, Mittleres und Niederes) gehörten zur Stadt Zöblitz; das herrschaftlich Lautersteinische Vorwerk Geiselroda lag dagegen weiter nordwestlich. Es war 1595 bereits eingegangen, sein wüstes Haus wurde noch einmal ausgebaut und bis zu seiner Zerstörung im Dreißigjährigen Krieg 1632 von einem Förster bewohnt. Jetzt sind seine ehemaligen Fluren vollständig vom Wald bedeckt, Reste dieses Vorwerks sind nicht mehr zu finden.

Scheitwald/Moosheide B 1

Zwischen Wernsdorf, Hallbach und Reukersdorf erstreckt sich der hauptsächlich auf ärmeren Rotgneisen stockende 4 km^2 große Scheitwald mit der Moosheide östlich der Alten Straße von Hallbach nach Reukersdorf. Er zieht vom Südrand des Wernsdorfer Rückengebietes (560—580 m ü. NN) bis zur Flöha (420 m ü. NN) hinab. In die mäßig steilen Hänge haben sich der Katzenbach und der Dorfbach eingegraben, die, wie die meisten kurzen Hanggewässer, zum Teil kerbtalartige Formen schufen. Geomorphologisch interessant ist das Vorkommen pleistozäner Flöhaschotter bis zu 40 m über der Aue an der Stelle, wo der Weg Reukersdorf—Wernsdorf in den Wald eintritt. Diese Terrassenreste erklären auch die auffällige Verebnung im Gelände.
Scheitwald und Moosheide bilden ein geschlossenes Waldgebiet mit gutwüchsigen Fichtenbeständen aller Altersklassen. Die Fichtenbestände mit einzelnen beigemischten Lärchen sind vor allem in jüngeren Altersklassen stark von Birken durchsetzt. Scheitwald und Moosheide gestatten das Studium der strengen Einteilung der ehemals sächsischen Forsten in durch Schneisen und Wirtschaftsstreifen oder Flügel begrenzte, einheitliche, fast gleichgroße Abteilungen.
Der Name Scheitwald gehört zu mhd. *scheide* = Grenze, bezeichnet also den Grenzwald zwischen den Herrschaften Lauterstein und Purschenstein. Moosheide bedeutet feuchter, sumpfiger Wald (zu mhd. *mos* = Sumpf, Moor und mhd. *heide* = Wald); vernäßte Partien sind noch heute typisch für diesen Bereich.
Wo der Scheitwald im Süden an die Flöha herantritt, sind westlich von Reukersdorf grobe Konglomerate aufgeschlossen, deren Gerölle aus verschiedenen Gneisen bestehen. Mit diesen Ablagerungen beginnt eine Schichtenfolge von Oberkarbon und Rotliegendem, die in der Umgebung von Olbernhau und Brandov (Brandau) an mehreren Stellen zutage trat. Bei Brandov gewann man zu Ende des vorigen Jahrhunderts aus einem eingelagerten, geringmächtigen Flöz den „Olbernhauer Anthrazit". Es ist kein Zufall, daß diese permokarbonen Bildungen im mittleren Erzgebirge gerade in der Flöha-Querzone auftreten (s. Seite 1).

Hallbach, Kreis Marienberg, B 2

erstreckt sich, eingebettet zwischen sanft ansteigenden Hängen, rund 1,5 km in Nord-Süd-Richtung. Vom Bielatal im S bis zu einem Höhenrücken im N werden dabei über 100 m Höhenunterschied überwunden.
1936 wurde beim Pflügen am Kirchsteig westlich des Ortes ein Steinbeil, ein sogenannter durchlochter Schuhleistenkeil, gefunden. Seine typische Form weist ihn als Gerät der jüngeren Steinzeit aus. Da der Fund nicht im Inneren oder in unmittelbarer Nähe eines Hauses zutage kam, ist er wahrscheinlich nicht in neuerer Zeit hierher verschleppt, sondern bereits vom urgeschichtlichen Menschen bei der Nutzung des Gebirgslandes zur Jagd oder Sommerweide verloren worden.
Das Dorf, das 1445 erstmalig urkundlich nachweisbar ist (*Halpach*, 1451 *Hol-*

B 2 *pach* = der Hall-Bach, also der hallende Bach nach dem Geräusch des Wassers), dehnte sich ursprünglich ober- und unterhalb des späteren Erbgerichts in der Mulde des Dorfbaches aus und ließ zunächst das Bielatal unberührt. Mit seiner Gründung war die Ausdehnung des Herrschaftsgebietes Sayda—Purschenstein nach W fortgesetzt worden, die ihren Abschluß bei Reukersdorf an der Flöha und am Zöblitzbach fand. Die Anlage eines Straßendorfes und der Waldhufen deutet auf fränkische Siedler hin, die im 13. Jh. durch die böhmischen Grundherren in diesem Gebiet seßhaft gemacht wurden.

Der Ort — bis zum Beginn des 19. Jh. ein reines Bauerndorf — gehörte bis 1650 zur Herrschaft Purschenstein, dann zusammen mit dem Rittergut Pfaffroda (s. C 1) einer Seitenlinie der Familie von Schönberg. Die schon 1539 als Filiale der Pfaffrodaer Pfarrkirche erwähnte und 1604 sowie 1844 erneuerte Kirche besitzt eine gerade geschlossene Holzdecke. Neben diesem sehr schlichten Gebäude steht eine kleine Schule, deren Neubau 1882 bezogen wurde. Jetzt gehört Hallbach zum Oberschulbereich Julius Fučik Dörnthal—Pfaffroda.

Das Bielatal aufwärts und abwärts der Einmündung des Dorfbaches boten sich günstige Möglichkeiten für die Anlage von Mühlen, die sich hier seit dem Ausgang des 17. Jh. ausbildeten. Wir lesen sowohl von Mahl- als auch von Brett-, Öl- und Papiermühlen. Auf dieser Grundlage entwickelten sich um 1850 Drehwerke und industrielle Unternehmungen, nachdem gegen 1830 vorübergehend die Handweberei für den Ort bedeutsam gewesen war. Zunächst lieferten kleine, noch handwerkliche Betriebe vor allem Kisten und Schachteln. Seit 1860 drang nach Hallbach die Spielwarenfabrikation vor, die um 1900 neben der Landwirtschaft als Erwerbszweig in Hallbach vorherrschte. Sie war zu einem großen Teil auf die Erzeugung von Archen spezialisiert, die, mit Seiffener Holztieren gefüllt, zum Verkauf kamen (Abb. 9). Als bedeutendster Betrieb arbeitet die auf Kleinneuschönberger Flur anstelle einer Papier- und früheren Ölmühle von Gustav Escher gegründete Fabrik, die zunächst Strumpfwirkerstühle, seit 1882 Sitz-

Abb. 9. Hallbacher Arche, historisches Spielzeug

möbel herstellte. 1946 kam die Fabrik, die im zweiten Weltkrieg der Kriegsproduktion gedient hatte, in Volkseigentum. B 2
Der nach 1871 erfolgte Bau der Straße im Bielatal förderte die Entwicklung der Industrie. Wie abgeschieden das Dorf trotzdem noch lange Zeit blieb, zeigt sich daran, daß erst seit 1888 eine Posthilfsstelle bestand. Bis 1912 mußten die Einwohner auf den Anschluß an das Elektrizitätsnetz warten. In den kleinen Betrieben des Drechslergewerbes war, sofern sie keine Wasserkraft nutzen konnten, Fuß- und Schwungradantrieb gebräuchlich. 1872 erfolgte die Eingemeindung des nach dem Dreißigjährigen Krieg als Exulantensiedlung gegründeten Dörfchens Hutha nach Hallbach.
Nach der Novemberrevolution von 1918 konnte sich die Arbeiterklasse in Hallbach organisieren; eine Ortsgruppe der SPD wurde 1919 gegründet. Aber noch konnten die Unternehmer, an ihrer Spitze die der Firma Escher, ihre Macht durchsetzen, die Löhne drücken und die Arbeitsbedingungen diktieren. Um den wachsenden Widerstand der Arbeiter zu brechen, betrieben die Unternehmer gemeinsam mit reaktionären Handwerksmeistern die Gründung einer Ortsgruppe der NSDAP in Hallbach und schufen so die lokale Grundlage für die Ausübung der faschistischen Herrschaft nach 1933.
Am 8. 5. 1945 befreiten Truppenteile der Sowjetarmee Hallbach. Im September jenes Jahres erhielten Kleinbauern, Neubauern und Umsiedler durch die demokratische Bodenreform aus dem Besitz des Rittergutes Pfaffroda 335 ha Wald und landwirtschaftlich genutzten Boden.
Das Ortsbild von Hallbach prägen jetzt viele modernisierte Ein- und Zweifamilienhäuser. Die Mehrzahl der Werktätigen arbeitet in industriellen Betrieben des Ortes. Neben einigen kleineren holzverarbeitenden Fabriken sind hier vor allem ein Betriebsteil des VEB Musikelektronik Klingenthal und der VEB Stuhlfabrik Hallbach zu nennen. Beide haben ihren Standort im Bielatal an der Landstraße Olbernhau—Freiberg. Ersterer fertigt vor allem Holzgehäuse für Plattenspieler und Lautsprecherboxen, die im Betrieb komplett hergestellt werden. Außerdem produziert er im Plastverfahren Kästen und Einsätze für die Küchenproduktion unserer Möbelindustrie. Der VEB Stuhlfabrik — er gehört zum Kooperationsverband der Vereinigten Sitzmöbelindustrie — verarbeitet vor allem importierte Rotbuche zu Polsterstühlen; die Polsterteile werden vom VEB Polsterwerkstätten Heidersdorf zugeliefert.
Die landwirtschaftliche Nutzfläche von Hallbach wird jetzt von der LPG (P) Pfaffroda bewirtschaftet, die dafür am Südausgang des Ortes eine Außenstelle für ihren Maschinenpark besitzt. Im oberen Teil von Hallbach, an der Wegabzweigung nach Hutha, wurden alte Gutsgebäude zu einem Rinderstall der LPG (T) Thomas Müntzer Pfaffroda ausgebaut.
Begünstigt durch die gute Verkehrslage, durch die Nähe des Waldes wie auch durch das reizvolle Bielatal wurde an der Straße Olbernhau—Freiberg ein ehemaliger Gasthof vom VEB Galvanotechnik Leipzig zu einem Betriebsferienheim mit 40 Betten ausgebaut. Als Ausflugs- und Speisegaststätte sei auch die Konsumgaststätte im oberen Teil des Ortes erwähnt.

B 3 Bielatal

Der 10,4 km lange Bielabach — sein Name ist auf slaw. *běla* (*voda*) = weißes (Wasser) zurückzuführen — geht aus drei breiten vernäßten Quellmulden zwischen Sayda und Pilsdorf in 620—660 m ü. NN hervor. In seinem Oberlauf, der überwiegend durch ein Muldensohlental fließt, finden wir Ullersdorf und Dittmannsdorf aneinandergereiht sowie Pfaffroda, das sich noch in ein Nebental hinaufzieht. Auffällig und von landschaftlichem Wert sind hier drei Großteiche sowie der Kunstteich, über den Trinkwasser aus der Rauschenbachtalsperre (s. F 1) in die Saidenbachtalsperre sowie in das Freiberger Gebiet übergeleitet wird. Dadurch ist auch die abwärtige Wasserführung des Bielabaches beeinflußt, so daß der für die Mündung angegebene mittlere natürliche Abflußwert von 0,43 m^3/s größere Abweichungen aufweisen kann. Unterhalb von Pfaffroda hat sich der Bielabach in einem überwiegend bewaldeten und steilhängigen Kerbsohlental mit Wiesenaue bis zu 100 m tief eingegraben. Der hier stark mäandrierende Bachlauf zeugt vom Gleichgewicht zwischen Tiefenerosion und Sedimentation und zeichnet sich durch sein Ufergehölz aus (Bild 21).

In Niederneuschönberg erreicht der Bach, der ein Einzugsgebiet von 37 km^2 entwässert, über ein künstlich angelegtes Laufstück die Flöha in einer Höhe von 440 m ü. NN. Ursprünglich mäandrierte er noch ungefähr 1 500 m parallel zur Flöha durch die Aue, ehe er — wie die Äquidistantenkarte von 1908 ausweist — etwas oberhalb der Kohlenau mündete. Er berührte damit umfangreiche, bis über 3 m mächtige Talmoore, die in großen Teilen abgetorft wurden — ein Torfstich bei Reukersdorf war noch 1979 in Betrieb — und deren Reste fast durchweg melioriert sind.

Der Bielabach hat mit seinen zahlreichen Nebenbächen das Gelände dicht aufgeschnitten und erniedrigt und bildet eine eigene Kleinlandschaft, die das Wernsdorfer Rückengebiet im Norden von dem Heidersdorfer im Süden trennt (Abb. 37, Profil 4). Hierzu muß auch das Gebiet des Arlitzwaldes bis zum Bärenbach gerechnet werden. Um Pfaffroda und Dittmannsdorf wurde das bereits stark wellige Relief gerodet, weiter abwärts, mit der zunehmenden Hängigkeit, blieb hingegen die Waldnutzung bestehen. Wie die Abb. 3 zeigt, besteht ein auffallend starker kleinflächiger Wechsel in der Mächtigkeit und Körnung der Gneisschuttdecken, weshalb neben den vorherrschenden Braunerden auch skelettreiche Ranker-Braunerden nennenswerte Flächenanteile haben.

Der von der Biela durchflossene Dittmannsdorfer Kunstteich bietet als Besonderheit, die kein anderer Teich im Gebiet besitzt, die Gesellschaft des offenliegenden Teichschlammes, die sich in niederschlagsarmen Jahren im Spätsommer und Herbst ausbildet. Charakterpflanzen sind das Scheidengras (*Coleanthus subtilis*), welches man nur in den Kunstteichen zwischen Freiberg und Olbernhau findet, ferner das Schlammkraut (*Limosella aquatica*). Unter den Begleitern fallen auf das Sumpfruhrkraut (*Gnaphalium uliginosum*), die Nadelsumpfsimse (*Eleocharis acicularis*), die Rasenbinse (*Juncus bulbosus*), die Kleinblättrige Sumpfkresse (*Rorippa islandica*). Kennzeichnend ist auch eine offene Moosschicht aus Leber- (*Riccia*-Arten) und Laubmoosen.

Die Ufer des Teiches säumt ein Gürtel von Sauergräsern mit Schnabelsegge

(*Carex rostrata*), Schlanker Segge (*C. gracilis*), Gemeiner Sumpfsimse (*Eleocharis* B 3
palustris) und dem Süßgras Flutendes Schwadengras (*Glyceria fluitans*). An der Zuflußseite gesellt sich dazu noch die Wasserschwertlilie (*Iris pseudacorus*).
Der Teil des Bielatales oberhalb von Hallbach wird im Volksmund als Hölle bezeichnet; die Deutung des Namens beruht vielleicht weniger auf dem etwas düsteren Charakter und der Abgeschiedenheit des Ortes, als vielmehr darauf, daß weiter oben, nahe dem Dorfausgang von Pfaffroda, am linken Talhang ein den Einwohnern unheimlicher Hof lag, eine ehemalige Meisterei. Hier wohnte entweder der Abdecker oder, wie 1771, der Scharfrichter der Herrschaft Pfaffroda. Später übernahmen Angehörige einer Familie Brand dessen Anwesen und Amt. Sie betrieben daneben Abdeckerei und Pferdehandel. Es verwundert deshalb nicht, daß der Aberglaube die Hölle mit allerhand Spukgestalten bevölkerte: dem kopflosen Scharfrichter, der gleich der wilden Jagd mit seinen Pferden durch den Talgrund dahinbrauste, oder einem unschuldig Gerichteten, der im Novembernebel nachts die Vorbeieilenden mit dumpfen Schlucklauten schreckte.
Nach 1871 wurde die Talstraße von Olbernhau nach Pfaffroda ausgebaut, und 1904 brannte das Brandgut, die Meisterei, nieder. Nur einige Mauerreste und ein Steintisch sind noch an ihrer Stelle zu finden. Die Spukgeschichten geraten immer mehr in Vergessenheit, ebenso wie die Tatsache, daß früher hier Flußperlmuscheln gefunden wurden.

Reukersdorf, Stadtteil von Olbernhau **B 4**

Das im nordwestlichen Teil der Olbernhauer Talwanne gelegene Reukersdorf (1445 *Reikersdorf*, wohl Dorf eines Reiker, älter Richher), das 1924 nach Kleinneuschönberg (s. B 5) und mit diesem 1950 nach Olbernhau eingemeindet wurde, ist die älteste und westlichste Besitzung der Familie von Schönberg im Olbernhauer Flöhatalbecken gewesen. Ein großer Vierseithof neben einer Reihe verstreut liegender kleinerer Wirtschaften und die Einteilung der Flur lassen auf die Anlage des Ortes als Gutssiedlung schließen. Dieses Gehöft war ein Vorwerk des Rittergutes Pfaffroda und wurde verpachtet; erst 1780 errichtet, ersetzte es ein älteres Gut, das an anderer Stelle gestanden hatte und niedergebrannt war.
Soweit die Einwohner Reukersdorfs nicht im Gut oder im Scheitwald beschäftigt waren, versuchten sie, mit Spinnen und Weben, dann später mit der Herstellung von Holzwaren ihre Existenz zu sichern. Arbeit konnten sie auch an der Flöße und auf dem Kohlplatz in Blumenau (s. B 8) finden oder beim Transport der Holzkohle von dort nach Freiberg auf der alten Kohlstraße, die durch Reukersdorf führte. In den moorigen Wiesen der Flöhaaue (s. B 3) wurde zeitweise auch etwas Torf gewonnen.
Weithin künden die 6 Hochsilos im nordwestlichen Teil der Olbernhauer Talwanne, nahe am Wald gelegen (Bild 27), von der raschen Entwicklung unserer sozialistischen Landwirtschaft. Dieser Olbernhauer Stadtteil beherbergt seit 1977 den bedeutendsten landwirtschaftlichen Großbetrieb der Umgebung, die industriemäßig angelegte Jungviehaufzucht der LPG (T) Rinderaufzucht

B 4 Ansprung, die ihren Sitz in Olbernhau-Reukersdorf hat. Mit einer Kapazität für 4200 Tiere ist die Anlage die erste dieser Größenordnung für die Färsenproduktion. An der Entwicklung dieser spezialisierten Einrichtung sind die landwirtschaftlichen Produktionsgenossenschaften in Olbernhau, Dörnthal, Pfaffroda und Seiffen in starkem Maße beteiligt gewesen.

Der Produktionsablauf erfolgt im Fließbandverfahren. Ein Tier verbleibt in der Regel etwas mehr als 20 Monate hier. Die 15 bis 20 Tage alten Kälber werden von den genannten Genossenschaften, vom VEB Tierzucht Karl-Marx-Stadt und vom VEG Hirschfeld erworben und die etwas mehr als 20 Monate alten Färsen dorthin wieder verkauft. In 4 großen Ställen stehen die Tiere in Boxen auf Kotrosten. Mit Hilfe von Futterketten wird das Futter, teilweise aus den Hochsilos, halbautomatisch und dosiert an die Futterplätze gebracht. Futterlieferanten sind vor allem die LPG (P) Ansprung, LPG (P) Pfaffroda und die Zwischengenossenschaftliche Einrichtung (ZGE) Kartoffellagerhaus/Trockenwerk Pfaffroda. Die Wasserbereitstellung aus der Moosheide für die Anlage genügt wohl in bezug auf Quantität, nicht aber in Hinsicht auf Qualität; für das recht kalkarme Wasser macht sich eine Aufbereitung notwendig. Die anfallende Gülle wird per Lastkraftwagen versprüht oder in großen Güllebehältern bis zu 90 Tagen gelagert, dann turnusgemäß in Abstimmung mit den Fruchtfolgen und Vegetationsperioden ausgebracht.

Die Anlage trägt in großem Maße dazu bei, einerseits die Arbeitsproduktivität weiter zu erhöhen — ein Genossenschaftsbauer betreute bisher 60 bis 70 Tiere, in dieser Anlage werden von einem Zootechniker dreimal soviel Tiere betreut — und andererseits die Arbeits- und Lebensbedingungen der Werktätigen in der Landwirtschaft weiter zu verbessern, gehört doch hier die schwere körperliche Arbeit mit Mistgabel und Schubkarre der Vergangenheit an. Doch verlangt die erfolgreiche Arbeit in der Jungviehaufzuchtanlage auch neue Kenntnisse, so daß der Beruf eines Zootechnikers oder Mechanisators immer mehr an Bedeutung gewinnt.

Bis auf einige wenige Familienhandwerksbetriebe dominiert in Reukersdorf auch sonst die landwirtschaftliche Produktion. Auf den südexponierten Flachhängen wie auch auf den teilweise meliorierten Auenflächen produziert die LPG (P) Ansprung. Die LPG (T) Olbernhau/Pockau besitzt am ehemaligen Vierseithof zwei Rinderställe.

B 5 **Kleinneuschönberg,** Stadtteil von Olbernhau

seit 1950, stellt eine typische Streusiedlung dar, deren Häuser sich vor allem auf dem nördlichen Flachhang der Olbernhauer Talwanne verteilen. Nur einzelne Gebäude haben ihren Standort an den Hängen des Bielatales.

Neu-Schönberg, Klein Theil — wie es 1696 hieß — entstand als letzte Exulantengründung der drei Neuschönberg-Orte (s. B 6, J 4). 1659 erhielten 10 Ansiedler, die sich in den vorangegangenen zwei Jahren vom Unterlauf der Biela in Richtung auf Reukersdorf zu niedergelassen hatten, das Recht, ihren Ort nach dem Grundherrn zu benennen. Dieser hatte sie mit verhältnismäßig wenigen, mit Geld ablösbaren Diensten belastet und mußte ihnen auch die Ausübung

von Handwerken gestatten, denn von den zugeteilten Blockparzellen und Räumen allein konnten die Bewohner ihre Ernährung nicht sichern und darüber hinaus noch den geforderten Zins zahlen. Die Streusiedlung dehnte sich aus, bald arbeiteten an der Biela 2 Mahlmühlen. Spinnerei und Leineweberei nutzten die heimischen Rohstoffe und blieben 200 Jahre lang die hauptsächlichsten Erwerbsquellen neben der Landwirtschaft, ohne zu besonderer Bedeutung zu gelangen. Außerdem wurden in dem nahe gelegenen Torfmoor in der Flöhaaue (s. B 3) Torfziegel gestochen. B 5

Mit der besseren Erschließung des Olbernhauer Raumes durch den Eisenbahn- und Straßenverkehr sowie mit dem Niedergang der Hausweberei infolge der industriellen Entwicklung verlagerte sich in Kleinneuschönberg wie in den Nachbargemeinden in der zweiten Hälfte des 19. Jh. der wirtschaftliche Schwerpunkt auf die Holz- und Spielwarenherstellung. Die Wasserkraft wurde durch eine Öl- und spätere Papiermühle sowie durch eine Brettmühle stärker genutzt. Im Vergleich zu Niederneuschönberg (s. B 6) blieben aber die Betriebe klein. Das Stadium der Hausindustrie wurde bis auf wenige Ausnahmen kaum überschritten, und der landwirtschaftliche Nebenerwerb behielt eine größere Bedeutung. Ein Teil der werktätigen Einwohner suchte außerhalb des Ortes Arbeit.

Schulisch hielt sich trotz der Herrschaftsgrenzen Kleinneuschönberg anfänglich nach Olbernhau. Aus dem Jahre 1839 stammt die Ortsschule, ein bemerkenswerter Bau mit Fachwerk im Obergeschoß und Giebel sowie Dachreiter mit Uhr, Glocke und Wetterfahne (Abb. 10). Typisch für die Entstehungszeit ist auch der klassizistische Eingang mit Verdachung.

Obwohl Kleinneuschönberg noch heute einen ländlichen Eindruck hinterläßt, ist, bedingt durch die Großraumwirtschaft, der Anteil der in der Landwirtschaft Beschäftigten zurückgegangen. Die Flächen werden von der LPG (P) Ansprung (s. G 10) bewirtschaftet. Einige wenige Hektar große Flächen beiderseits der Straße nach Reukersdorf werden im Wechsel mit der LPG von der Gärtnerischen Produktionsgenossenschaft (GPG) Drei Tannen in Olbernhau für den Anbau von Erdbeeren genutzt.

Viele Bewohner Kleinneuschönbergs, sofern sie nicht nach Olbernhau auspendeln, arbeiten in der hiesigen holzverarbeitenden Industrie. Neben einigen Handwerksbetrieben auf Familienbasis sind einige größere Betriebe erwähnenswert. Die an der Straße gelegenen Betriebe stellen Lager- und Verbandkästen, Zeichengeräte, Dübel- und Rundstäbe her. Eine Produktionsabteilung des VEB Kombinat Holzspielwaren VERO Olbernhau, Betrieb Schneeberg, stellt Holzspielwaren her und liegt „auf dem Berg" nahe der Biela. Auch ein Werkteil des VEB Glaswerk Olbernhau (s. J 2) hat in Kleinneuschönberg seinen Standort.

Niederneuschönberg, Stadtteil von Olbernhau B 6

Im Gegensatz zu Kleinneuschönberg besitzt Niederneuschönberg eine relativ geschlossene Siedlungsfläche, die sich zwischen der Flöha, der Biela und dem Buttermilchbach ausdehnt und im Norden bis an den Arlitzwald reicht. Die Straßen verlaufen meist parallel zur Hauptstraße, die von Olbernhau nach Freiberg bzw. nach Sayda und Dresden führt.

Abb. 10. Schule Kleinneuschönberg

Nach dem Dreißigjährigen Krieg gestattete CASPAR VON SCHÖNBERG, Herr in Dörnthal und Pfaffroda, die Besiedlung eines „wüsten Platzes an der Arlitz" im westlichen Teil des Pfaffrodaer Waldes. Auf dem Fleck zwischen Buttermilchbach und Biela hatten bis 1655 7 Ansiedler, zumeist Einwanderer aus der Gegend von Hora Sv. Kateřiny (Katharinaberg), je ein Stück Land erhalten und darauf einfache Häuser errichtet. Hinsichtlich der Dienste genossen sie Erleichterungen. Sie waren hauptsächlich zu Geldabgaben verpflichtet, und es wurde ihnen freigestellt, was der Kurfürst auf Ansuchen des Grundherrn 1670 ausdrücklich bestätigte, sich in jedem „ehrlichen" Handwerk frei zu betätigen. Bei den benachbarten Olbernhauern erregte das bald Konkurrenzneid und führte zu Streitigkeiten. Die Entwicklung des Ortes beeinträchtigten diese Zänkereien jedoch kaum. Niederneuschönberg wurde rasch zu einer selbständigen Gemeinde, deren Bewohner sich von der Landwirtschaft, von Spinnen und Weben ernährten. Unter den ausgeübten Handwerken gewannen die Schönfärberei und die Herstellung von Holzwaren Bedeutung.
Dabei war das Wachstum von *Neu-Schönberg, Nieder Theil,* wie der Ort 1696 genannt wurde, zunächst etwas geringer als das der anderen neuschönbergischen Dörfer. Nur ein Eisenhammer, der Alteisen verarbeitete, war im 18. Jh. im Ort in Betrieb. Zu dieser Zeit gab es im Dorf noch 12 Gärtner, was darauf

hindeutet, daß damals die landwirtschaftliche Nutzung des Bodens ihre Bedeutung noch nicht verloren hatte. B 6

Erst nach 1870 begann Niederneuschönberg die Nachbargemeinde Kleinneuschönberg in bezug auf die Bevölkerungszahl zu überholen (s. Anhang A). Durch Niederneuschönberg führte die neue Straße von Olbernhau nach Freiberg im Tal der Biela, und es lag günstig im Hinblick auf die Eisenbahnstrecke von Pockau nach Olbernhau. Das förderte einen lebhaften Aufschwung der Holzwarenproduktion. Der Bau neuer Häuser begann, und es entstand eine Reihe kleinerer Fabriken, in denen Spielwaren, Federkästen, Lineale, Schatullen, Möbel und Kisten hergestellt wurden. Auch einige Verleger ließen sich im Ort nieder. Die Landwirtschaft verschwand größtenteils, und das Dorf nahm den Charakter eines Industrieortes an.

Trotz der administrativen Abgrenzung war Niederneuschönberg kirchlich und damit auch schulisch anfangs mit Olbernhau verbunden. Erst mit der Herausbildung der Schulpflicht setzte sich endgültig durch, daß im Ort selbst Unterricht gehalten wurde. Die Grundsteinlegung zum jetzigen Schulhaus erfolgte 1886, die Fertigstellung der Turnhalle 1936. Heute sind die Schulen von Nieder- und Kleinneuschönberg zu einer zehnklassigen Oberschule vereinigt.

Das stattliche, zehnachsige Gebäude Treibe 5, ein ehemaliger Spielwarenverlag, zählt zu den schönsten Fachwerkhäusern des Kreises Marienberg. Das Krüppelwalmdach und die sich zwischen die beiden Riegel einfügenden Fensteröffnungen — nur durch die beiden Eckstreben unterbrochen — lassen für die Entstehung dieses schlichten Fachwerks — im Gegensatz zu dem mit 1670 datierten Türstock — die Zeit nach 1800 vermuten. Beachtung verdient auch der benachbarte Gasthof Wilder Mann mit seinem etwa gleichaltrigen Fachwerkobergeschoß.

Bei dem unmittelbaren Nebeneinander von Arbeiterklasse und Bourgeoisie in einem kleinen Ort war der Klassenkampf hart und stets deutlich spürbar. Als einer der Funktionäre der Arbeiterklasse, die in der Zeit der Weimarer Republik umsichtig den Widerstand gegen das Bürgertum leiteten, sei hier Felix Müller genannt. Solche Kräfte führten nach 1945 den Ort auf sicherem Weg zu Demokratie und Sozialismus. 1950 wurde Niederneuschönberg nach Olbernhau eingemeindet und damit auch die überholte und längst hinderlich gewordene Verwaltungsgrenze überwunden.

Die wirtschaftliche Struktur Niederneuschönbergs ist in der Gegenwart gekennzeichnet durch eine ganze Reihe holzverarbeitender Betriebe. Im unteren Buttermilchbachtal fällt ein hoher Schornstein auf, der zum Betriebsteil des VEB Spezialmöbelbau Potsdam gehört. Im zentralen Teil von Niederneuschönberg produziert das Werk III des VEB Vereinigte Holzindustrie Marienberg Holzgestelle für Polstermöbel. Des weiteren befindet sich in Niederneuschönberg ein Betriebsteil des VEB Kombinat Holzspielwaren VERO Olbernhau (s. J 1.5). Bedeutsam für den Stadtteil sind zwei Produktionsgenossenschaften des Handwerks, deren Erzeugnisse weite Verbreitung gefunden haben. Von der PGH Kiosk- und Ladenbau stammen in vielen Teilen der DDR die Zeitungskioske der Deutschen Post. In zahlreiche kapitalistische Länder Europas und Amerikas gelangen die kunstvoll aus Holz gedrechselten Gebrauchsgegenstände der PGH Drechslerwerkstätten Olbernhau, die in Niederneuschönberg 2 Meisterbereiche

B 6 besitzt. Die rund 70 Mitglieder dieser Genossenschaft verarbeiten Edelhölzer, vor allem Mahagoni- und Teakholz aus Zentralafrika, wie auch einheimisches Eschenholz. Die Gebäude zweier ehemaliger Holzbetriebe nutzen jetzt der VEB Spielwaren Marienberg und ein Betriebsteil des Sozialistischen Großhandelsbetriebes Möbel-Kulturwaren-Sportartikel Karl-Marx-Stadt als Verwaltungs-, Lager- und Auslieferungsräume. Der auffällige Neubau und die dazugehörige Lagerhalle an der Freiberger Straße am Ortsausgang nach Hallbach gehören zur Zwischengenossenschaftlichen Bauorganisation (ZBO) Marienberg, Sitz Olbernhau.
Kleine Nutzflächen an der Biela und im mittleren Tälchen des Buttermilchbaches werden intensiv durch Kleingärtner bebaut. Durch die Initiativen und den Fleiß der Kleingärtnersparte wurde „in der Buttermilch" ein ansprechendes Naherholungsgebiet geschaffen. Seit 1951 arbeitet in Niederneuschönberg eine Schnitzergruppe und fördert das heimatliche Volkskunstschaffen.

B 7 Arlitzwald

Der nördlich von Olbernhau durch Bielabach und Bärenbach begrenzte niedere Teil des Pfaffrodaer Waldes mit seiner höchsten Erhebung, dem Geißelberg (593 m), heißt Arlitzwald. Er besteht im wesentlichen aus gutwüchsigen Fichten-, Buchen- und Fichten-Buchen-Mischbeständen unter Beimischung von Bergahorn und Lärche. Lärchen dienten vor allem als Wegeeinfassung, eine früher um Olbernhau allgemein übliche Methode, die nicht nur ästhetischen Wert besaß, sondern auch zur Festigung der Bestandesränder gegen Sturm beitrug. Vereinzelt kommen Kleinbestände der Stieleiche und der Roteiche vor.
Früher hieß nur der westliche Teil, heute als Ölmühlenberg bekannt, Arlitz oder Arles. Wir lesen, daß am „Freitag den 20. August 1624 an der ARles ein Jagen gehalten, dorinnen gefangen 1 Hirsch an 12 Enden so über 5 Ztr. gewogen" (DIENER VON SCHÖNBERG 1929).
Neben der Alten Saydaer und der Alten Poststraße führen noch folgende, recht originell bezeichnete Wege durch das Waldgebiet, die Rückschlüsse auf ihre frühere Bedeutung zulassen: der Niedere Klötzerweg, der Heuweg, der Schlagweg, der Ölmühlenweg und der Buttermilchweg.
Was bedeutet der Name Arlitzwald? Bei einer Begehung der Abteilungen 43, 44 und 45 östlich vom Gasthof Bärenstein stößt man dort auf Bergahornwald. Früher hieß der Bergahorn im deutschen Sprachgebrauch Arle, so 1770 in der Gegend von Hannover. Noch gegenwärtig nennt man in Satzung den Bergahorn Arle. Die Erle führt zwar auch den alten Volksnamen Arle, doch wächst sie im Arlitzwald nicht, da sie dort keine zusagenden Lebensbedingungen findet. Auch anderwärts im Gebiet steht die Erle nur an Wasserläufen, wo sie mit einzelnen Bäumen einen Ufersaum bildet, aber keinen Wald.
Im Arlitzwald fallen einige Sträucher des Seidelbastes (*Daphne mezereum*) auf, da sonst keine Strauchschicht entwickelt ist. In der Krautschicht sehen wir Farne, wie Frauenfarn (*Athyrium filix-femina*), Eichenfarn (*Dryopteris linnaeana*) und Männlichen Wurmfarn (*D. filix-mas*). An Gräsern beobachten wir vor allem

Nickendes Perlgras (*Melica nutans*), dazu gesellen sich die Waldhirse (*Milium effusum*), das Hainrispengras (*Poa nemoralis*) und die Rauhe Trespe (*Bromus ramosus*). Neben den gewöhnlichen Kräutern des Berglaubwaldes seien noch einige besondere Arten angeführt, so die weißblühende Große Waldhyazinthe (*Platanthera chlorantha*), eine Orchidee, Quirliger und Vielblütiger Salomonssiegel (*Polygonatum verticillatum, P. multiflorum*), welcher in diesen Lagen seine Höhengrenze erreicht. B 7

Blumenau, Kreis Marienberg B 8

Die Siedlungsflächen von Blumenau (Bild 7) befinden sich in der Talaue der Flöha — der Kohlenau — auf dem südlichen Unterhang und in den Hangtälchen des oberen und unteren Loches. Gleichfalls am Hang verlaufen die Straße Olbernhau—Pockau und die Eisenbahnlinie Neuhausen—Pockau mit einem Haltepunkt in Blumenau.

Blumenau ist vermutlich zu Beginn des 15. Jh. gegründet worden (1434 *Blumenaw* = Ort in der blumenreichen, blühenden Aue). Etwa 100 Jahre später wurde — wohl im Zuge einer bäuerlichen Nachkolonisation — der Ort zu einem Straßendorf erweitert, dessen Waldhufen sich den linken Flöhahang aufwärts erstreckten. Während die Gehöfte am Hangfuß entstanden, ließen sich in der Talaue Häusler nieder.

Die kurfürstliche Holzordnung von 1560 schuf die Grundlage dafür, daß zwei Erwerbszweige über drei Jahrhunderte lang zu einer wesentlichen wirtschaftlichen Grundlage für Blumenau wurden: die Flößerei und die Köhlerei. Die Blumenauer Kohlenau bildete zusammen mit dem weiter flöhaabwärts gelegenen Kohlplatz von Görsdorf zeitweilig die größte Meilerstätte im kurfürstlichen Sachsen.

Der Einbau eines Holzrechens an einer seichten Stelle der Flöha dürfte bereits um 1550 vorgenommen worden sein; er wurde nach etwa 25 Jahren durch den Bau (1575/76) des 20 km entfernten unteren Rechens bei Borstendorf entlastet. Dieser fing alle Hölzer auf, die den oberen noch passiert hatten. Er war der leistungsfähigere von beiden und wurde nach Tiroler Art gebaut, die der Freiberger Bürgermeister SIGISMUND RÖLING 1556 auf einer Reise zur Bergwerkssynode in Schwaz kennengelernt hatte. Ein Kohlplatz befand sich in Borstendorf ebenfalls. Von Blumenau aus haben fast 200 Jahre lang Bauernwagen besonderer Bauart die 33 km bis zum Thurmhof in Freiberg zwecks Versorgung der Hüttenwerke (Abb. 4) zurückgelegt. Von hier aus transportierten Bauern aus 16 Dörfern (s. Bd. 28, Abb. 13) beispielsweise im Jahr 1605 insgesamt 2846 Wagenladungen Holzkohle mit einer Gesamtleistung von etwa 198000 km bei einem Entgelt von 21 Groschen für jede Fuhre. Vom Kohlplatz Borstendorf waren es aus 45 Dörfern 5003 Wagen (292000 km) für 15 Groschen, von Bernsdorf an der Zschopau fuhren 4004 Wagen (285000 km) für jeweils 14 Groschen. Daraus ergibt sich, daß ein nach Borstendorf eingewiesener Gelenauer Bauer 64 Leerkilometer (von Gelenau zum Kohlplatz und zurück von Freiberg nach Gelenau) + 26 Frachtkilometer für 15 Groschen zurücklegen mußte, wozu

B 8 er 2 Tage, bei schlechtem Weg 3 Tage brauchte. Ein nach Blumenau eingewiesener Pretzschendorfer Bauer hatte zwar nur 47 Leerkilometer + 33 Frachtkilometer zu fahren, für 21 Groschen, woran er aber zugrunde ging; denn er mußte pro Jahr von Pretzschendorf etwa zehnmal fahren, der von Gelenau nur zweimal! Die älteren Forschungen sind auf diese Probleme nie eingegangen, da die Zahlen erst 1960 ermittelt worden sind (LÖFFLER in WILSDORF/HERRMANN/LÖFFLER).

Die neben dem Flößrechen erforderlichen Anlagen bestanden nur in einer Anzahl von Kohlschuppen — die Meiler selbst bedurften keiner besonderen Einrichtungen. Nicht viel blieb davon erhalten, seitdem durch den Gebrauch von Stein- und Braunkohle die Köhlerei zurückgedrängt und 1875 die Flößerei eingestellt wurde: eine mehr als einen halben Meter tiefe Schwarzfärbung des Bodens, ein Stein mit dem kursächsischen Wappen und der Jahreszahl 1750 im ehemaligen, oft ausgebrannten Kohlmeisterhaus sowie die aus der ältesten Blumenauer Mühle, der Kohlaumühle, hervorgegangene Baukastenfabrik. Von privater Hand wurde noch bis 1908 weiter Holzkohle in der Nähe von Blumenau gebrannt.

Der Rückgang auf Flöße und Kohlplatz bewirkte, verstärkt seit der Eröffnung der Eisenbahnlinie im Jahr 1875, die Entwicklung der Holzindustrie. Als weiterer Industriezweig siedelte sich die Pappenherstellung an. Weitgehend wurde für den Aufschwung der neuen Gewerbe die schon vorher in mehreren Mahl- und Brettmühlen genutzte Wasserkraft der Flöha herangezogen.

Blumenau ist jahrhundertelang kurfürstliches Amtsdorf gewesen. Lehn- und später Erbrichter waren zumeist die Besitzer des Olbernhauer Gutes oder ihre Angehörigen. Das Erbgericht, das ursprünglich nahe der Flöha lag, brannte 1859 ab. Es wurde am Hang abseits des Dorfes nahe der Ortsgrenze zu Olbernhau wiedererrichtet.

Die Arbeiterbewegung entwickelte sich in Blumenau zunächst nur zögernd. Nach dem ersten Weltkrieg bildete sich erst eine Gruppe der USPD (Unabhängige Sozialdemokratische Partei Deutschlands); bei deren Auflösung traten die Mitglieder größtenteils zur SPD über, während andere eine Ortsgruppe der KPD gründeten. In der Zeit der Weimarer Republik konnten die Arbeiterparteien zeitweilig die Mehrheit im Blumenauer Gemeindeparlament gewinnen.

Blumenaus Produktionsstruktur wird jetzt noch durch die holzverarbeitende Industrie bestimmt. Verschiedene Holzspielwaren, vor allem Holzbaukästen, werden in den 3 Produktionsbereichen des VEB Kombinat Holzspielwaren VERO Olbernhau (Abb. 11, Bild 22) gefertigt. Im unteren Teil von Blumenau, an der Bahnunterführung, zeugt ein neues Produktionsgebäude von einem Rationalisierungsvorhaben des Kombinats. In 3 weiteren holzverarbeitenden volkseigenen Betrieben werden Gebrauchsgegenstände, Kleiderbügel, Geschirrkästen, Schneidebretter, sowie Raum- und Tafelschmuck gearbeitet. An der Flöha, im oberen Teil des Ortes, produziert der VEB Stuhlbau Blumenau. Die Pappen- und Musikspielwarenherstellung vervollständigen die Palette der industriellen Produktion des Ortes.

Im Siedlungsbild wird sichtbar, daß auch die landwirtschaftliche Produktion eine Rolle spielt, obgleich die teilweise vernäßten Talböden und die stark geneigten Hänge nicht die günstigsten Bedingungen für die Nutzung durch die

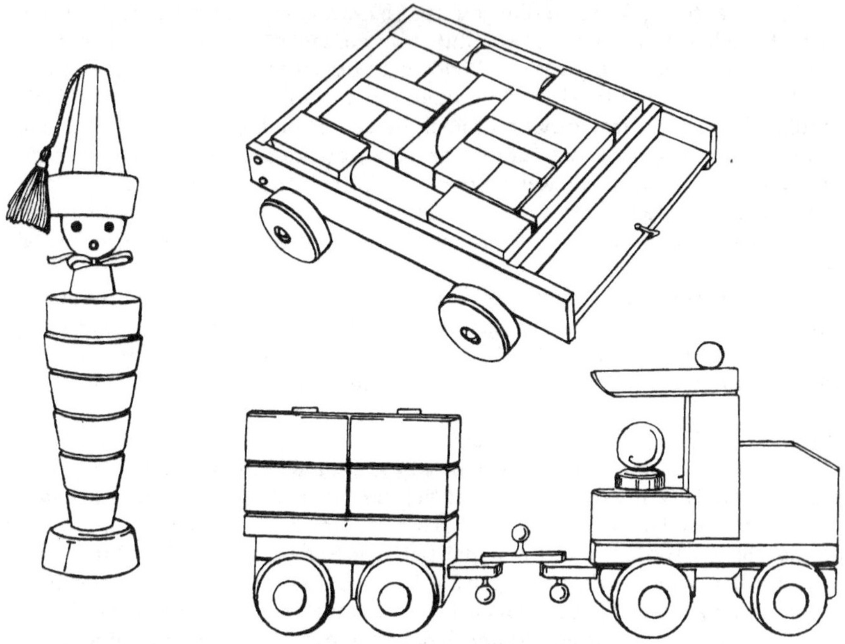

Abb. 11. Elementares Holzspielzeug aus Blumenau

LPG (P) Vorwärts Ansprung (s. G 10) darstellen. Die LPG (T) Einheit Olbernhau besitzt am südöstlichen Ortsausgang einen größeren Rinderstall im ehemaligen Hengstgut.

Pfaffroda, Kreis Marienberg, **C 1**

dehnt sich in nahezu Nord-Süd-Richtung reichlich 2 km aus, wobei die Wohnstätten größtenteils an den Straßen Olbernhau – Freiberg und Olbernhau – Sayda angelegt worden sind. Vom 520 m hoch gelegenen Bielatal aus zieht sich der Hauptteil Pfaffrodas in einer Hangmulde hin, die in Richtung N in einen Höhenrücken übergeht, der eine Höhe von 600 m erreicht.
Der Name Pfaffroda, bei der ersten urkundlichen Erwähnung 1445 *Pfaffenrode* (1555 *Pfaffendorf*) geschrieben, bedeutet Rodungsinsel von Pfaffen, möglicherweise von denen des Klosters Osek. In dem der Herrschaft Purschenstein zins- und dienstpflichtigen Ort wurde 1512 ein Ritterhof erwähnt, der auf dem Bergsporn zwischen dem unteren Dorfbach und der Biela stand. Nach S und W zu war er durch die steil geneigten Abhänge zu den wegen angestauter Teiche schwer zugänglichen Talsohlen verhältnismäßig gut geschützt. Die anderen Seiten konnten mit Gräben und Mauern gesichert werden.
Die ursprüngliche Bebauung des Hofgeländes ist nicht erhalten. Die gegen-

C 1 wärtigen Bauten gehen auf das im 16. Jh. errichtete Schloß zurück, dessen beide Flügel, die auf mächtigen Stützmauern am südlichen und westlichen Hang stehen, einen rechten Winkel bilden. In der so entstandenen Südwestecke des Schloßhofes wurde ein achteckiger, später mit einer barocken Haube gekrönter Treppenturm errichtet, über dessen Rundbogenportal das Schönbergsche Wappen, von zwei Löwen gestützt, auf den Bauherrn und auf das Baujahr 1578 hinweist. Später wurden an die beiden anderen Hofseiten über den früheren Gräben Wirtschaftsgebäude und Wohnhäuser für die Bediensteten gebaut. Dadurch erhielt man einen völlig abgeschlossenen, geräumigen Schloßhof.

Zweimal mußte das Schloß (Abb. 12) nach Zerstörungen wieder aufgebaut werden. Dabei erfuhr es nur geringfügige Veränderungen. 1643 hatten es im Dreißigjährigen Krieg durchziehende Truppen teilweise niedergebrannt. 1953 zerstörte ein Schadenfeuer den Dachstuhl und zwei Drittel der Wohnräume.

Bis auf den Turm, der seit dem letzten Brand seiner Haube beraubt ist, und dessen Portal besitzt das Schloß nur sehr sparsame Schmuckelemente. Es ist vor allem die Ebenmäßigkeit der Anlage, die den Anblick des verhältnismäßig flachen, nur zweigeschossigen Bauwerks vom Hof aus anziehend macht. Über der nördlichen Tordurchfahrt befindet sich eine Sonnenuhr aus dem Jahre 1705. Von der Bergseite her fallen zuerst die Wirtschaftsgebäude auf. Vor der nördlichen Schloßeinfahrt befindet sich ein einigermaßen abgeschlossener Vorhof. Hier liegt das alte, jetzt als Wohngebäude genutzte Brauhaus und ihm gegenüber das dazugehörige frühere Pichhaus zum Auspechen der Fässer. Hinter dem Brauhaus befindet sich die ehemalige große Orangerie. Der Weg nach Schönfeld führt zwischen der von alten Kastanien überragten Mauer des Geländes der ehemaligen Brennerei und der Mauer des Kirchhofes hindurch zu dem früheren Wirtschaftshof. Dann senkt er sich hinab zur einstigen Hofschmiede. Das alte Haus diente bis zur Aufhebung der Patrimonialgerichtsbarkeit im Jahr 1851 als Gerichts- und Gefängnisgebäude der mit oberer und niederer Gerichtsbarkeit ausgestatteten Gutsherrschaft.

Nach NW und über den Teichdamm erstrecken sich Lindenalleen, die ebenso wie die Linden auf dem Damm des unteren Teiches in den Jahren nach 1770 gepflanzt worden waren. Unterhalb des unteren Teichdammes steht die alte Schloßmühle. Auf starken Bruchsteinmauern erhebt sich ihr mächtiges Schieferdach. Das Wasser floß durch einen Durchlaß im Damm in die Radstube. In ihr wurde später eine Turbine eingebaut, die das kleine, in der Mühle untergebrachte Elektrizitätswerk antrieb, mit dem die Herrschaft die Beleuchtung des Schlosses sicherte.

Das Innere des Schlosses wurde nach dem Brand von 1953 den Erfordernissen eines Feierabendheimes (Bild 23) entsprechend ausgebaut und mit Wohnräumen für 140 Insassen ausgestattet. Die alten Säle wurden zu Gemeinschaftsräumen umgestaltet; in einem blieb das Rippengewölbe erhalten.

Gleich neben dem Schloß steht die Kirche. Das Pfarramt bewahrt einen 1480 in Rom ausgestellten Ablaßbrief zugunsten eines bereits damals erforderlichen Neubaus dieser Kirche auf. 1643 brannte auch dieses Gebäude nieder. Auf seinen Grundmauern wurde eine neue Kirche aufgebaut. Ihr Äußeres mit dem quadrati-

Abb. 12. Pfaffroda: Schloß (oben, aus POENICKE Album der Rittergüter und Schlösser, 1855); Kartoffellagerhaus und Trockenwerk (Linolschnitt von Volkskünstler MAX CHRISTOPH)

schen, von einer Zwiebelhaube abgeschlossenen Westturm ist harmonisch gegliedert und wirkt schlicht. Ausgestattet ist die Kirche mit einem 1655 aus einem Sandsteinblock gearbeiteten Taufstein sowie mit Hochaltar und Schwalbennestkanzel, die 1671 vollendet wurden. In einer Nische des Nordanbaus steht eine gotische Holzplastik. Erwähnenswert sind die mit Ornamenten

C 1 bemalten Emporen. Die 1715 von GOTTFRIED SILBERMANN geschaffene einmanualige Orgel besitzt über 900 Pfeifen und 16 Register. Sie ist das dritte von dem Meister in Sachsen erbaute Werk und seine älteste erhaltene Kleinorgel.

Bis zum Ende des Dreißigjährigen Krieges blieben Dorf und Hof Pfaffroda, letzterer zeitweilig als Witwensitz, Teil der Herrschaft Sayda—Purschenstein. 1650 wurden sie zusammen mit Schönfeld, Dittmannsdorf, Hallbach, Reukersdorf und weiteren Dörfern sowie ausgedehnten Wäldern nördlich der Flöha vom Zöblitzbach bis zur späteren Siedlung Eisenzeche ausgegliedert und einem Verwandten, dem bald danach verstorbenen Oberberghauptmann GEORG FRIEDRICH VON SCHÖNBERG, überlassen. Dessen Erben blieben bis 1945 Herren des nun selbständigen Rittergutes Pfaffroda. Ein Abkömmling dieses Geschlechtes, ALFONS DIENER VON SCHÖNBERG, geht in seiner Bearbeitung von PAUL OTTOKAR PINDERS „Geschichte der Kirchfahrt Olbernhaus" auch auf die Entwicklung von Pfaffroda ein.

Bis zur Ablösung der Gutsherrschaft im 19. Jh. blieb Pfaffroda ein reines Bauerndorf (Abb. 13). Die wenigen Häusler waren vornehmlich auf dem Gut und als Dorfhandwerker beschäftigt. Später fand ein Teil der Einwohner Arbeit in umliegenden Orten. Selbst weite Wege, z. B. nach Olbernhau-Grünthal oder zum Straßenbau (bis Deutscheinsiedel) wurden in Kauf genommen. Die Arbeiter lernten dabei proletarisches Gedankengut kennen und organisierten sich in Gewerkschaften und Arbeitervereinen. In Pfaffroda entstand eine Ortsgruppe der SPD erst 1919. Die revolutionären Kräfte fanden einen heftigen und starken Gegner im Gutsherrn, der z. B. 1923 Reichswehrverbänden Unterkunft gewährte, die zum Sturz der damaligen sächsischen Arbeiterregierung einrückten.

Seine Schulen baute Pfaffroda gemeinsam mit Schönfeld; auch als 1854 wieder ein neues Schulgebäude notwendig geworden war, errichteten es beide Gemeinden am Ausgang des von Westen zum Dorfbach führenden Bierwiesentales. Dort steht es, mehrfach erweitert, noch heute und dient als Teilschule des Oberschulbereiches Julius Fučik Dörnthal—Pfaffroda.

Mit dem Sieg über den Faschismus wurde 1945 die Macht der Herren von Schönberg gebrochen. Durch die demokratische Bodenreform wurde ihr Grundbesitz mit fast 2000 ha Wald enteignet. In Pfaffroda erhielten 6 Neubauern und 15 kleinbäuerliche Wirtschaften Land; ein Teil der Pfaffrodaer Rittergutsflur gelangte auch an Bauern des Dorfes Schönfeld.

Das Leben in Pfaffroda begann sich einschneidend zu ändern, als 1956 11 Mitglieder die LPG Thomas Müntzer gründeten. Sie erstarkte unter dem langjährigen Vorsitz von GERHARD KÜHN, einem bewährten Antifaschisten. 1965 schlossen sich in Pfaffroda drei Genossenschaften zusammen, die seitdem die gesamte landwirtschaftliche Nutzfläche gemeinsam bebauten.

Beispielgebend war auch die Bewirtschaftung der bei der demokratischen Bodenreform übernommenen Forstflächen durch die Pfaffrodaer in Zusammenarbeit mit den Schönfelder Bauern. Sie entschieden sich zur gemeinsamen Pflege und Nutzung des Waldes durch zwei Waldgenossenschaften, die bei der Zusammenlegung der Dörfer vereinigt wurden. 1960 ging die Waldwirtschaft in die Hände der LPG über.

Die wirtschaftliche Struktur des Ortes wird jetzt geprägt durch die weitere Spezialisierung, die für unsere sozialistische Landwirtschaft der siebziger Jahre typisch ist. Im Zuge dieser Entwicklung bildete sich die LPG (P) Roter Stern Pfaffroda heraus. Der landwirtschaftliche Großbetrieb entstand 1972 aus den 4 LPGs Dittmannsdorf, Pfaffroda, Dörnthal und Lippersdorf und bewirtschaftet eine Fläche von etwa 5000 ha. Dieses Zentrum des Pflanzenanbaus produziert Getreide sowie Grünfutter vorwiegend für die LPGs (T) Rinderaufzucht Ansprung und Thomas Müntzer Pfaffroda wie auch für die Weiterverarbeitung in der Zwischengenossenschaftlichen Einrichtung Kartoffellagerhaus/Trockenwerk Pfaffroda (Abb. 12). Des weiteren betreibt die LPG Kartoffelvermehrung. C 1

Die jährliche Produktion der LPG (T) Thomas Müntzer betrug 1976 etwa 4 Mill. kg Milch, 3000 dt Rindfleisch und 3300 dt Schweinefleisch. Für die Milchleistung stehen in Dittmannsdorf, Schönfeld, Hallbach und Pfaffroda 5 größere Ställe (100—250 Tiere) und 7 kleinere Ställe (weniger als 30 Tiere) zur Verfügung, während die Mastrinder in 10 mittleren Ställen (30—140 Tiere) untergebracht sind. Schweineställe befinden sich in Dittmannsdorf, Pfaffroda und Hallbach. Die schlachtreifen Tiere gelangen nach Freiberg und Annaberg zur Weiterverarbeitung. Für die Schweinezucht besitzt die LPG außerdem noch 150 Mastsauen. Der LPG angeschlossen ist ein Sägewerk im Ortsteil Schönfeld (s. C 2).

Weitere in Pfaffroda angesiedelte landwirtschaftliche Betriebe sind für die nähere und weitere Umgebung bedeutsam. In der bereits erwähnten Zwischengenossenschaftlichen Einrichtung werden die Erzeugnisse der pflanzlichen Produktion für die Tierproduktion veredelt, z. B. durch Trocknung und Pelletierung.

Obwohl durch den Spezialisierungsprozeß in der sozialistischen Landwirtschaft ein großer Teil der Werktätigen Pfaffrodas im Ort Beschäftigung gefunden hat, fahren noch zahlreiche Arbeiter täglich nach Olbernhau, teilweise sogar bis in den Raum Brand-Erbisdorf und Freiberg zur Arbeit.

Als Naherholungsgebiet dienen der Park des ehemaligen Schlosses (s. C 2) und der ehemalige Bergwerksteich, der sich etwas außerhalb des Ortes befindet. Im Kultursaal des Feierabendheimes finden regelmäßig Veranstaltungen statt, die von der Konzert- und Gastspieldirektion getragen oder von Kulturgruppen aus der Umgebung ausgestaltet werden.

Schönfeld, Ortsteil von Pfaffroda **C 2**

seit 1950, erstreckt sich südöstlich des Bielatales teilweise in einer kleinen Hangmulde und teilweise am Hang bis in eine Höhe von etwa 600 m ü. NN. 1445 wird der Ort als *Schonfeldt* (= Ort am schönen Feld) erstmals urkundlich erwähnt. Bis ins 19. Jh. dienten die Schönfelder Einwohner im Ritterhof und späteren Rittergut Pfaffroda (s. C 1).

Über die Dorfstraße von Schönfeld führen zwei Brücken, die dem Dorfbild ein besonderes Gepräge geben. Sie wurden im 19. Jh. gebaut, um den wachsenden Verkehr quer zu dem engen Seitental der Biela zu erleichtern. Die obere Brücke

C 2 gehörte zu der 1848 neu angelegten Obererzgebirgischen Poststraße (s. C 5). An dieser liegt der ehemalige Schönfelder Gasthof, der seit 1961 als Betriebsferienheim dient. Über die untere Brücke führt die nach 1871 ausgebaute Verbindung von der Bielatalstraße Olbernhau—Freiberg zur Straße Dittmannsdorf—Sayda. Von dieser Brücke zieht sich das ursprüngliche Dorf kaum 1 km weit ziemlich steil in dem Seitental bis zur Alten Saydaer Straße (s. C 5) aufwärts. Die Höfe, von denen man im 16. Jh. 12 zählte, wurden am rechten Talhang und am oberen Ende des Dorfes errichtet. Von ihnen aus breiteten sich fächerförmig die Waldhufen über das sanft gewellte, leicht zu überschauende Feld beiderseits des Steinbergs aus (Abb. 13). Noch heute stehen an den alten Hofstellen stattliche Güter. Schönfeld gehört jetzt vorwiegend zu den Bereichen der beiden LPGs in Pfaffroda (s. C 1). Zur Erleichterung der großflächigen Bewirtschaftung wurden die Biela begradigt und die angrenzenden Areale melioriert.
Längs der unteren Querstraße und in der Bielaaue um den oberen Hofteich ließen sich Dorfhandwerker und bei der Herrschaft in Pfaffroda Bedienstete nieder. Ein Teil von ihnen arbeitete in der Sägemühle des Rittergutes, die in der Nähe der unteren Brücke liegt und nach der Befreiung vom Faschismus Volkseigentum wurde. Hier werden heute aus beim Schneiden anfallenden Holzresten Zaunfelder und Koppelpfähle gefertigt. In diesem Ortsteil wuchs als Sohn des Ortsgendarmen am Ende des 19. Jh. der spätere Schriftsteller Hans Löscher auf, der in seiner Erzählung „Alles Getrennte findet sich wieder" interessante Erinnerungen an seine Kindheit und Jugend in Schönfeld und Pfaffroda hinterlassen hat. Gegenüber dem unteren Schloßteich befindet sich der Kulturpark, den die Einwohner Pfaffrodas und Schönfelds in gemeinsamer freiwilliger Arbeit anlegten.

C 3 **Dittmannsdorf,** Kreis Marienberg

An den Hängen beiderseits der weiten Talaue der Biela oberhalb von Schönfeld entstanden auf Waldhufen von etwa 20 besessenen Mann stattliche Drei- und Vierseithöfe. Bis ins 19. Jh. mußten die Bauern des 1438 als *Dytmanstorf* — der Name zeigt den im 15. Jh. häufigen Wandel von -mar zu -mann, also Dorf eines Dietmar — erwähnten Ortes dem Gut in Pfaffroda Dienste leisten und dorthin Abgaben entrichten. Davon befreit, begannen um 1850 einige Bauern beim Ausbau ihrer Güter ihren wachsenden Wohlstand durch einfaches Schmuckwerk zu demonstrieren. In Nr. 3 zum Beispiel wurde der Torpfeiler mit einer Sandsteinkugel geschmückt, die Scheuneneinfahrt erhielt Pfeiler und steinerne Bögen. Im Großbauerngut Nr. 34 wurde ein Stall gebaut, dessen breiter Mittelgang von 6 kräftigen Säulen begrenzt war, die ein spitzbogiges Kreuzgratgewölbe trugen. Beim Neuaufbau des Gehöftes Nr. 37 errichtete man 1883 eine Kumthalle (Abb. 14) mit drei rundbogigen Öffnungen, die von schlanken, mit viereckigen Deckplatten abgeschlossenen Säulen auf hohen Sockeln getragen werden. In dieser 1,80 m breiten Vorhalle des Pferdestalles wurde das Lederzeug an frischer Luft, geschützt vor dem scharfen Stalldunst, aufbewahrt. Als Schmuck der Säulen an der Hofausfahrt dienten abgetreppte Ziegelsteine.
Infolge seiner Lage blieb der kleine Ort ein reines Bauerndorf. Die Ziegeleien

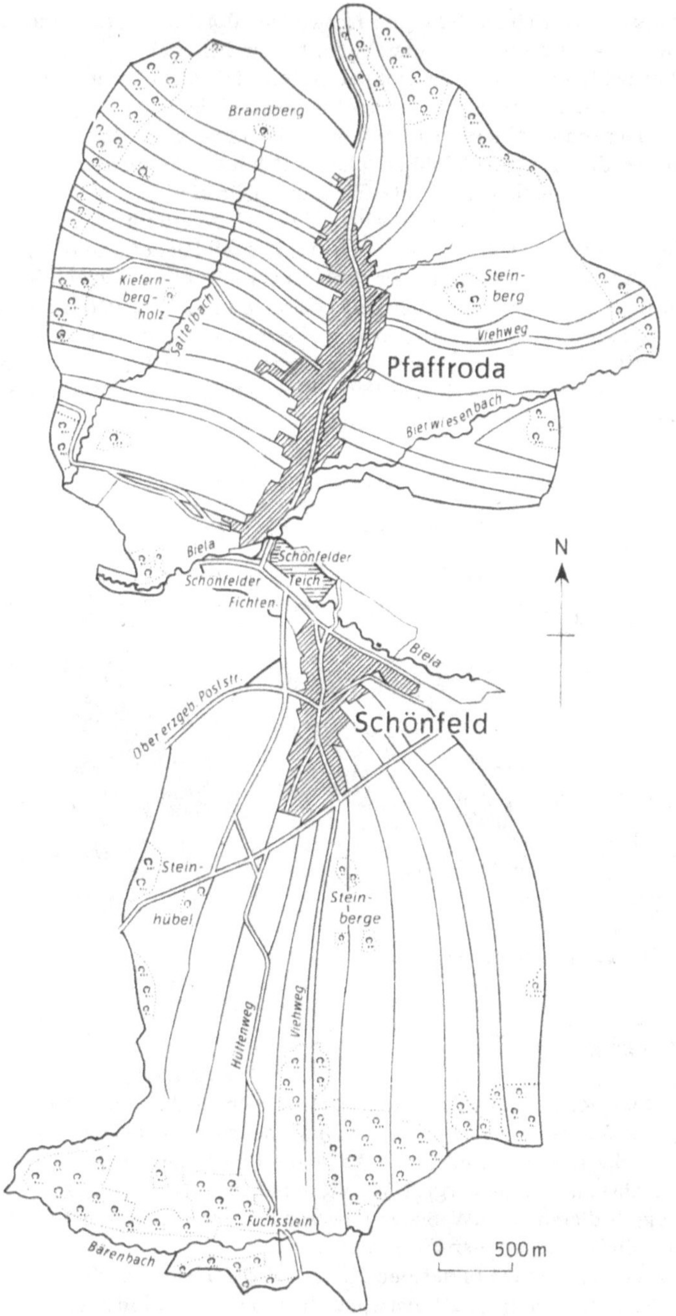

Abb. 13. Fluren Pfaffroda und Schönfeld um 1835 (nach LANGER 1931)

C 3 und der Torfstich an der Grenze zu Heidersdorf sowie die kleinen Mühlen an der Biela, die nacheinander entstanden, hatten lediglich örtliche Bedeutung. Einige Dorfhandwerker und Tagelöhner ließen sich als Häusler vornehmlich in der weiten Talaue nieder, wo auch das kleine Schulhaus 1853 – ein völlig regelmäßiger schöner Massivbau mit Walmdach und zentralem Dachreiter – gebaut wurde. Es dient jetzt Wohnzwecken; die Kinder des Ortes fahren mit dem Schulbus zum Unterricht nach Pfaffroda und Dörnthal.
Im westlichen Teil des Ortes wurde die Biela schon im 18. Jh. in einem größeren Teich gestaut. Den östlichen Ortsausgang bildet der Damm des Kunstteiches. Der Kunstgraben (s. D 1), der nach längerem unterirdischem Verlauf wieder an die Oberfläche tritt, und die Biela speisen den Kunstteich. Abgesehen von seiner wasserwirtschaftlichen Bedeutung dient der Kunstteich der Fischzucht. Die ausgedehnten Talflächen wurden melioriert und das Flußbett der Biela begradigt. Die aus der kleinbäuerlichen Produktion vorhandenen Stallungen werden heute von der LPG in Pfaffroda genutzt.

Abb. 14. Kumthalle Dittmannsdorf Nr. 37

C 4 Steinberg

Südlich von Schönfeld befindet sich inmitten der Ackerfluren die mit Ebereschengebüsch besetzte unscheinbare Anhöhe des Steinberges (661 m). Sie bietet, außer nach SO, unerwartete Fernblicke in alle Richtungen, nach NO: Saydaer Rücken (Sayda- und Saidenberg), NW: Waltersdorfer Höhe, Augustusburg, W: Heinzewald (Adlerstein), SW bis S: Oberkanten der Olbernhauer Talwanne, Morgensternhöhe, Rübenauer Hochfläche, unteres Natzschungtal.
Unser Standpunkt bildet den Nordrand des Heidersdorfer Rückengebietes, das sich als Kleinlandschaft zwischen dem Biela- und Mörtelbachtal erstreckt. Die flachen und breiten Höhenrücken sind von Dellensystemen und kleinen Tal-

mulden gegliedert (Abb. 37, Profil 4, Bild 25). Neben dem Relief liefern auch die überwiegend feinbodenreichen Gneisschuttdecken noch relativ gute Bodenbedingungen, weshalb das Rückengebiet größtenteils gerodet wurde. Naßböden in den Hohlformen und kleinflächig flachgründige steinreiche Böden auf sanften Kuppen — zum Teil mit arktischen Strukturbodenresten — vervollständigen das Bodenmosaik dieser den mittleren Höhenlagen zugehörigen Kleinlandschaft. Ästhetisch wertvoll und außerordentlich belebend wirken die Feldgehölzreihen und -gruppen östlich des Steinberges. C 4

Alte Saydaer und Alte Poststraße C 5

Der Pfaffrodaer Wald, der heute abseits des Verkehrs liegt, war schon in früherer Zeit mehrfach von Wegen durchzogen. Es wurden kurze Verbindungen bevorzugt, zumal Fußgänger, Lasttiere und Fuhrwerke steile Anstiege nicht zu scheuen brauchten. Von den verschiedenen Straßen war die Route von überlokaler Bedeutung, die von Sayda nach Olbernhau und über den dortigen Flöhaübergang weiter nach Zöblitz führte und somit zwei Alte Böhmische Steige miteinander verband.

Der ursprüngliche Verlauf dieses alten Querweges — der Alten Saydaer Straße — ist weitgehend unbekannt. Nach der Gründung Marienbergs 1521 konnte er für eine schnelle Verbindung der Bergstadt mit Freiberg und Dresden genutzt werden. Seit 1770 fuhren hier zeitweilig Postwagen. Der Weg war noch beschwerlich: Von der Kegelbrücke in Olbernhau führte er steil den Schäfereiberg hinauf und weiter durch den Wald zum oberen Ortsausgang von Schönfeld und von dort nach Dittmannsdorf und Sayda. Auf dieser Strecke wurde 1824 ein Postkurs von Marienberg über Frauenstein nach Freiberg eingerichtet. Als 1835 eine direkte Postverbindung nach Dresden erfolgte, konnte die Freiberger Post da, wo jetzt eine schöne Linde steht, abgezweigt und direkt über Pfaffroda geleitet werden.

Der verstärkte Verkehr erforderte eine Verbesserung der Straßen. Deshalb wurde 1848 aus Olbernhau die jetzige Saydaer Straße in weitem Bogen zu dieser Linde geführt. Von hier folgte sie dem Abzweig nach Pfaffroda bis zum Geißelbachtal, von wo sie, die Schönfelder Dorfstraße auf einer Brücke kreuzend, bis Dittmannsdorf neu angelegt wurde. Diese Obererzgebirgische Alte Poststraße genannte Verbindung verlor ihre Bedeutung durch den Bau der Bielatalstraße und durch die Anlage der Eisenbahn. Als 1895 der Zugverkehr bis Neuhausen eine schnellere Verbindung von Olbernhau nach Sayda erlaubte, wurde die Pferdepost eingestellt. Auch die aufkommenden Kraftfahrzeuge nutzten die zwar längere, aber steigungsarme Talstraße. Heute dienen die alten Poststraßen, soweit sie noch gangbar sind, in der Hauptsache Ausflüglern und Urlaubern als Spazierwege.

Auf einer Lichtung halbwegs zwischen Olbernhau und Schönfeld liegt mitten im Pfaffrodaer Wald das Ferienheim des VEB Transformatoren- und Röntgenwerk Dresden. Der schöne Holzbau, für den die Waldgemeinschaft Schönfeld 560 Festmeter Holz kostenlos zur Verfügung gestellt hatte, wurde 1952—54 mit hohem Schindeldach zunächst als Kindererholungsheim errichtet. 1958 übernahm ihn der genannte Betrieb.

C 6 Bärenbach

Der Bärenbach geht aus vernäßten Hangmulden am Westrand des Heidersdorfer Rückengebietes hervor, deren oberste nördlich des abgelegenen Waldhauses 620—635 m ü. NN zu finden ist. Das saubere Fließgewässer hat ein steilhängiges Kerbsohlentälchen in den Osthang der Olbernhauer Talwanne eingearbeitet und mündet nahe der Olbernhauer Obermühle in die Flöha.
Sehr naturnahe Laubholzmischbestockungen am linken Hang des westwärts gerichteten Laufstückes des Bärenbaches sind als gleichnamiges, 68,1 ha großes Naturschutzgebiet unter Schutz gestellt worden. Je nach den Standortbedingungen überwiegen Buche, Esche oder Ahorn in den Mischbeständen, die sich auch in der Bodenflora unterscheiden. Früher war die Tanne zahlreich, heute ist sie nur in einzelnen Exemplaren vertreten. Im Quellbereich des Bärenbaches am Fuchsstein (Abteilung 67) ist 1929 aus Fichten eine Ornamentpflanzung in Heckenform mit den Initialen ADVS des damaligen Besitzers des Pfaffrodaer Rittergutes (s. C 1) gestaltet worden.
Das Bärenbachtal bildet für die Trinkwasserversorgung Olbernhaus ein wichtiges Einzugsgebiet. Zusätzlich wird Wasser aus dem Kunstgraben bei Dittmannsdorf in den Oberlauf des Bärenbaches gepumpt. Das Wasserwerk mit den Aufbereitungsanlagen befindet sich am Bärenbachteich in der Nähe des Neubaugebietes Jahnstraße. Hier entstand am Rand zahlreicher Kleingärten ein schönes Naherholungsgebiet für Olbernhau.

C 7 Hand

Der obere Teil des Pfaffrodaer Waldes bildet für die Einwohner Olbernhaus seit je ein beliebtes Ausflugsziel. Quer durch dieses Waldgebiet mit gutwüchsigen, allerdings an den nach SO offenen Rändern bereits durch Rauchgase geschädigten Fichtenbeständen zieht sich der von Olbernhau kommende Handweg. Die Hand selbst, Kreuzungspunkt mehrerer Wege, ist zugleich die höchste Erhebung (660 m ü. NN) des Waldes und verdankt ihren Namen einem früher dort aufgestellten Wegweiser, der in Form mehrerer geschnitzter Hände mit ausgestrecktem Zeigefinger in die verschiedenen Richtungen wies. Von hier aus führen die Wege über das Bärenbachtal ins Stadtzentrum von Olbernhau, über den Hüttengrund nach dem Stadtteil Oberneuschönberg sowie nach Heidersdorf und Schönfeld.
Die Bezeichnung Hand ist überdies auch in anderen Gegenden üblich. Sie weist auf die vielfache Verwendung solcher geschnitzter Wegweiser hin. Auch in diesem Waldgebiet dienen Lärchen in schönen Exemplaren als Wegeeinfassung.
Wenden wir uns von der Hand nach rechts, so stoßen wir in etwa 500 m Entfernung auf zwei einsame Häuser am Waldrand, von denen eines etwa bis zum ersten Weltkrieg als Schankwirtschaft unter dem Namen Relhök betrieben wurde. Der Schankwirt namens Köhler hatte das Gasthaus mit seinem von rückwärts gelesenen Namen benannt. In entgegengesetzter Richtung gelangt man über den Fuchsstein und vorbei an einem für Oberförster Max Clemens errichteten Denkmal in das Naturschutzgebiet Bärenbachtal (s. C 6).

Kunstgraben/Maschine D 1

Die Rauschenbachtalsperre verdeckt heute ein kleines bergmännisches Bauelement, dem einst große Bedeutung zukam, nämlich den Flöha-Wasserteiler (s. F 1). Er leitete bei ausreichendem Wasserstand die überschüssige Wassermenge aus dem Fluß in das Freiberger Kunstgrabensystem, das seit 1684 in der kurfürstlichen Stollen- und Röschenadministration zusammengefaßt war. Die in alter Zeit vermessungstechnisch recht erhebliche Schwierigkeit, die natürliche Wasserscheide zu verändern, war 1859 kein Problem mehr, als man den Wasserteiler einbaute, der 1882 nochmals eine Verbesserung erfuhr. Mit ihm begann der obere Kunstgrabenbereich, der in unserem Gebiet bis zum 1826—28 erbauten Dittmannsdorfer Großteich (0,5 Millionen m³ Stauvermögen) 10 unterirdische — Röschen genannte — Grabenabschnitte und ebensoviele offene Gräben aufwies (Bild 24). Die dann aufgefangene und gestaute Wasserkraft war für die Freiberger Gruben bis zu ihrer Stillegung 1913 unentbehrlich, denn die Kosten für Dampfmaschinen trug der Bergbau in diesem Gebiet nicht.
Die wasserwirtschaftliche Bedeutung des Kunstgrabens hat nach der Fertigstellung der Talsperre Rauschenbach (s. F 1) wieder zugenommen, weil nun über den Kunstgraben Trinkwasser nach Karl-Marx-Stadt geleitet wird. Dies geschieht über den Dörnthaler Teich und den Haselbach in die Saidenbachtalsperre. Außerdem führt der Kunstgraben Trinkwasser für Freiberg und Olbernhau.
An der Straße zwischen Oberheidersdorf und Sayda liegt auf halbem Wege dort, wo weit unter Tage die Rösche des Kunstgrabens verläuft, ein altes Gehöft, das als Maschine bezeichnet wird und zu Sayda gehört. An dieser Stelle führt der Kunstgraben zwischen den Mundlöchern Mörtelgrund und Dittmannsdorf entlang. Früher wurden hier Ausflügler bewirtet, die auf dem Höhenweg mit seinen schönen Ausblicken zum Erzgebirgskamm wanderten. Die einsame Lage machte die Wirtschaft für Antifaschisten als Ausgangspunkt illegaler Verbindungen mit der Tschechoslowakei geeignet. Jetzt ist ein Nebengebäude des nicht mehr bewohnten Gutes zur Weidemelkanlage ausgebaut.

Heidersdorf, Kreis Marienberg, D 2

erstreckt sich vom Saydaer Rückengebiet im N über das Kerbsohlental des Mörtelbaches bis in eine Talweitung der Flöha im S, wobei ein Höhenunterschied von fast 150 m überwunden wird. Seine heutige Ausdehnung erlangte Heidersdorf 1939 durch die Eingemeindung von Eisenzeche (s. K 1) und des größten Teiles von Niederseiffenbach (s. K 2) mit dessen Ortsteil Lässigherd. 1925 war der ehemalige Ortsteil Mörtelgrund nach Sayda umgemeindet worden.
Der alte Dorfkern, dessen früheste Erwähnung 1451 als *Heyderstorff* (= Dorf eines Heider) erfolgte, liegt in einem Seitental des Mörtelbaches. Hier ließen sich, fast von der Quelle des Dorfbaches an, wo der Höhenweg von Sayda über die Hand in Richtung auf Olbernhau vorbeiführt, Ansiedler in einer Waldhufenanlage nieder. Später trieb das Wasser des Mörtelbaches bis zu dessen Mündung in die Flöha mehrere Mühlräder an.

D 2 Seit seiner Gründung war der Ort der Herrschaft Purschenstein untertan, die hier seit dem 17. Jh. ein Vorwerk besaß, das im allgemeinen Hofgut genannt wurde. Von den im Dorf noch erhaltenen Fachwerkbauten ragt das gut gepflegte Haus Nr. 64 (Abb. 15), in dem sich die Bauernstube der LPG Bergweide befindet, mit seinen Mann-Figuren heraus, die im Gegensatz zu denen am Haus in Seiffen (Ernst-Thälmann-Straße 96) durch dazwischenliegende Fenster getrennt werden, so daß hier eigentlich 8 halbe Männer gebildet werden. Ein Kreuzgratgewölbe im Stall des ehemaligen Erbgerichts zeugt davon, wie es den wenigen größeren Bauern im 19. Jh. möglich war, beim Ausbau ihrer Wirtschaften eine gewisse Wohlhabenheit zur Schau zu stellen.

Abb. 15. Fachwerkhaus Heidersdorf Nr. 64

Heidersdorf blieb lange ein reines Bauerndorf, dessen Häusler und Hausgenossen sich von Feld-, Wald- und dörflicher Handwerksarbeit ernährten. Ein Flurstück am Hange des Folgengrundes, das Pestfriedhof genannt wird, deutet auf vergangene Leiden der Einwohner hin. In der alten Kapelle des Ortes predigte der Saydaer Pfarrer an einigen Wochentagen im Jahr; sonntags hielt der Dorfschulmeister Betstunden ab. Erst 1908 erhielt das Dorf eine eigene Pfarrstelle. Ein Kinderlehrer im Ort ist im 17. Jh. bezeugt. Die letzte Schule stammte aus dem 19. Jh. Heute wird sie artfremd genutzt; denn seit dem Schulneubau in Niederseiffenbach können die Kinder der Unter- und Mittelstufe dort am Unterricht teilnehmen; die älteren Schüler fahren in den Oberschulbereich J. H. Pestalozzi Olbernhau-Oberneuschönberg.

Im 19. Jh. begann im unteren Ortsteil von Heidersdorf allmählich die Ansiedlung von Gewerbe und Industrie. Ein größeres Sägewerk nutzte die Wasserkraft der Flöha. Etwas Holzdrechslerei siedelte sich an. Nahe der Mündung des Dorfbaches entstand eine Metallwarenfabrik, in der auch Lötkolben hergestellt wurden. Ein Teil der Einwohner arbeitete auswärts. D 2
Der Entwicklung der Industrie folgte im Ort verhältnismäßig spät die Herausbildung der Arbeiterbewegung. Als erste Organisation bildete sich ein Arbeiter-Radsport-Verein. Nach der Novemberrevolution von 1918 wurde eine Ortsgruppe der SPD gegründet. Nach der Befreiung vom Faschismus wurden durch die demokratische Bodenreform ca. 300 ha Großgrundbesitzerland, davon 270 ha Wald, enteignet und in kleinbäuerlichen Besitz bzw. in Volkseigentum übergeführt. Auch das Sägewerk und die Lötkolbenfabrik gelangten in des Volkes Hand.
Die wirtschaftliche Struktur des Ortes wird jetzt bestimmt durch die Industrie. Der größte Betrieb mit etwa 170 Beschäftigten hat seinen Standort im Mitteldorf. Die hier, im Werk IV Heidersdorf des VEB Waschgerätewerk Schwarzenberg gefertigten Einzelteile für Campingkocher und Lötgeräte werden im Betriebsteil Rothenthal montiert und gelangen von dort zum Versand (s. J 8). Im südlichen Teil des Ortes, an der Straße in Bahnhofsnähe, befindet sich der Betriebsteil V des VEB Vereinigte Sitzmöbelindustrie Neuhausen (s. E 3), in dem weit über 100 Beschäftigte, vor allem Frauen, Polsterteile für Stühle herstellen. Für den Industrie- und Wohnungsbau bedeutsam sind die Dachbinder, Dachsparren und Rüsttafeln, die im Sägewerk (s. J 1.5) in der Nähe des Heidersdorfer Bahnhofs produziert werden. Ein weiterer Holzverarbeitungsbetrieb hat seinen Standort in der Eisenzeche (s. K 1). Bemerkenswert für Heidersdorf ist, daß die Anzahl der Einpendler sich ungefähr mit der der Auspendler die Waage hält, wobei besonders der Austausch der Arbeitskräfte mit Olbernhau und Neuhausen ausgeprägt ist.
Die LPG (T) Bergweide Heidersdorf besitzt im nördlichen Teil des Dorfes ein Milchviehkombinat und einen weiteren Milchviehstall am Ortsausgang in Richtung Neuhausen. Die ausgedehnten Hang- und Hochflächen sind meist Weiden oder werden von der LPG (P) Neuhausen/Seiffen genutzt, die in der Nähe des Betriebsteiles vom VEB Waschgerätewerk einen Technik-Stützpunkt besitzt.
Verkehrsmäßig hat Heidersdorf eine günstige Lage, verlaufen doch von hier aus die Straßen nach Olbernhau, Neuhausen und Sayda; von Oberheidersdorf führt die kürzeste Wegstrecke nach Olbernhau über die Hand (s. C 7). Außerdem hat der Ort einen Bahnhof an der Eisenbahnlinie Neuhausen—Olbernhau—Flöha—Karl-Marx-Stadt.

Mörtelbach D 3

Der 5,5 km lange Mörtelbach zählt zusammen mit Rauschenbach und Cämmerswalder Bach zu den größeren Zuflüssen der oberen Flöha. Der Wasserlauf entspringt 690 m ü. NN auf dem Saydaer Rücken, wo er die beiden Schwemmteiche speist. Wenig unterhalb geht die Talmulde in ein steilhängiges, bewaldetes

D 3 Kerbsohlental über. An dieser Stelle liegt am Rand der wasserreichen Aue der Saydaer Ortsteil Mörtelgrund. Die dazugehörende Jugendherberge Ilja Ehrenburg wird gern auch von ausländischen Gästen genutzt. Durch den Bau einiger Bungalows ist ihre Aufnahmefähigkeit erweitert worden. In der Nähe führt der Kunstgraben (s. D 1) vorbei, der zwischen zwei Röschen ein Stück zutage tritt. An der ehemaligen Mörtelmühle überquert er das Tal auf einem Damm. Die örtliche Forschung verwendet statt der angeführten amtlichen Schreibweise mehr und mehr als Bezeichnungen Mortelbach, -grund.

Weiter talwärts wurden die abschnittsweise etwas weniger steilen und zerdellten Hänge von Heidersdorf aus gerodet und beackert. Größere Teile der Felder hat man jedoch wegen zu hoher Hangneigungen in den letzten Jahren der Grünlandnutzung zugeführt. Nahe beim Bahnhof Heidersdorf mündet der Mörtelbach, nunmehr mit einer relativ breiten Wiesenaue, 500 m ü. NN in die Flöha.

Wo beim Ortsteil Mörtelgrund von N her das Folgental ausmündet, finden wir auf der linken Seite gegenüber einen aufgelassenen Steinbruch, in dem früher Flammengneise als Schottermaterial abgebaut wurden. Diese Bezeichnung tragen die Gesteine aufgrund der parallel zur Schieferung innerhalb der dunklen Gesteinsmasse angeordneten weißen Quarz-Feldspat-Einschaltungen, die band-, nester- oder flammenartig geformt sind.

Die Flammengneise stellen aller Wahrscheinlichkeit nach eine Abart der aus tonig-sandigen Sedimenten hervorgegangenen Biotit-Muskowit-Plagioklas-Gneise der Preßnitzer Serie dar, bei der infolge stärkerer Temperaturerhöhung Quarz und Feldspat mobilisiert und zu flammigen Ausscheidungen zusammengeführt wurden, während die dunkleren Restbestände, insbesondere der Biotit, unbeweglich blieben. Die hellen Schmitzen führen etwas Granat von meist nur mikroskopischer Größe.

Zwischen den Jahren 1607 und 1824 baute auf Erzgängen der kiesig-blendigen Bleierzformation, die bei Mörtelgrund sehr reich an Kupfererzen war, die Grube ‚Altväter samt Eschig'. Die Stollen lagen an beiden Hängen des Tälchens nördlich der Siedlung Mörtelgrund. Die Übertageanlagen (Gebäude, Teiche) blieben teilweise erhalten. Zu den wichtigsten Gängen gehörten der Eschig-Spatgang (ca. 1200 m Länge) und der Altväter Morgengang (420 m Länge). Als Nebengestein kommt der dichte obere Graugneis vor, im Glimmerschiefer vertauben die Gänge. Die Mächtigkeiten der Erzgänge wechseln zwischen wenigen Zentimetern und einem Meter, der Durchschnitt in den bauwürdigen Teilen liegt bei 40 cm.

Die Erzminerale bestehen aus verschiedenen Kupfersulfiden, z. B. Kupferkies, Fahlerzen und Buntkupferkies, als taube Gangart tritt Quarz auf. Jüngerer Entstehung sind die Erze der fluorbarytischen Formation und der Wismut-Kobalt-Nickel-Formation (z. B. Silberglanz und gediegen Silber), die von Schwerspat, Flußspat und Kalkspat begleitet werden.

Für die frühen Produktionszeiten werden die Silbergehalte des Erzes mit 0,2 bis 0,5% und die Kupfergehalte mit 30–80% (!) angegeben. Insgesamt sollen nach MÜLLER (1901) in der gesamten Betriebsperiode – für die allerdings mit Unterbrechung zu rechnen ist – nur für 5617 Mark und 76 Pfennige deutscher Reichsmünze Erze gefördert worden sein.

Durch Verwitterungsvorgänge nahe der Erdoberfläche bildeten sich auf den Erzgängen sekundäre Kupferkarbonate (Malachit und Azurit), die noch heute im Haldenmaterial gefunden werden können. D 3

Großes Vorwerk/Mühlholz E 1

Das Vorwerk nördlich von Purschenstein in 677 m ü. NN war das größte des Rittergutes Purschenstein. Die Jahreszahl 1553, die an der jetzt verschwundenen Scheune zu lesen war, deutete auf sein hohes Alter. Um 1800 wurden von hier aus rund 250 ha Land bewirtschaftet, wofür mehrere mächtige Scheunen und Ställe errichtet worden waren. Sie sind jetzt bis auf das Hauptgebäude — das die LPG Seiffen als Rinderstall nutzt — abgerissen. Dazu gehörte auch der 70 m lange, 1500 Tiere fassende Schafstall, der nutzlos geworden war, als 1840 mit der Ablösung der Fronen das herrschaftliche Vorrecht auf Schaftrift entfiel. Auch waren die Bauern nicht mehr wie früher gezwungen, die Schafe in den nahe gelegenen Schwemmteichen zu säubern und zu scheren.

Einer mündlichen Mitteilung von H. Scheinpflug zufolge soll das Vorwerk viel später forstlichen Aufgaben (Lager für Zapfen zur Samengewinnung u. a.) gedient haben und von einem Forstheger und einem Tagelöhner bewohnt worden sein sowie von einem Waldarbeiter, der auch eine kleine Schankwirtschaft betrieb.

Da sich das Große Vorwerk in einer Höhe von 677 m ü. NN am Südrand des isoliert über die Umgebung aufragenden Saydaer Rückengebietes befindet, bietet sich von hier, aber auch von den nahen Waldrändern ein schöner Blick südwärts über das obere Flöhatal zum Schwarten- und Ahornberg, die als von der Tiefenerosion isolierte Reste der Kammhochfläche gelten.

Die am Vorwerk vorbeiführende Saydaer Straße trennt den zwischen Sayda und Neuhausen liegenden Waldkomplex in das östliche Alte Gehau und das Mühlholz im W. Beide tragen vorwiegend wüchsige Fichtenbestände, die aber, wie um Olbernhau allgemein, auch erste Anzeichen von Rauchschäden erkennen lassen. Zur Minderung der Zuwachsverluste wurde 1974/75 im Alten Gehau ein Großdüngungsversuch durchgeführt. Die Bewirtschaftung der Waldbestände erfolgt seit dem 19. Jh. im Kahlschlagbetrieb; die Altbestände wurden immer, wenn sie die Hiebsreife erreicht hatten, abgetrieben und die Flächen wieder mit in Pflanzgärten erzogenen Jungbäumen bepflanzt. Die Abteilungen 32 und 33 im Mühlholz erinnern mit der Forstbezeichnung Großes Vorwerk wahrscheinlich daran, daß es sich um einst zum Vorwerk gehörende landwirtschaftliche Flächen handelt, die später aufgeforstet wurden.

Im Mühlholz entdeckte man 500 m westlich des Großen Vorwerks an den Schwemmteichen ein Bündel mittelalterlicher Hohlwege. Es handelt sich um 8 parallele Hohlen, von denen 7 im Süden von einem Querwall abgeriegelt werden; nur die östlichste Hohle führt durch diesen hindurch. Das Wegsystem ist Teilstück des Alten Böhmischen Steiges Wurzen—Leisnig—Oederan—Sayda—Deutscheinsiedel—Brüx (Most)—Prag, der mit markanten Abschnitten noch einmal deutlich sichtbar nördlich und südlich von Purschenstein/Neuhausen und nordöstlich des Schwartenberges zutage tritt. Daß dieser Weg wirtschaftliche

E 1 Bedeutung hatte, kann aus der raschen Entwicklung Saydas zur Stadt, die in der zweiten Hälfte des 13. Jh. mit Wall und Graben umgeben wurde, gefolgert werden. Die beschriebene Straßensperre läßt eine Zollstelle vermuten, die allerdings urkundlich nicht nachweisbar ist.

E 2 **Dittersbach,** Ortsteil von Neuhausen

seit 1950, ist in einem rechten Hangtälchen der Flöha westlich von Neuhausen angelegt worden. Der Höhenunterschied von der Flöha im S Dittersbachs bis zur OdF-Gedenkstätte im N ist mit reichlich 100 m recht beträchtlich. Hier erreicht die etwa 1 km nördlich der letzten Häuser gelegene Dittersbacher Höhe immerhin 701 m ü. NN.

Den 1451 als *Ditterspach* (= am Bach gelegene Siedlung eines Dietrich) erstmalig erwähnten kleinen Ort gründeten dem alten Flurbild nach ein Richter und 10 Mann in einer einheitlichen Landnahme wahrscheinlich als bäuerliche Spätkolonisation im Purschensteiner Gebiet. Das Dorf zinste und diente der Herrschaft Sayda—Purschenstein und blieb bis nach dem Dreißigjährigen Krieg ein reines Bauerndorf. Seine Waldhufen breitete es fächerförmig aus. Ein tischförmiges Felsstück im Walde am südlichen Flöhahang, das Taufstein genannt wird, soll um 1635 flüchtigen Einwohnern zu gottesdienstlichen Handlungen gedient haben. Im oberen Ortsteil tritt der Kunstgraben (s. D 1) zutage.

Erst am Ende des 17. Jh. dehnte sich das Dorf bis an die Flöha aus. Zunächst arbeitete dort ein Eisenhammer, der 1755 abgebrannt ist. Er wurde nicht wieder aufgebaut, jedoch begann zu dieser Zeit die Besiedlung der rechten Flöhaseite von der Dorfstraße bis zum jetzigen Bahnhof Seiffen. Zunächst entstanden einige Wohngebäude und zwei kleinere Bauernwirtschaften; später wurden eine Brettmühle und eine Ölmühle konzessioniert. Nach 1860 entwickelte sich hier im Flöhatal eine bescheidene holzverarbeitende Industrie, die vor allem Spielzeug, kunstgewerbliche Waren, Haushaltgeräte, Stühle und Kleinmöbel fertigte. Die früheren Mühlen dienten nun als Drehwerke, in denen die Wasserkraft zum Antrieb von Drechslerbänken genutzt wurde. Der Ausbau der Talstraße und die Eröffnung der Eisenbahn förderten die Entwicklung von Gewerbe und Industrie. Die Besiedlung dehnte sich dann auch auf die linke Seite des Flöhatales aus.

Schulisch und kirchlich gehörte Dittersbach zu Neuhausen. 1904 wurde ein eigenes Schulgebäude errichtet, und 1950 konnte die Schule der Neuhausener Zehnklassenschule angegliedert werden. Beim alten Schulhaus liegt seit 1910 der Friedhof. Vorher wurden die Toten am Hang oberhalb des Dorfes begraben. Der Platz diente schon im 17. Jh. zur Bestattung und war von einer Bruchsteinmauer umgeben. 1945 wurden hier 23 Häftlinge des Konzentrationslagers Buchenwald, Außenlager Neustaßfurt, notdürftig von überlebenden Leidensgefährten begraben. Sie waren von der Wachmannschaft in einer nahe liegenden Scheune völlig isoliert eingesperrt, gequält und umgebracht worden. Auf der Flucht vor der herannahenden Sowjetarmee wurden die am Leben gebliebenen Häftlinge in Richtung Annaberg weitergetrieben. Der Marsch kostete neue Opfer, aber schon in Ansprung schlug die Stunde der Befreiung. Der ehemalige

Abb. 16. OdF-Gedenkstätte Neuhausen-Dittersbach

Dittersbacher Friedhof ist zu einer würdigen Gedenkstätte für die Opfer des Faschismus ausgestaltet worden (Abb. 16). Eine Inschrift mahnt: „Ehre den Gemordeten – Mahnung für die Lebenden! 1933–1945."
1960 schlossen sich die Bauern des Dorfes zu einer LPG des Typs I zusammen. Auch heute weist die Ortsstruktur auf eine vorwiegend agrarische Nutzung hin, die von der LPG (P) Neuhausen und von der LPG (T) Seiffen wahrgenommen wird. Am rechten Ufer der Flöha setzen ein Betriebsteil des VEB Medizinmöbel Sayda, Werk II, und in der Nähe des jetzigen Bahnhofs Seiffen der VEB Holz- und Kulturartikel Dittersbach die traditionelle Holzverarbeitung fort. Zwei Betriebsferienheime haben in Dittersbach ihren Standort.
Wenig talab vom Gasthof Dittersbach siedelt am linken Hangfuß des Flöhatales ein krautreicher Bergmischwald auf frischem, leicht feuchtem Boden. In der Baumschicht sind Bergahorn und Esche zu gleichen Anteilen vertreten, vereinzelt die Bergulme. Das Unterholz ist gering und bedeutungslos, nur die Schwarze Heckenkirsche (*Lonicera nigra*) sei hervorgehoben. Die Krautschicht erhält ihr Gepräge durch den reichen Bestand des Alpenmilchlattich (*Mulgedium alpinum*), deren Verbreitungsschwerpunkt in subalpinen Hochstaudenfluren liegt, also in höheren Lagen. Auch kann man die Türkenbundlilie (*Lilium martagon*) finden. Vereinzelt erscheint ein auffälliges Gras, das Waldrispengras (*Poa remota*). Aus der sonst üblichen Krautschicht wären noch hervorzuheben Zitterriedgras (*Carex brizoides*), Quirlblättrige Weißwurz (*Polygonatum verticilla-*

E 2 *tum*) und Akeleiwiesenraute (*Thalictrum aquilegifolium*); sie lieben wie der Rauhhaarige Kälberkropf (*Chaerophyllum hirsutum*) feuchten Boden, ebenso die Weiße Pestwurz (*Petasites albus*), die vereinzelt erscheint. Dieser Bestand gedeiht in verarmter Form und unter herrschenden Fichten vereinzelt talab bis zum Bahnhof Seiffen.

E 3 **Neuhausen,** Kreis Marienberg,

füllt mit seinem Siedlungsraum vor allem eine Talweitung der Flöha unterhalb der Talsperre Rauschenbach aus (Bild 26) und zieht sich mit einem weniger dicht bebauten Gebiet im S hangwärts in Richtung zum Schwartenberg hinauf. Außerdem sind einige Hangtälchen recht stark besiedelt, beiderseits der Flöha wie an der Straße nach Sayda. Innerhalb der Ortsflur von Neuhausen ist ein Höhenunterschied von etwa 200 m zu verzeichnen, wobei der niedrigste Punkt im Ortsteil Dittersbach (s. E 2) bei 520 m ü. NN und der höchste im Ortsteil Heidelbach (s. L 2) bei 720 m ü. NN liegt.

Schloß Purschenstein, das eng mit der Geschichte Neuhausens verbunden ist, befindet sich im W von Neuhausen auf einem Sporn am rechten Ufer der Flöha (Abb. 17). Der beherrschende Renaissancebau steht an der Stelle einer mittelalterlichen Burg und hat deren Gestalt wesentlich verändert. Hinzu kommen Planierungen und Verfüllungen bei modernen Umbauten, so daß der heutige Geländebefund keine klaren Anhaltspunkte über den Charakter der hochmittelalterlichen Anlage geben kann. Wall- und Grabenreste sind im W und SW sowie an der Spornspitze sichtbar; ihre Rekonstruktion läßt eine mehrteilige (dreikernige?) Burganlage vermuten, die den gesamten Sporn einnahm. Die Burg entstand an dem Alten Böhmischen Steig, der von Wurzen über Leisnig—Sayda—Brüx (Most) nach Prag führte und dessen Verlauf im Gelände kräftige Hohlen nordwestlich des Schlosses (s. E 1) und südlich von Neuhausen bis dicht vor den Schwartenberg markieren. Der Übergang über die Flöha wurde durch die Burg geschützt.

Der Name Purschenstein (= Stein des Borso) zeigt die Beziehung zum Geschlecht der Hrabišice; Borso ist dort ein mehrfach wiederkehrender Name des Stammvaters. Die nach N in den Erzgebirgswald hinein gerichtete Kolonisation und die Bildung der Herrschaften Sayda—Purschenstein und Rechenberg betrieben die Hrabišice von ihren Burgen Most und Osek aus; sie ging mit der Konsolidierung und dem Ausbau ihrer Stammherrschaft in Nordböhmen einher (Billig 1964). Als Gründer Purschensteins, das erst 1289 als castrum *Borsensteyn* Erwähnung fand, hat die historisch-archivalische Forschung Borso I. (1188—1209) erschlossen (Beschorner 1937). Es blieb bis zur Mitte des 13. Jh. in böhmischer Hand, danach gehörte es den Wettinern, die es aber mehrfach vorübergehend der böhmischen Krone als Lehen übereigneten. 1389 erwarben die Herren von Schönberg den Besitz. Damit begann die bis 1945 währende Herrschaft dieser Familie im oberen Flöhatal.

Ältester erhaltener Bauteil der Burg ist der Bergfried aus dem 14. Jh., ein 42 m hoher Rundturm mit einem um 1850 aufgesetzten neugotischen Helm. Er ist fast fensterlos und hat 2,85 m starke Mauern. Nach S schließt sich das

dreigeschossige Hauptgebäude an, das um 1550 erbaut wurde. Das einfache rundgewölbte Eingangsportal zeigt figürlichen Schmuck. Der Wappen mit barocker Verzierung wurde später darüber angebracht. Ein Raum mit Tonnengewölbe rechts vom Eingang, in dem sich jetzt eine Gaststätte befindet, wurde von den Schloßherren zuletzt als Ahnensaal genutzt. Neugotische Schmuckelemente am Gebäude stammen aus dem 19. Jh., über 100 Jahre älter ist die 1966 erneuerte Sonnenuhr. Der viereckige Treppenturm in der Südwestecke entstand 1573. Zu ihm führt ein schlichtes Renaissanceportal mit Eierstabornamenten. E 3

Abb. 17. Schloß Purschenstein (Zeichnung von Wanke, dem Seiffener Lehrer W. Walthers, 1835) Lithographie von C. Müller

Zum alten Baubestand gehört auch der viereckige Kapellenturm im SO des Schloßhofes. Sein achteckiger Aufbau für die auf 1729 datierte Uhr ist barock mit Kuppel und Laterne abgeschlossen. In das Ostfenster der 1840 im ersten Obergeschoß eingerichteten Kapelle wurden vier 1612 geschaffene Medaillons aus buntem Glas mit den Bildern der Evangelisten eingesetzt, der Überlieferung nach aus der Heidelbacher Glashütte stammend. Ursprünglich befand sich die Kapelle im südlichen Schloßflügel, dessen Bau anstelle eines alten Gebäudes 1776 begonnen worden war und 1789 mit der Installierung einer Orgel abgeschlossen wurde. Das Walmdach und die dem Schlußstein der langen Fenster aufsitzenden Ochsenaugen bestimmen den barocken Charakter dieses Gebäude-

E 3 teiles. Seit 1869 war er Wintergarten, heute dient er dem Kreiskulturhaus als Festsaal und Veranstaltungsraum. Zur gleichen Zeit wie die erste Schloßkapelle wurde auch das Torhaus gebaut. Aus dem 19. Jh. stammen der Bogengang zum Kapellenturm und das neugotische Eingangshäuschen zum Schloßpark an der Freitreppe.

Dieser Park liegt an der Süd- und der Westseite des Schlosses. Er wird von der nach 1700 erbauten Tiergartenmauer abgeschlossen. In ihm befindet sich der Schloßteich, einer der Teiche, die in dem westlichen Seitental zum verstärkten Schutz der Burg angelegt worden waren. Nördlich des Schloßparks und des Schlosses liegen auf dem Sattel zwischen der Bergnase und dem nördlichen Höhenrücken ehemalige Wirtschaftsgebäude, darunter zwei gewölbte Ställe und das frühere Rentamt, das 1904 an der Stelle der abgebrannten Schloßbrauerei erbaut wurde.

Der Schloßberg Purschenstein, zu dem wir das Gelände inner- und außerhalb des Parks rechnen, ist am Abhang bedeckt von einem Bestand von Edellaubhölzern, der einen lichten Bergmischwald aus Bergahorn, Ulme und Buche bildet. In der Strauchschicht fallen die äußerst seltene subalpine Alpenheckenrose (*Rosa pendulina*), die keine Dornen besitzt und der oft auch die Stacheln fehlen, ferner die Traubenkirsche (*Prunus padus*) und der Schneeball (*Viburnum opulus*) auf. In der geschlossenen Krautschicht wecken die seltene Breitblättrige Glockenblume (*Campanula latifolia*) und die Türkenbundlilie (*Lilium martagon*) das Interesse. Weitere Besonderheiten sind der Gescheckte Eisenhut (*Aconitum variegatum*) mit violetten Blüten, die weiß gefleckt sein können, und der Gewürzhafte Kälberkropf (*Chaerophyllum aromaticum*), eine Pflanze von östlicher Verbreitung, die im Flöhagebiet ihre Westgrenze erreicht. Spärlich ist das Maiglöckchen (*Convallaria majalis*) vorhanden. Sonst sieht man eingestreut das Nickende Perlgras (*Melica nutans*), den Mittleren Lerchensporn (*Corydalis intermedia*), vereinzelt die Schuppenwurz (*Lathraea squamaria*), die auf Wurzeln von Gehölzen schmarotzt und darum nur eine bleiche Farbe besitzt, und das Moschusblümchen (*Adoxa moschatellina*), dessen Blüten nach Moschus duften.

Das Dorf Neuhausen entwickelte sich allmählich in Nachbarschaft der Burg; die unregelmäßig angelegte alte Flur enthielt daher gutsherrliche blockförmige Feldschläge und kleine Parzellen der Dorfbewohner. 1495 wurde *Nawenhawsen* (= Siedlung zu den neuen Häusern) erwähnt, dessen erste Anwesen beiderseits des Flöhaübergangs und an dem Hang westwärts des Schlosses lagen. Das Erbgericht, das nach einem Brand 1945 nicht wieder aufgebaut wurde, lag südlich der Flöha.

Während nach N zu die Fluren des bei der Burg entstandenen Rittergutes eine Ausbreitung des Dorfes verhinderten, erhielten die Bauern zu ihren ungleichen Grundstücken gegen einen entsprechenden Zins vom Grundherrn Räume — abgeholzte Waldstücke zum Urbarmachen — jenseits der Flöha am Hang des Schwartenberges und im Tal des Frauenbaches. Als im Zuge der sich entwickelnden Geldwirtschaft und infolge des Dreißigjährigen Krieges, der mehr als die Hälfte der Steuerkraft des Ortes vernichtete und ein weitgehend zerstörtes Schloß hinterließ, der Geldbedarf der Herrschaft stark angestiegen war, wurden Flurstücke unterschiedlicher Größe vornehmlich an ehemalige Hausgenossen verkauft. Ihre Häusleranwesen oder kleinen Bauernwirtschaften mußten sie in oft beträchtlicher Entfernung vom Dorfkern errichten; sie hatten Erbzinsen

nebst Dienst- und Spinngeldern zu zahlen. So entstanden die Häuslerreihe Frauenbach (s. E 4), die Streusiedlungen Heidelbach (s. L 2) am Schwartenberg und im Gebiet des Goldhübels. Der Rand der Flöhaaue zu Füßen des Schlosses wurde mit den kleinen Häusern der Schloßgasse bebaut. Später kamen rechts der Flöha, auch weiter flußauf- und flußabwärts Gebäude hinzu, so daß sich der Ort bedeutend ausdehnte. An den Gewässern drehten sich Mühlräder, es wurde Getreide gemahlen, Öl gestampft und Holz geschnitten; in der herrschaftlichen Mühle unterhalb des Schloßteiches bohrte man auch aus Stämmen Rohre. An der Mündung des Frauenbaches in die Flöha arbeitete im 18. Jh. zeitweilig anstelle einer Ölmühle des Erbrichters ein Eisenhammerwerk. E 3

Trotz der ansehnlichen Zunahme der Einwohnerzahl (s. Anhang A) konnten sich in Neuhausen Handwerk und Gewerbe anfangs nur spärlich entwickeln, die in dem mit städtischen Vorrechten ausgestatteten Sayda bessere Chancen besaßen. In Neuhausen benötigte die Herrschaft dagegen Tagelöhner für ihre Eigenwirtschaft. Deshalb zählt die Intradenrechnung von 1810 nur wenige Handwerker auf: 2 Schmiede, 6 Schneider, 2 Schuhmacher; Maurer und Zimmerleute treten noch etwas später auf. 1834 gab es außer 2 Leinewebern nur 5 Drechsler, verschwindend wenige im Vergleich zu den Ortschaften um Seiffen (s. L 4.2). Allerdings berichtet SCHUMANN 1820, daß sich am Feierabend fast 100 Einwohner mit Drechseln befaßt hätten. Zu einer nahezu sprunghaften Veränderung führte die Gewährung der Gewerbefreiheit. Für 1878 lassen sich z. B. 16 Schuhmacher, 23 Maurer und 126 beruflich mit Holzdrechslerei beschäftigte Personen feststellen. Vom Stuhlbau ernährten sich zu jener Zeit 25 Einwohner.

Seine geographische Lage ließ Neuhausen zu einem lokalen Verkehrsknoten werden, kreuzen sich doch hier die im Flöhatal entlangführende Straße nach Olbernhau und die über die Saydaer und Seiffener Rückengebiete führende Straße von Sayda nach Deutscheinsiedel. Außerdem bildet Neuhausen seit 1895 den Endpunkt der Eisenbahnlinie von Karl-Marx-Stadt, die schon 20 Jahre zuvor bis Olbernhau eingeweiht worden war. Sie brachte besonders der Gewerbeentwicklung einen bedeutungsvollen Aufschwung. Der erleichterte Antransport von Brennstoffen und Schnittholz und die verbesserte Abfuhr der Fertigwaren trugen dazu bei, daß kleine Handwerksbetriebe zu Fabriken anwuchsen. Säge- und Drehwerke sowie andere Werkstätten gingen zum Sitzmöbelbau über. Die Drechslerei gab ihre Beschäftigten an die Stuhlindustrie ab, die seitdem Haupterwerbszweig in Neuhausen ist. Der größte Betrieb dieser Branche entstand aus der Helmertmühle, einer alten Mahlmühle, der 1972 den Kern bei der Vereinigung der Neuhausener Stuhlindustrie bildete.

Die Industrie Neuhausens wird auch in der Gegenwart geprägt durch die traditionelle Holzverarbeitung, speziell vertreten von der Sitzmöbelindustrie. Der VEB Vereinigte Sitzmöbelindustrie (VSI) Neuhausen bildet die zentrale Produktions- und Ausbildungsstätte von 14 zum Kooperationsverband Sitzmöbel gehörenden Betrieben des Bezirkes Karl-Marx-Stadt. Allein in Neuhausen produzieren über 600 Werktätige in 7 Betriebsteilen, zu denen noch über 200 Beschäftigte kommen, die in 3 auswärtigen Betriebsteilen arbeiten. Die Stuhlbauer fertigen vor allem Wohnzimmer- und Küchenstühle aus Buche. Diese Holzart wird aus den Nordbezirken unserer Republik und aus der Sowjetunion bezogen. Ein 70 m hoher Schornstein lenkt den Blick auf ein neues Heizhaus, das

E 3 zu einer nach neuesten Gesichtspunkten errichteten Produktionsstätte für die Oberflächenbearbeitung von Sitzmöbeln gehört. Hier werden auch die aus allen umliegenden Stuhlfabriken angelieferten rohen Stühle im Fließbandverfahren gebeizt und lackiert, indem die Stühle zum Spritzautomaten geführt und weiter in den Trockenraum transportiert werden. Auch die Verpackung geschieht an diesem Fließband. Die Polsterteile liefert der Betriebsteil Heidersdorf.

Aufgrund der zentralen Oberflächenbehandlung der Stühle erfolgt von Neuhausen aus der Versand mittels Lastkraftwagen oder Container der Deutschen Reichsbahn in alle Teile der Republik und in zahlreiche andere Staaten Europas. Mit dem Bau der größten und modernsten Produktionsstätte innerhalb Neuhausens wurde nicht nur die Arbeitsproduktivität erhöht, sondern es verbesserten sich auch für die Stuhlbauer die Arbeits- und Lebensbedingungen erheblich. So wurden die körperlich schweren Transportarbeiten weitgehend mechanisiert und die Frischluftzufuhr in den Spritzkabinen stark erhöht. In einem geschmackvoll ausgestalteten Speiseraum wurde eine Pausenversorgung eingerichtet. Außerdem stehen Duschen und Garderoberäume zur Verfügung. Ein Teil der von auswärts kommenden Lehrlinge wohnt in einem Internat in Olbernhau-Hirschberg. Neben der Stuhlproduktion spielt in Neuhausen auch die Herstellung anderer Möbel eine gewisse Rolle. Dabei handelt es sich um verschiedene Wohnraum- und Stilmöbel, letztere vor allem für den Export. Diese Produktion erfolgt meist in kleineren Serien und nach speziellen Kundenwünschen.

Neuhausen als Zentrum der Sitzmöbelindustrie wirkt anziehend auf die Arbeitskräfte in den umliegenden Ortschaften. So pendeln täglich viele Werktätige aus Cämmerswalde, besonders aus dessen Ortsteil Neuwernsdorf, nach Neuhausen ein. An anderen Erwerbszweigen sind zunächst Fuhr-, Handels- und Dienstleistungsbetriebe zu nennen, die sich mit der Umwandlung des Dorfes in einen Industrieort einstellten. Bier braut man hier seit langem; schon im Erbregister von 1576 wurde der Bierzwang zur herrschaftlichen Brauerei erwähnt, die seit 1835 verpachtet wurde. Als Ersatz für das alte Gebäude am Schloßvorhof entstand 1877 an der Olbernhauer Straße der neue Betrieb, heute Werk II der Stadtbrauerei Olbernhau. Als Neuhausen 1898 elektrischen Strom erhielt, ergaben sich neue Möglichkeiten: Zwischen 1910 und 1960 wurden Kunstblumen hergestellt.

Im Zuge der Entwicklung des Gewerbes erhielt der Ort ein neues Gesicht. Nach einem Großbrand, der 1863 42 Gebäude — darunter die Schule und die Kirche — vernichtet hatte, wurden auch Ackerflächen im Gebiet der jetzigen Bahnhofstraße mit ansehnlichen Häusern bebaut, was dem Ortskern sein fast kleinstädtisches Aussehen gab.

An Stelle der 1863 zerstörten Kirche errichtete der Architekt Karl Wendler, Zschopau eine neue. Sie wurde 1868 eingeweiht. Mit ihrer relativ aufwendigen, aus der Erbauungszeit stammenden Ausstattung zählt sie zu den bedeutendsten neugotischen Kirchenbauten des Erzgebirges. Der Entwurf zu den Altarfenstern stammt von Wilhelm Walther, der 1826 als Försterssohn im benachbarten Cämmerswalde geboren war, in Neuhausen die Schule besucht und in Seiffen ersten Zeichenunterricht genossen hatte. Er war Maler und Professor der Dresdner Kunstakademie; bekannt ist er als Schöpfer der ursprünglichen Sgraffitoausführung des Fürstenzuges am Stallhofgebäude des Schlosses in Dresden.

Das ebenfalls unter Denkmalschutz stehende Pfarrhaus mit seiner regelmäßigen Fassadengestaltung und dem Mansarddach entstand 1732 und wurde 1886 erneuert. E 3

Das 1865 eingeweihte Schulgebäude oberhalb des ersten Knies der Brüxer Straße entstand anstelle von drei Schulstuben, die im 18. und 19. Jh. in Häuser eingebaut worden waren. Es erwies sich infolge der ständig wachsenden Kinderzahl bald als zu klein, so daß 1882 ein zweites Schulhaus errichtet werden mußte. 1912 folgte die Turnhalle. Nach dem Ausbau weiterer Klassenzimmer war es notwendig, bis 1929 noch einen Schulerweiterungsbau auszuführen. Mehrfach verändert, bietet der Schulkomplex einen stattlichen Anblick. Schon 1951 begann hier der Unterricht auch in 9. und 10. Klassen.

Die soziale Entwicklung Neuhausens wurde über Jahrhunderte dadurch bestimmt, daß es Sitz des Feudalherrn war. Nicht immer nahmen die Bauern die vielfältigen Lasten, die ihnen aufgebürdet wurden, widerspruchslos hin. Das größte Ausmaß nahm der Widerstand zur Zeit des Sächsischen Bauernaufstandes von 1790 an, als die Bauern des Ortes und der umliegenden Dörfer die herrschaftlichen Schafherden von ihren Feldern verjagten und ihren Kindern den Gesindedienst im Schloß untersagten. Nur mit Hilfe von Militär konnte damals die Macht des Grundherrn wiederhergestellt werden.

Wichtige Verbündete erhielten die Bauern in den Industriearbeitern, die am Ende des 19. Jh. zum stärksten Bevölkerungsteil in Neuhausen wurden. Ihr organisierter Zusammenschluß begann 1892 mit der Gründung des Verbandes der Drechsler und Bildhauer, dem sich bis 1910 166 Mitglieder anschlossen. Um 1900 bildete sich ein sozialdemokratischer Wahlverein. Neuhausen wurde das Zentrum des gewerkschaftlichen und darüber hinaus des politischen Lebens des Saydaer Bezirkes. Hier kam es vor und nach dem ersten Weltkrieg zu Streiks, die für die gesamte Umgebung bedeutsam waren. 1905 beteiligten sich daran fast 170 Arbeiter.

Als nach der Befreiung vom Faschismus die Arbeiterklasse die Führung im Ort erkämpft hatte, half sie den Bauern, sich endgültig vom Einfluß des Grundherrn zu befreien. Der 2292 ha große Grundbesitz der Herren von Schönberg auf Purschenstein wurde enteignet. In Neuhausen wurden davon an landarme Bauern, an Neubauern und an fast 100 andere Einwohner 532 ha verteilt, davon 446 ha Wald. Die neuen Waldbesitzer schlossen sich zu einer Waldgemeinschaft zusammen. 1956 wurde die LPG Pionier gegründet und damit die vollgenossenschaftliche Arbeit vorbereitet.

Die ausgedehnten Hang- und Rückenflächen um Neuhausen, Dittersbach, Seiffen und Heidersdorf nutzt heute die LPG (P) Neuhausen. Ihre Verwaltung und ein Technikstützpunkt befinden sich im Bereich des Kreiskulturhauses Purschenstein. Dieser landwirtschaftliche Großbetrieb bewirtschaftet reichlich 2000 ha Nutzfläche und liefert Futter außer an die LPG (T) in Heidersdorf an die LPG (T) in Seiffen, die zwei größere Rinderställe am Göhrener Weg und einen weiteren im Großen Vorwerk (s. E 1) besitzt.

Mit dem FDGB-Kreiskulturhaus Purschenstein einschließlich seines Schloßparks besitzt Neuhausen als Ferienort ein kulturelles Zentrum, das nicht nur für die Urlauberbetreuung, sondern auch für das kulturelle Leben im Ort und in seiner Umgebung bedeutsam ist. Viele FDGB-Urlauber erholen sich jährlich

E 3 in Neuhausen; sie sind in 6 Ferienheimen, 2 Bauden und in vielen privaten Quartieren untergebracht.
In den letzten Jahren verbesserten sich die Lebensbedingungen für die Bevölkerung im Raum Neuhausen—Seiffen sichtbar, weil die Gemeinschaftsarbeit zwischen den Gemeinden innerhalb des Gemeindeverbandes Am Schwartenberg zunehmend effektiver gestaltet wurde (s. L 1, L 9). So sind viele Kilometer Straße neubelegt und über 250 Wohnungen durch Um- und Ausbau modernisiert worden. Mit dem Bau der neuen Produktionshalle und des Kesselhauses des VEB Vereinigte Sitzmöbelindustrie in Neuhausen war die Erweiterung der Wasseraufbereitungsanlage verbunden, wodurch sich für den gesamten Ort die Wasserversorgung stabilisierte. An der Erschließung eines Geländes für den Wohnungsbau beteiligt sich der VEB Vereinigte Sitzmöbelindustrie mit über einer Viertelmillion Mark materieller und finanzieller Mittel. Zur Verringerung der Umweltverschmutzung wurden 4 dezentralisierte Heizstätten errichtet und moderne Filteranlagen installiert.

E 4 Frauenbach

Am oberen Ortsende von Neuhausen mündet von Süden her der reichlich 4 km lange Frauenbach bei 555 m ü. NN in die Flöha. Aufwärts bis zum gleichnamigen Ortsteil sind die Hänge des Kerbsohlentales, die zunehmend an Steilheit gewinnen, gerodet. Oberhalb von Frauenbach fächert der Wasserlauf in mehrere Nebenarme auf, die sich als gefällereiche Kerbtälchen in die Nordflanke des hoch aufragenden Neuwernsdorfer Rückengebietes eingeschnitten haben. Auf den zerkerbten Waldhängen bestehen noch zahlreiche Laubholzbestände mit hohen Anteilen der Buche. Nördlich des Teichhübels befindet sich 800 m ü. NN die Quelle des Frauenbaches; auf der Wiese bei Bad Einsiedel entspringt sein längster Nebenbach.
Neuhausens Ortsteil Frauenbach bildet eine langgezogene Häuserreihe, die sich über 1 km von der Schwartenbergstraße in das Frauenbachtal aufwärts zieht. Nachdem kurz vor 1700 ein Zeughammer errichtet worden war, siedelten sich danach einige kleine Bauern und Häusler an. Bis 1750 waren sieben Wohngebäude erbaut. Schließlich wuchs der Ortsteil nach 1918 durch die Besiedlung des Geländes östlich der Brüxer Straße mit Neuhausen zusammen. Aus dem Hammer wurde nach dem 1843 erfolgten Konkurs seiner letzten Besitzer eine Brettmühle, deren neue Inhaber schließlich zum Stuhlbau übergingen, der heute im Rahmen der volkseigenen Wirtschaft erfolgt.
Scherbenfunde in jüngster Zeit legen es nahe, im Frauenbachtal den Standort einer der ältesten Glashütten der Herrschaft Purschenstein zu suchen.

E 5 Flöha

Die Flöha (1365 *Flawe*, 1497 *Flewe*, zu althochdeutsch *vlouwen* = waschen, spülen, fließen) zählt zu den größten Erzgebirgsflüssen. Sie entspringt etwa 5 km östlich von Flaje, 845 m ü. NN, auf der Kammhochfläche des Osterzgebir-

ges. Ihr Oberlauf ist bis Hirschberg nach SW gerichtet, und erst in der Olbernhauer Talwanne (s. J 5) und im Engtal unterhalb Blumenaus (s. A 2) wendet sich die Flöha (s. Bd. 28, J 2) nach NW, wo sie sich im Flöhaer Rotliegendbecken 268 m ü. NN mit der Zschopau vereinigt. Ihr Taltrakt schneidet das Erzgebirge tief bis in Kammnähe auf. Die größten Zuflüsse und deren wichtigste hydrologische Angaben zeigt folgende Übersicht (Hydrographisches Kartenwerk der DDR. Berlin 1966): E 5

Nebenfluß	Lauflänge in km	Einzugsgebiet in km²	mittlere Wasserführung in m³/s an der Mündung des Nebenflusses	mittlere Wasserführung der Flöha vor Einmündung der Nebenflüsse m³/s
Schweinitz	17,5	63	1,04	(2,41)
Natzschung	16,5	84	1,34	nicht bekannt
Schwarze Pockau	33,0	133	1,80	(6,11)
Saidenbach	15,5	} 61,5	(0,74)	(8,12)
Haselbach	12,0			
Große Lößnitz	18,0	65	0,74	(10,01)

Werte in Klammern = Abfluß durch Stauanlagen beeinflußt

Das Gesamteinzugsgebiet der 78 km langen Flöha beträgt 799,4 km², die mittlere Wasserführung an ihrer Mündung 11,3 m³/s. Besonders nach plötzlich einsetzendem durchgreifendem Tauwetter bei vorher hoher Schneedecke hat die Flöha eine Anzahl verheerender Hochfluten zu Tale gewälzt, überwiegend im Februar, seltener im Januar und März. Der am Pegel Borstendorf gemessene absolute Rekordwert von 325 m³/s am 4. 1. 1932 entspricht fast genau dem langjährigen Abflußmittel der Elbe bei Dresden. Die Saidenbachtalsperre und besonders die 1967 fertiggestellte Rauschenbachtalsperre sollen derartige Hochwasserspitzen reduzieren.

Der Neuhausener Flöhatalabschnitt von der Staatsgrenze bis Olbernhau bildet eine eigene Kleinlandschaft. Zwischen 100 und 200 m tief hat sich der Fluß hier in den Gebirgskörper eingeschnitten und ein hängiges bis steilhängiges, stellenweise auch felsdurchsetztes Kerbsohlental geschaffen. Weithin sind die unmittelbaren Talhänge bewaldet. Nur um Heidersdorf sowie zwischen Rauschenbach und Neuhausen erfolgten auf etwas weniger steilen Hängen größere Rodungen, auf denen der Feldbau, der wegen kritischer Hangneigungen nicht mit modernen Aggregaten durchgeführt werden kann, wieder reduziert worden ist.

Zahlreiche unterschiedlich geartete Nebentäler gliedern die Flöhatalhänge: kurze gefällereiche Kerbtälchen, kurze Muldentälchen (z. B. mit Niederseiffenbach) und größere Nebenbäche, die sich als Kerbsohlen- und Kerbtäler weit ins Hinterland eingeschnitten haben (s. D 3, E 4, F 2). Dadurch ist abschnittsweise auch jenseits der unmittelbaren Flöhataloberhänge, an denen entlang es noch hochtalbodenähnliche Verebnungen gibt, das Gelände erosiv zerschnitten und erniedrigt, so daß solche Bereiche wie um Dittersbach und Frauenbach dem Neuhausener Flöhatal zugeordnet werden können.

Der Oberneuschönberger Flöhahang sowie die Hänge des Schweinitzbaches bis hinauf nach Deutschkatharinenberg haben eine dem Haupttal entsprechende

E 5 Naturausstattung. Die Böden der Talhänge, vorherrschend Braunerden und Braunpodsole, wechseln stark und kleinflächig in der Körnung und Gründigkeit; denn die durchweg steinigen oder feinbodenreichen Gneisschuttdecken werden häufig, besonders an Vollformen, geringmächtig und gehen dann in Schuttböden über.

Im oberen Flöhatal führt — meist auf einer Terrasse — die Straße von Rechenberg-Bienenmühle über Neuhausen nach Olbernhau. Auch die Eisenbahnlinie folgt von Neuhausen an dem Tal abwärts, oft von einem Ufer auf das andere pendelnd. Die Talweitungen ergeben günstige Siedlungsstandorte für Neuhausen, Niederseiffenbach, weiter unterhalb für Olbernhau mit seinen Ortsteilen und Blumenau.

Am Nordhang des Flöhatales setzen bei Rauschenbach mehrere unbenannte Erzgänge im Grauen Gneis auf. Die östlich des Hemmberges gehören der kiesigblendigen Bleierzformation an, während der Gang westlich davon der Roteisen-Baryt-Formation zuzuordnen ist. Die Gänge streichen nahezu N—S. Spuren des ohnehin unbedeutenden Bergbaus sind heute nicht mehr vorhanden.

E 6 **Rau schenbach,** Ortsteil von Cämmerswalde

Die einzelnen kleinen Häusergruppen von Rauschenbach verteilen sich auf die Flöhaaue sowie auf die beiderseitigen Hänge. Diese Exulantengründung aus dem 17. Jh., in seiner Namenbedeutung ein Ort am rauschenden Bach, ist möglicherweise in Erinnerung an ein auf böhmischer Seite gelegenes Dorf mit gleichem Namen benannt (vgl. Rauschengrund, älter Rauschengrün, Rauschenbach).

In Rauschenbach entstanden nach dem Dreißigjährigen Krieg Brettmühlen, die Rauschenbach- und die Lösermühle, um die weitere Häuser gebaut wurden. Der kleine Wohnplatz gehörte zu dem flöhaaufwärts gelegenen Neuwernsdorf und grenzt an den Einsiedler Wald, der zur Zeit der Ortsgründung zum Amt Lauterstein gekommen war. Mit Neuwernsdorf wurde Rauschenbach 1924 nach Cämmerswalde eingemeindet, so daß es 1952 bei der Verwaltungsreform zum Kreis Brand-Erbisdorf kam. Die oberhalb gelegene Talsperre (s. F 1), die hier das Landschaftsbild völlig veränderte, trägt ihren Namen nach dem Ort.

F 1 **Talsperre Rauschenbach**

Der große Wasserbedarf des Freiberger Bergbaus hatte bereits im 16. Jh. zur Anlage von Kunstgräben und Kunstteichen geführt. Nachdem die Wasserzuleitungen 1524 bis zum Großhartmannsdorfer Teich ausgedehnt waren, durchteufte man in der Folgezeit auch die Mulde-Flöha-Wasserscheide. 1728 entstand der Obersaidaer, 1787—1790 der Dörnthaler und 1824/25 der Dittmannsdorfer Kunstteich. Von wenig oberhalb der heutigen Talsperrenmauer wurde schließlich 1882 auch Flöhawasser (s. D 1) nach Freiberg abgeleitet. Kunstgrabenabschnitte des Revierlaufstückes Rauschenbach—Dittmannsdorf begegnen uns im untersten Ortsteil von Cämmerswalde, in der Quellmulde westlich des Pfaffenholzes und im Mörtelbachtal. Das gesamte Laufsystem umfaßte damit 54 km oberirdische Gräben und 24 km Stollen, sogenannte Röschen.

Zu den Wasserbaumaßnahmen der DDR gehört die Talsperre Rauschenbach (Bild 19). Nachdem schon seit den fünfziger Jahren Erkundungen vorgenommen worden waren, begann die Einrichtung der Baustelle 1961. Ein alter Steinbruch im Tal des Rauschenflusses wurde für den Abbau von 170000 m^3 Gneis in zwei übereinanderliegenden, je 30 m hohen Abbauwänden erschlossen. In Neuhausen entstanden oberhalb des Bahnhofs Entladeanlagen. Hoch am Hang des Dürren Berges wurden die Betonmischanlage, der Kabelkran, Werkstätten und Lagermöglichkeiten für Baustoffe errichtet. F 1
Die Gründungstiefe der Staumauer-Baugrube betrug ungefähr 8 m. Eine Zementinjektion, die bis in eine Tiefe von 20 m in das anstehende Gestein gepreßt wurde, verdichtete den Untergrund. Trotz Hochwasserschäden im Mai 1965 konnten die Hauptarbeiten bis November 1966 abgeschlossen werden. Die 346 m lange und bis zu 46 m hohe geradlinige Sperrmauer schließt einen Stauraum von 15,2 Mill. m^3 Fassungsvermögen. Der Wasserkörper ist 2,5 km lang und umfaßt im hinteren Teil, wo er diagonal von einer 252 m langen geschwungenen Straßenbrücke überquert wird, randlich auch Territorium der ČSSR.
Nach Vollendung der geräte- und maschinentechnischen Ausrüstung und des Entnahmebauwerks am Kunstgraben, über den Wasser nach Freiberg und zur Saidenbachtalsperre im Karl-Marx-Städter Trinkwassersystem geleitet wird, konnte 1967 mit dem Probestau begonnen werden. Neben der Trinkwasserbereitstellung soll die Anlage dem Hochwasserschutz und der Erhöhung des Wasserstands der Flöha bei Niedrigwasser dienen.
Zu Beginn des Talsperrenbaus waren die Arbeiter, die die Baustelle einrichteten, im Saal des alten Rauschenbacher Gasthofes und später zusätzlich in einer oberhalb davon am Rauschenfluß erbauten Baracke untergebracht gewesen. Ihre Lebensbedingungen verbesserten sich grundlegend durch die Errichtung eines massiven Wohnlagers, in das die ersten Bewohner noch vor Ende 1962 einziehen konnten. Der Sozialtrakt wurde im Oktober 1963 gleichzeitig mit der Grundsteinlegung der Talsperre eingeweiht. Nach Bauabschluß konnte das Wohnlager mit einem 1966 für Heimangestellte gebauten Wohnhaus 1968 dem FDGB als Ferienheim (Bild 20) übergeben werden. Dem stattlichen fünfgeschossigen Bettenhaus mit flachem Dach und asymmetrisch angeordneten Balkonen sind eine Terrasse und nach der Sperrmauer zu ein Flachbau vorgelagert, der Wirtschaftsräume, Speisesaal und Restaurant aufnimmt. Jährlich verbringen hier etwa 8900 Bürger aus den verschiedensten Bezirken unserer Republik ihren Erholungsaufenthalt. Das Ferienheim verfügt über eine Gesamtkapazität von 337 Erwachsenen- und 80 Kinderplätzen.
Der Talsperrenbereich bietet nicht nur den Urlaubern viel Abwechslung, er wird auch als Naherholungsgebiet genutzt. Es stehen ein Waldsportpark nordwestlich der Sperrmauer, ein Flugzeug IL 14 zur Besichtigung und die Konsum-Gaststätte in Neuwernsdorf zur Verfügung.

Tiefes Tal/Rauschenfluß F 2

Bis zu 140 m tief hat sich der 5 km lange Rauschenfluß ein gefällereiches steilhängiges Kerbtal in die Kammhochfläche eingeschnitten und mit seinen beiden Nebenbächen, dem Schwarzen Fluß und dem Dürren Fluß, dieselbe in Hoch-

F 2 rücken aufgelöst (s. F 3). Wir befinden uns damit in Bereichen kräftiger rezenter Tiefenerosion. Die steilen Hänge, auf denen noch mehrere naturnahe Laubholzbestände stocken, erschweren die moderne mechanisierte Forstwirtschaft erheblich. Am höchsten Punkt der Staatsgrenze im Neuwernsdorfer Forst finden wir 850 m ü. NN die Quellen des Rauschenflusses. Durch das Tiefe Tal führt der Schwarze Flußweg, von dem im unteren Talabschnitt der Rauschenflußweg abzweigt. Im Auslauf des Tiefen Tales überwindet die Straße nach Neuwernsdorf durch eine steile Schleife die Stauhöhe der Rauschenbachtalsperre.

F 3 Kohlberg

Zwischen den hohen und steilen Talhängen des Rauschenflusses und des Schwarzen Flusses befindet sich im Neuwernsdorfer Rückengebiet der Kohlberg (837 m), die höchste Einzelerhebung des in diesem Band dargestellten Gebietes. Die bewaldete Anhöhe bietet nur von Jungholzlichtungen Ausblicke und hat südostwärts über eine flache Einsattelung Anschluß zur Kammhochfläche im Gebiet der ČSSR, welche auf DDR-Territorium von den Kerbtälern des Wernsbaches und des Frauenbaches tief aufgeschnitten und in zerdellte Hochrücken aufgelöst ist. Als erniedrigter westlicher Auslieger dieser Kleinlandschaft gilt der gerodete Schwartenberg (s. L 1). Das durchweg bewaldete Hochlagengebiet befindet sich bereits im lokalen Luvbereich des ostwärts angrenzenden oberen Osterzgebirges und erhält mit fast 1000 mm Niederschlag/Jahr (Abb. 2) die höchsten Niederschläge der Olbernhauer Umgebung. Wegen der Hängigkeit ist die mechanisierte Holznutzung stark beeinträchtigt. Hingegen sind die Potenzen des abgeschiedenen, stillen und hochwildreichen Waldgebietes mit seinen wasserreichen Wildbächen für die aktive Erholung trotz der vielen benachbarten Ferienheime noch längst nicht ausgelastet.
Der Kohlberg gehört zum Revier Rauschenbach. In diesem Gebiet war Köhlerei in früheren Jahrhunderten sehr verbreitet, wie Reste alter Kohlstätten (s. Seite 25) und der Name selbst aussagen. Noch um 1800 war fast das gesamte Gebiet des Kohlberges alten Forstkarten zufolge mit Buche bestockt. Durch die später einsetzende Kahlschlagwirtschaft wurden viele Buchenbestände im damaligen Deutscheinsiedler Revier durch die „rentablere“ Fichte ersetzt. So trägt der Kohlberg heute Fichtenbestände verschiedenen Alters. In den unteren Lagen des Rauschenflußtales stocken Fichten-Buchen-Mischbestände und reine Buchenbestände.

F 4 Göhrener Straße

Die Verlängerung der Dorfstraße von Neuwernsdorf führt gebirgswärts in den Einsiedler Wald. Über Zigeuner-, Münzel- und Badweg setzt sie sich stetig in einer Höhenlage um 800 m bis nach Bad Einsiedel fort. Hier verlief eine alte Verbindung von Freiberg nach dem heutigen Horní Litvínov (Oberleutensdorf). Göhren, das jetzt Klíny heißt, war der nächste Ort jenseits der Grenze. Heute besitzt die Straße nur noch forstwirtschaftliche Bedeutung.

Wernsbach F 5

Die obersten Quellarme des Wernsbaches befinden sich 790 m ü. NN an der Staatsgrenze sowie in der angrenzenden ČSSR. Das 5 km lange Grenzgewässer des Wernsbaches hat sich wie der Rauschenfluß ein Kerbtal steilhängig und bis zu 140 m tief in die Kammhochfläche eingeschnitten, die auf dem Territorium der ČSSR noch in Resten erhalten ist. Deshalb steigen die linken Talhänge auch nicht ganz so hoch an wie die rechten. Erst im untersten Talstück, nach der Einmündung des Welzbaches, besteht eine schmale Talsohle. Hier geht der westliche Wernsbachhang in den Gleithang des Flöhatales über. Dieses weniger stark geneigte Gelände bot Raum für die Anlage von Neuwernsdorf (s. F 6).

Neuwernsdorf, Ortsteil von Cämmerswalde F 6

Dort, wo über dem oberen Teil der Rauschenbachtalsperre die Straßenbrücke über den Stausee führt, zieht sich an der linken Talseite Neuwernsdorf den Hang hinauf, dabei der Göhrener Straße (s. F 4) folgend (Abb. 18). Ein kleinerer Teil dieses Ortsteiles breitet sich in einem schmalen Seitentälchen der Flöha aus, wo sich jetzt auch der Standort des einzigen größeren Neuwernsdorfer Betriebes, des VEB Stuhlfabrik Neuwernsdorf, befindet.

Neuwernsdorf, eine Exulantengründung des 17. Jh. (= Dorf eines Wern[h]er), wurde vielleicht in Erinnerung an das auf böhmischer Seite gelegene Wernsdorf benannt, das heute Verneřice heißt. Diese 1282 *Wernhersdorf* genannte Siedlung liegt 4 km nördlich von Duchcov (Dux).

In der Zeit nach der Gründung erhielten sich die Bewohner von mannigfaltigen Arbeiten, denn die kleinen Streifen und Parzellen, die aus dem Wald gehauen wurden, konnten bei dem rauhen Klima bestenfalls die Grundlage für eine bescheidene Viehzucht bilden. Nach SCHUMANN (1820) wurden neben Waldarbeit und Holzhandel Holzwarenerzeugung, Spinnen, Pilz- und Zündschwammsammeln und „einiger Paschhandel" betrieben.

Der Bau der Talsperre Rauschenbach brachte für Neuwernsdorf beträchtliche Veränderungen mit sich. Sein unterer Teil einschließlich der Talstraße nach Rauschenbach wurde überflutet. Der alte Gasthof, über dem das Wasser jetzt bei Vollstau 15 m hoch steht, eine Stuhl-, eine Pappen- und eine Holzwarenfabrik, die an der Flöha und vornehmlich am Wernsbach gelegen hatten, mußten aufgegeben werden. Dafür schmiegt sich die neue Straße längs der Talsperre an den Hang des Dürren Berges und führt über die geschwungene neue Spannbetonbrücke weiter nach Deutschgeorgenthal. Die moderne Gaststätte bietet einen schönen Ausblick über den Stausee. Erhalten geblieben sind vor allem die kleinen Häuser, die an der steil aufsteigenden Dorfstraße liegen. Darunter befindet sich die ehemalige Schule von 1841, ein sich reizvoll in das Landschaftsbild einfügender verschindelter Fachwerkbau mit Dachreiter. Jetzt werden die Schüler in Cämmerswalde, wohin Neuwernsdorf seit 1924 eingemeindet ist, in der 9. und 10. Klasse in Neuhausen unterrichtet.

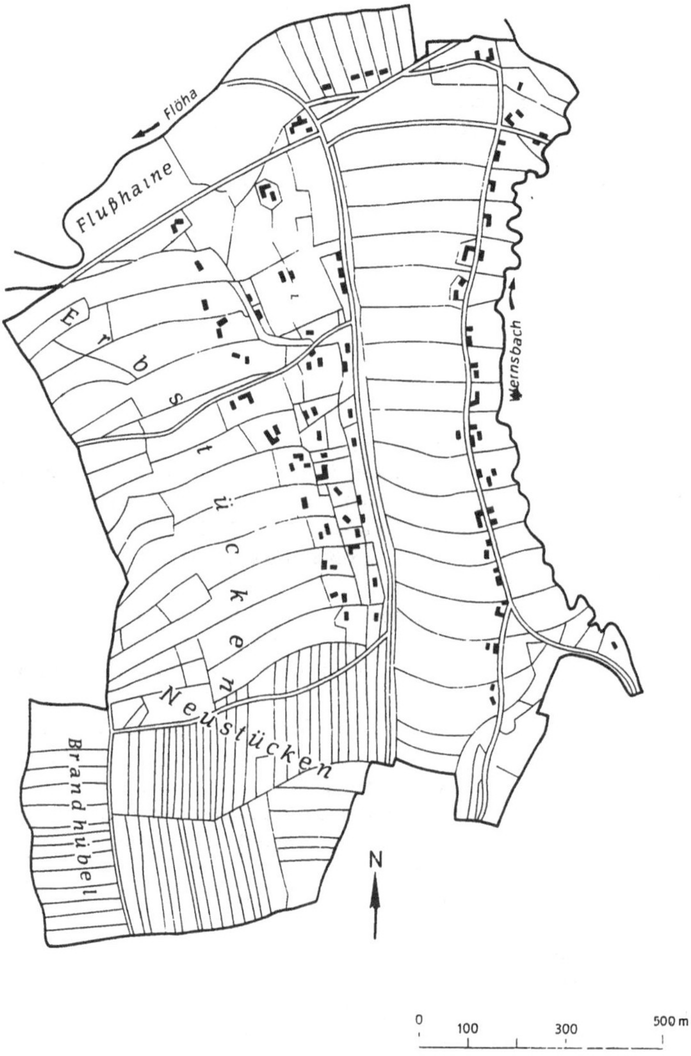

Abb. 18. Flur Neuwernsdorf um 1835 (nach LANGER 1931)

G 1 Knesenbach

Der Knesenbach (um 1800 *die knese*, zu altsorbisch *kněź* = Fürst, Herr, also etwa Herrenbach) entwässert das in großen Teilen gerodete Zöblitz—Ansprunger Rückengebiet. Hier finden wir am obersten Ortsende von Ansprung 670 m ü. NN in zwei vernäßten und zum Teil vermoorten Mulden die obersten Quellarme,

denen außerdem ein künstlicher Zufluß, der beim Kohlenmeiler vom Rungstockbach abzweigt, Wasser zuführt. G 1

Bei Zöblitz wird das 6 km lange und zunächst muldenförmige Bachtal steilhängig und geht in ein bewaldetes tiefes Kerbsohlental mit schmaler Wiesenaue über. Dieser Unterlauf des Knesenbaches ist schon Bestandteil des Unteren Pockautal-Gebietes, das bis Pobershau und zur Schwarzbeerschenke reicht, eine 120—140 m eingetiefte, teils gewundene und stark bewaldete Kerbsohlentallandschaft. Die Täler der Schwarzen Pockau und des zufließenden Schlettenbaches dienen den wichtigen Trassen von Bahn und Straße nach Marienberg. Geringmächtige Gneisschuttdecken bestimmen mit ihren stark steinigen Böden die konvexen Oberhänge, die Hangsporne und von Klippen durchsetzten Prallhänge. Auf den Gleit- und Übergangshängen sind die vorherrschenden Braunerden hingegen tiefgründiger und reicher an Feinboden.

Thesenwald G 2

Zwischen Grundau und dem oberen Ortsende von Sorgau blieb der Westhang der Olbernhauer Talwanne nur im reichlich 3,5 km² großen Thesenwald von der Rodung ausgenommen. Die höchsten Teile des bis 710 m ü. NN — durch einen großen hölzernen trigonometrischen Punkt gekennzeichneten — ansteigenden Thesenwaldes greifen auf das Ansprunger Rückengebiet (s. G 9) über. Zur Bedeutung des Namens gibt es verschiedene Auslegungen; am wahrscheinlichsten dürfte die Ableitung von einem deutschen Personennamen sein, der aus Matthäus verkürzt ist.

In geologischer Hinsicht wird das Gebiet des Thesenwaldes von Muskowitgneisen eingenommen, die zu den Rotgneisen gehören und vor ihrer Metamorphose am Ende des Präkambriums als Schmelzen granitischer oder granodioritischer Zusammensetzung in die älteren Sedimente eindrangen und erstarrten. Während des Tertiärs durchbrachen basaltische Schmelzen an zwei Stellen (östlich der Abteilungen 74 und 75) die Gneise; das Aufdringen war durch Störungslinien begünstigt. In einem Falle erwies sich das Gestein als Nephelinit (ohne Olivin), im anderen als Nephelinbasalt (mit Olivin). Die beiden Vorkommen mit ihrer säuligen Absonderung baute man in der ersten Hälfte unseres Jahrhunderts in zwei Steinbrüchen ab und nutzte das Gesteinsmaterial zu Schotterzwecken. Diese Basalte zeichneten sich durch das Auftreten großer Augitfrühausscheidungen aus; der Nephelinit des oberen Steinbruches wies in gneisnahen Partien mit Zeolithmineralien — wasserhaltigen Silikaten von Natrium, Kalzium bzw. Aluminium — erfüllte Hohlräume auf.

Der Thesenwald besteht aus gutwüchsigen, wertvollen Beständen von Fichte (83% der Fläche) und Buche (12%), die rein oder in Mischung vorkommen. Bergahorn, Esche, Eiche, Tanne und Lärche nehmen außerdem etwa 5% der Fläche ein. Diese Bestockung ist vornehmlich aus der als „Zöblitzer Wirtschaftsverfahren" bekannten Versuchswirtschaft entstanden. Als Teil des ehemaligen Forstamtsbereiches Zöblitz wurde der Thesenwald durch Forstmeister Dr. hc. Graser von 1918 bis 1932 nach seinem in einem dreibändigen Werk niedergeschriebenen Waldbauverfahren bewirtschaftet. Sein Ziel war der Aufbau eines

G 2 ungleichaltrigen, leistungsstarken Mischwaldes, wie ihn das Erzgebirge in früheren Jahrhunderten trug. Das Verfahren zielte darauf ab, durch waldbauliche Maßnahmen die Waldbestände gegen Sturmschäden zu sichern. Die Erhaltung und Verbesserung der Produktivkraft des Bodens sollte durch die Mischung verschiedener Baumarten erreicht werden, so der flachwurzelnden Fichte, der tiefwurzelnden Tanne und der Buche. Die natürliche Verjüngung der Bestände war eine weitere Aufgabe. Diese Arbeiten wurden im Niederen Thesenwald auf 122 ha Fläche durch die Tharandter Sektion Forstwirtschaft der TU Dresden weiter betrieben.

Die zunehmende Luftverunreinigung zeigt auch am Thesenwald ihre Auswirkungen. Mit dem Verschwinden der Tanne, dem Ausbleiben von Samen- und Mastjahren an Fichte und Buche ist die Fortführung des Zöblitzer Wirtschaftsverfahrens in Frage gestellt. Der Thesenwald wird aber erhalten bleiben und nach den „Grundsätzen zur Bewirtschaftung des Waldfonds der DDR" weiter behandelt.

G 3 **Zöblitz,** Kreis Marienberg

G3.1 Gründung und erste Entwicklung

Zöblitz ist vorwiegend in einer breiten Hangmulde angelegt, die, nördlich von Ansprung beginnend und sich nach W immer mehr zum Wildbachtal verengend, bis hinab zur Schwarzen Pockau zieht. Der größte Teil der Stadt (Bild 9) liegt auf dem südlichen Hang. Hier wurden auch Neubauten mit 126 Wohnungseinheiten errichtet. Die durchführende Straße Olbernhau—Marienberg hat auf ihrem 2,5 km langen Weg von der Kreisstraßenmeisterei bis zur Kniebreche im Tal der Schwarzen Pockau einen Höhenunterschied von 100 m zu überwinden. In diesem außerhalb des Stadtgebietes liegenden Bereich befindet sich seit 1875 der Bahnhof von Zöblitz an der Eisenbahnlinie Marienberg—Pockau-Lengefeld.

Die Stadt entwickelte sich anfangs an dem Alten Böhmischen Steig auf der Linie Chemnitz—Zschopau—Zöblitz—Rübenau—Prag, dessen Verlauf in Zöblitz heute durch Schloßbergstraße—Markt—Wilhelm-Pieck-Straße markiert wird, von einem Waldhufendorf über einen Ort mit nichtagrarischer Produktion für den Nahmarktbedarf zu einer Kleinstadt der Herrschaft Lauterstein; 1323 wurde sie erstmalig urkundlich das „stetechen *Zcobelin* mit dem zcolle" (namenkundlich = Ort eines kleinen Zobel, Personenname nach dem Pelztier) erwähnt. Möglicherweise hat sich die Zollstätte vor der ehemaligen Burg Nidberg (s. Bd. 41, D 5) befunden, wo die Reste doppelter Erdgräben und -wälle die Vermutung nahelegen, daß diese ein Areal einschlossen, durch das der Böhmische Steig hindurchführte. Darin stand auch ein quadratischer Turm von etwa 6 m × 6 m Außenmaß und bis zu 2 m dicken Mauern. Der Turmstumpf ist jetzt von einer Feldscheune überbaut.

Die kleine Stadt, die von der herrschaftlichen Burg Niederlauterstein immerhin über 2 km entfernt lag, wurde 1361 als oppidum *Luterstein* erwähnt. Aus einem Bericht im Landsteuerbuch geht hervor, daß hier in der zweiten Hälfte des 15. Jh. lediglich 18 Häuser standen und daß das Land nicht verhuft war. Es

wurden einzelne Haine und Äcker bewirtschaftet, und die „Leute nährten sich des Waldes". G3.1

Die Überlieferung von einer Zollstätte berechtigt dazu, einen, wenn auch nicht sonderlich umfangreichen Verkehr mit Trägern, Karren, Tragtieren und Wagen anzunehmen. Er dürfte auf dem Markt, zu dem sich die Straße keilförmig erweitert hatte, einen Rastplatz gefunden haben. Das nie befestigte Zöblitz vergrößerte sich im 16. Jh. (Abb. 19) schnell; im Nordosten der durchgehenden Straße entstand ein neuer, regelmäßig angelegter Ortsteil. Das war jedoch nicht dem Verkehr zu verdanken, erst recht nicht der Landwirtschaft, obwohl inzwischen eine Vermessung und Aufteilung des Landes nach Hufen erfolgt war. Vielmehr bildete sich in Verbindung mit Serpentinsteingewinnung ein neues, für Zöblitz eigentümliches Gewerbe heraus.

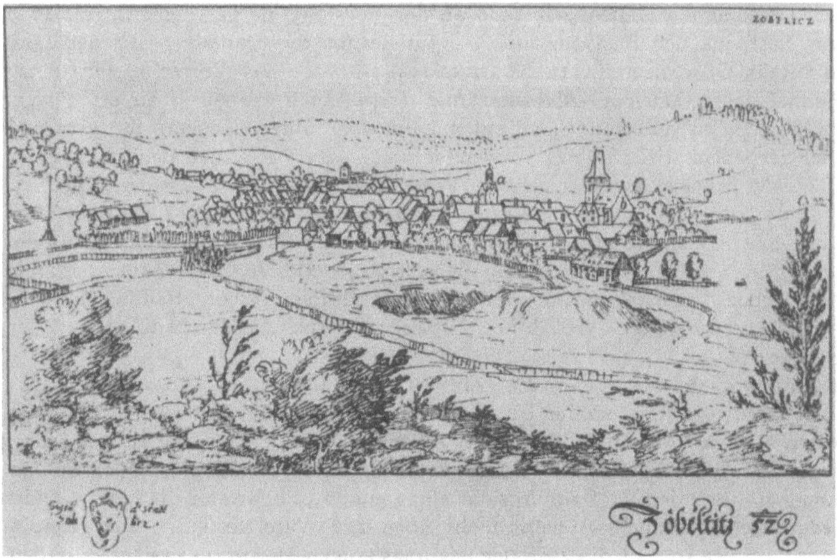

Abb. 19. Ansicht von Zöblitz um 1630 (aus Dilichs Federzeichnungen von erzgebirgischen und vogtländischen Städten. Schwarzenberg 1928)

Zöblitzer Serpentinsteinverarbeitung (s. G 4) G3.2

Die am Ausgang des 15. Jh. geglückte Entdeckung, daß Zöblitzer Serpentin mit dem Schnitzmesser oder auf der Drechselbank bearbeitet werden kann, hat zu mancher Sage Anlaß gegeben. Daß ein Hirtenjunge der erste Entdecker war, ist nicht unglaubwürdig, aber durch nichts erwiesen. Eine erste Übersicht über das Angebot an Serpentinsteinartikeln gab schon 1546 Georgius Agricola, der das lokale Vorkommen dieser Gesteinsart erörterte und, wie es seine weitschauende Art war, auch kommerzielle und historische Angaben dazu machte. Ein erweitertes Sortiment führte dann 1590 die „Meißnische Bergk Chronica"

G3.2 von PETRUS ALBINUS auf. Man machte daraus Löffel, Trinkgeschirr, Schüsseln oder Schalen, Salzfäßchen, Tafeln, Wärmsteine, Säulen zur Verzierung von Wohnungen, Kirchen und Grabstellen.

Dieses Zeugnis ist insofern wichtig, als es das noch uneingeschränkte Sortiment aufzählt, das dann seit 1665 auf kleinformatige Artikel reduziert wurde, nachdem der Hof in Dresden alle größeren Stücke für sich beansprucht hatte. Dem Bericht von 1590 ist auch zu entnehmen, daß lebhafte Nachfrage nach Serpentinsteinwaren aller Art herrschte. Die sonst erhaltenen Akten bezeugen dies ebenfalls an konkreten Beispielen. Auch die vielgenannte Ordnung der „Serpenthin Drechßlere ins Stättlein Zöblitz angeordnet und uffgericht am 4. May 1613" weist in die gleiche Richtung, obwohl nicht zu verkennen ist, daß Auftragsmangel befürchtet wird (WILSDORF 1981).

In größerem Umfang verwendete man Serpentin seit 1586 in den Gebäuden des Dresdner Stallhofes, seit 1588 an der Fürstengruft in Freiberg, seit 1617 am Lusthaus der Residenz auf der Jungfernbastei. Damals besaß der Hofarchitekt GIOVANNI MARIA NOSSENI (1544—1620) das Vorrecht, für seinen Bedarf neben Marmor, Alabaster und Jaspis auch Serpentin zu erschürfen, zu brechen, zu verarbeiten und außer Landes zu führen. NOSSENI hat gern und viel Serpentin wirkungsvoll verwendet und hatte vor allem Bedarf an großflächigen Stücken, wenn auch kein Vorrecht darauf. Ein solches beanspruchte erst der Kurfürst und setzte etwa seit 1620 oder bald darauf die entschädigungslose Ablieferung für große Blöcke und selbst für flache Tafeln von mehr als 45 cm × 45 cm × 8 cm durch, die erst 1836 erlosch. Dazu kam obendrein das Verbot, den seltenen roten und den nicht häufigen gelben Stein für Handelsartikel zu verwenden — der Hof behielt sich Anspruch auf alle daraus gefertigten Stücke vor.

Damit war die mittelbare Einrichtung einer indirekten „Hof-Manufaktur" angebahnt, die 1624 bei der Berufung eines Serpentinsteinaufsehers gleichfalls, wenn auch wieder nur indirekt zum Ausdruck kommt; sein Nachfolger erhielt sogar den Titel kurfürstlicher Inspektor. Er hatte die Pflicht, jedes wohlgelungene Stück dem Hof zur Ansicht einzusenden; die Meister durften — wider jeden Innungsbrauch — nicht mehr über ihre Ware verfügen. Der Dreißigjährige Krieg scheint die Zahl der leistungsfähigen Meister dezimiert zu haben, so daß selbst der Hof Mangel an Dosen, Vasen, Leuchtern zu Geschenkzwecken hatte. 1661 waren aber wieder 15 Meister tätig. Materialknappheit veranlaßte sie, unter Umgehung des (Marienberger) Bergamtes untereinander die Einhaltung bergrechtlicher Grundsätze in Zöblitz und Ansprung zu vereinbaren. Jeder Meister sollte die Stelle, an der er im Verlauf des Jahres seinen Bedarf zu decken hoffte, „muten" durch die im Bergbau übliche Einlegung eines Mutzettels bei dem Inspektor; der Finder eines neuen Vorkommens sollte — wie der Fundgrübner im Bergbau — ein Vorrecht haben.

Der von den Meistern erhoffte Aufschwung setzte aber nicht ein, vielmehr machen die 1665 vom Kurfürsten bestätigten Innungsartikel offenkundig, in welch mißlicher Lage sich viele Meister befanden: Sie hatten Absatzsorgen durch die Konkurrenz gelernter Serpentinsteindrechsler, die außerhalb der Innung blieben. Auch wurde die vom Inspektor zum Angebot in Dresden ausgesuchte Ware sehr verzögert bezahlt oder kam gar abgewiesen zurück, und

andere Mißstände traten auf. Schließlich waren die Meister auf Verlangen des Hofes verpflichtet, jederzeit in den Brüchen von Zöblitz und Ansprung — gegen geringe Bezahlung — zu arbeiten. Unter diesen Umständen ist es nicht verwunderlich, daß ein Inspektor dem Kurfürsten die Errichtung einer Faktorei vorschlug. Dadurch wären Produktion und Vertrieb aus der Hand der Meister zentralisiert unter die Direktion des beamteten Inspektors gekommen. Das hätte den Schritt zur sogenannten getrennten Manufaktur unter Staatsregie bedeutet, jedoch drang bei den leeren Staatskassen dieser Vorschlag nicht durch. G3.2

Um 1675 kam jedoch den bedrängten Meistern eine neue Konjunktur zustatten. Der damals jäh ansteigende Verbrauch von Kaffee, Tee, Tabak, Kakao veranlaßte die Ausgestaltung von Tassen (oft mit Deckel), Tellern, Kannen und Kännchen samt Zuckerbüchsen, Vorratsdosen, Tabatieren, Aschenbechern, Leuchtern, Tabletts und Serviertischchen. Diese tiefgreifende Erweiterung des Sortiments für bislang nicht aufgetretene Absatzmöglichkeiten fand ihren Niederschlag in einer 1694 festgelegten Preisliste. Es ist erfreulich zu ersehen, daß Zöblitz die Möglichkeiten einer starken Geschäftsbelebung ganz richtig erkannte; die Waren mußten freilich sehr billig angeboten werden, obwohl Meißner Porzellan noch nicht konkurrierte. Die Innung brachte die Entschlußkraft auf, ein gemeinsames Warenangebot nach gemeinsam beschlossener Preisliste für den Fernhandel aufzustellen. Sie trug damit einer notwendigen Rationalisierung Rechnung, denn das Messegeschäft konnte nicht mehr von jedem Meister persönlich in Leipzig, Frankfurt a. M., Breslau und anderwärts wahrgenommen werden — andererseits wollten die Meister daheim nicht völlig der Händlerwillkür ausgeliefert sein. Eine Preisregelung unter Berufskollegen im Rahmen einer Innung ist freilich noch lange nicht gleichbedeutend mit einer Vereinigung von Produzenten zur Konstituierung einer getrennten Manufaktur. Aber der damalige Schritt macht doch deutlich, daß der die Innungsform wahrende Zusammenschluß hier eine neue Zielstellung erfuhr: Die gemeinsame Preisliste deutet an, daß die Waren in Zöblitz zu haben waren — sicher nicht bei jedem Drechsler, sondern eben nur im wirklich vielseitigen Gesamtangebot aller Meister.

1740 ging nach Zöblitz ein Großauftrag auf 536 Geländersäulen für die Emporen der neuen katholischen Hofkirche in Dresden — freilich kam es darüber zu Konflikten zwischem dem damaligen sehr tüchtigen Serpentinstein-Inspektor und einigen weniger leistungsfähigen Meistern. Der Inspektor erkannte aber die Notwendigkeit, schnell und gut zu liefern, er ließ Bergleute kommen, um die Brucharbeiten zu verbessern, er setzte die Gleichstellung der Serpentinsteindrechsler mit den Bergleuten hinsichtlich der Befreiung vom Militärdienst und von der Akzise durch. Es kam auch bald eine Nachbestellung auf 72 große Säulen und viel „plane Ware", Geländerplatten, Fußbodentafeln, Simse. Der Chronist von Zöblitz, Magister STEINBACH, schloß 1750 das Kapitel ‚Von dem Serpentin Stein' mit dem Wunsch: „Der Höchste lasse diese schöne Manufactur nebst dem gantzen Städtgen ... grünen und blühen."

Offensichtlich ist damals ein Höhepunkt erreicht gewesen. STEINBACH verdanken wir eine Übersicht über das z. T. ja auch für den Laborbedarf der Apotheker wichtige Warenangebot: Balsam-Büchsgen, Reib- und andere Schalen, Mörser,

G3.2 Thee- und Coffee-Zeug (mit Tellern), Becher, allerhand Schreibzeug, Schwammbuchsgen (für Feuerschwamm), Leuchten, Lichtputzen, Tabaksköpfe, Dosen, Schmuck-Kästgen, Flaut-doucen (Kleinflöten in Blockflötenbauart und Diskantstimmung), andere Flöten, Spieltische, Nachttische und andere künstliche Sachen mehr. Man sieht, noch war Serpentin in Mode, noch trat Porzellan zurück, noch hatte Zöblitz das Monopol darauf. Der Chronist STEINBACH berichtet mit Heimatstolz, daß die Händler bis London mit dem Warenangebot reisten. Bald aber kam der die Luxusindustrie vernichtende Siebenjährige Krieg — 1763 lagen das Gewerbe und damit das fast ausschließlich davon lebende Städtchen darnieder, und der Neuaufbau wollte nicht wieder gelingen.

Nachdem der Marienberger Bergmeister F. W. H. VON TREBRA in seiner Bergstadt den Aufstieg erfolgreich eingeleitet hatte (s. Bd. 41, G 6.1), wandte er seine Aufmerksamkeit dem benachbarten Zöblitz zu. Er gründete 1772 mit viel Hoffnungen und nicht unerheblichem Kapital eine „Compagnie" zur „fabriquemäßigen Bearbeitung des Zöblitzer Ophits" (Schlangenstein = Serpentin) mit einem ständigen Handelskontor in Leipzig. Es wurde auch gute Ware angeliefert, aber die Mode war vorbei, sie bevorzugte nun Porzellan. Das reichhaltige Angebot erwies sich zu aller Schrecken als unverkäuflich, die Compagnie mußte sich nach großen Verlusten schon 1774 auflösen.

Die Folgezeit hat nur noch einen stark reduzierten, rein handwerksmäßigen Betrieb hervorgebracht — Zöblitz verlor das Monopol durch Verarbeitung der salzburgischen, graubündischen, schwedischen und piemontesischen Serpentine. Gewiß kamen als neuer, vielgefragter Artikel um 1820 Serpentin-Schachfiguren auf, aber die anderen Erzeugnisse wirkten unmodern. Die Aufhebung der Zwangsablieferung größerer Stücke 1836 belebte etwas das Grabsteingeschäft, half aber ebensowenig wie die Bemühungen, den Bruchbetrieb zu verbessern und durch die Einrichtung einer Zeichenschule die Lehrlinge, Gesellen und Meister zu qualifizieren. Der Absatz nach Übersee war bis 1870 der Lebensfaden der verarmten Meister; dann kam mit der Belebung des Vereinswesens und mit dem Aufkommen von Preisverteilungen in den landwirtschaftlichen und gewerblichen Zusammenschlüssen für die beim Handwerk verbliebenen Meister eine günstigere Zeit. Auch hat die Elektrifizierung um 1882 noch einmal einen Großauftrag auf viele Tausend Isolatoren nach Zöblitz gebracht, doch übernahm dann die keramische Industrie diesen Artikel durch leicht mögliche Preisunterbietung. Zöblitz mußte sich auf andere Gewerbe umstellen, doch erloschen Gewinnung und Bearbeitung des Serpentins nie — heute werden sie, stark modernisiert, im Rahmen des VEB Elbenaturstein Dresden betrieben. So gelang es der sozialistischen Wirtschaft, zur Konzentration der Produktion zu kommen, die in den Jahren um 1860 mißlungen war.

G3.3 Die Stadt bis zur Gegenwart

Wenn auch die Gewinnung und Verarbeitung von Serpentinstein über Jahrhunderte hinweg die ökonomische Entwicklung von Zöblitz einseitig bestimmte, so darf doch die Bedeutung der Landwirtschaft nicht unterschätzt werden. Sicher hat das Zusammenleben mit den Serpentinarbeitern einen Einfluß auf

Haltung und Leben der Zöblitzer Bauern gehabt. Ob das von Bedeutung für ein Ereignis vom Januar 1526, als der deutsche Bauernkrieg im Abklingen war, gewesen ist, läßt sich schwer einschätzen. Damals wollten Bauern von Zöblitz nach Niederlauterstein ziehen, um sich Waffen zu verschaffen und einige Forderungen zu stellen. Sie ließen sich jedoch durch den zufällig anwesenden Olbernhauer Lehnrichter schnell beschwichtigen und verzichteten auf ihr Vorhaben. G3.3

Welche Bedeutung die Zöblitzer Bürger ihrem Braurecht beimaßen, zeigt die Konsequenz, mit der sie gegen jeden Versuch vorgingen, sich dem Bierzwang, dem die umliegenden Dörfer nach Zöblitz hin unterworfen waren, zu entziehen. Sie legten Beschwerde ein, prozessierten, und wenn das nicht von Erfolg war, gebrauchten sie auch Gewalt, wie 1595, als sie nach Rübenau zogen, um das dortige Brauhaus zu vernichten.

Auch verschiedene städtische Handwerke waren in Zöblitz vertreten. Zum Beispiel gab es eine Weberzunft; in einer Siebenzunft schlossen sich Handwerker verschiedener Berufe zusammen. Mit der industriellen Entwicklung im 19. Jh. begann die Herstellung von Holz- und Blechspielwaren. Nach dem ersten Weltkrieg kam mit einem Betrieb der Zschopauer DKW-Werke, dem jetzigen Armaturenwerk, ein Zweig der Metallbearbeitung in die Stadt.

Das Stadtbild von Zöblitz wurde in der Vergangenheit mehrfach durch große Stadtbrände — letztmalig im Jahre 1854 — verändert, was auch in der verhältnismäßig einheitlich erhaltenen Bebauung mit der für die Mitte des 19. Jh. typischen waagerechten Verdachung über den Hauseingängen — besonders an der Hauptstraße des Ortes, der Wilhelm-Pieck-Straße, zum Ausdruck kommt. Einen recht geschlossenen Eindruck vermittelt die regelmäßige Anlage des am Hang gelegenen Steinarbeiterviertels mit seinen niedrigen Häusern.

Die denkmalgeschützte Kirche, ein großer rechteckiger Saalbau mit flacher Decke und umlaufender Empore, wurde 1728/29 von Johann Christian Simon aus Dresden errichtet. Der östliche, im Unterteil querrechteckige Turm entstand über den Mauerresten des Vorgängerbaues. Die kunsthistorische Bedeutung der Kirche liegt in ihrer aus der Mitte des 18. Jh. stammenden Ausstattung, die wertvolle Arbeiten aus heimischem Serpentin enthält (Bild 10): zwei Säulen am reich verzierten barocken Kanzelaltar, die beiden Altarschranken, die Balusterbrüstung der Orgelempore sowie den älteren Taufstein (von 1616), der aus einem 30 Zentner schweren Serpentinblock gearbeitet wurde. Bemerkenswerte Zinnarbeiten sind die beiden Bergmannsleuchter aus dem Jahre 1672 und das Taufbecken von 1614. Die zweimanualige Orgel schuf der berühmte Orgelbaumeister Gottfried Silbermann 1738/42. Schulunterricht ist in Zöblitz seit dem 16. Jh. bezeugt. In der Eingangshalle der neuen Oberschule César Sandino befindet sich eine schöne Kupfertreibearbeit.

Schon vor dem ersten Weltkrieg war die sozialdemokratische Bewegung in Zöblitz hervorgetreten. Im Zusammenhang mit dem Straßenbau im Flöhatal (s. A 1) kam es zur Gründung einer Ortsgruppe der KPD mit 40 Mitgliedern, die eine führende Rolle in den verschiedenen Arbeitervereinen errang, auch in dem Athletenklub, in dessen Tradition der heutige Ringersport steht. 1926 entstand eine Gruppe des Rotfrontkämpferbundes, die als erste und stärkste der Umgebung und durch ihre Schalmeienkapelle eine besondere Bedeutung

G3.3 erlangte. Seit 1926 besitzt Zöblitz auch ein Schwimmbad in der Nähe der Steinbrüche.
Serpentinsteingewinnung und -verarbeitung sind in Zöblitz heute nicht mehr die dominierenden Erwerbszweige. Kennzeichnend für die Industrie in Zöblitz ist vielmehr die Metallverarbeitung, vor allem im VEB Armaturenwerk Zöblitz. Dieser Betrieb mit seinen weit über 400 Beschäftigten bildet einen wertvollen Zulieferbetrieb für den allgemeinen Anlagenbau, für den Chemieanlagenbau, für Kraftwerksausrüstungen und andere Industriezweige der DDR. Die Zöblitzer Armaturenwerker fertigen standardisierte Typen, wie Drossel-, Meß- und Sicherheitsventile. Für ihre zuverlässige Qualitätsarbeit wurden sie 1977 mit dem Titel „Betrieb der ausgezeichneten Qualität" geehrt. Ein größerer Teil der Werktätigen dieses Betriebes pendelt aus Olbernhau und aus dem Raum Rübenau—Kühnhaide nach Zöblitz ein. Weitere, aber kleinere Betriebe fertigen elektrische Herde und Waschmaschinen als Kinderspielzeug, Lederbekleidung sowie Raum- und Tafelschmuck.
Die landwirtschaftlichen Nutzflächen um Zöblitz bewirtschaftet die LPG (P) in Ansprung (s. G 10), während einen größeren Rinderstall im Südwesten der Stadt — in der Nähe des Schützenhauses — die LPG (T) Ansprung unterhält.
1978 eröffnete im alten Gerichtsgebäude am Markt eine Heimatschau ihre Pforten, die die Geschichte von Zöblitz darstellt und einen Überblick über verschiedene heimische Erzeugnisse gibt. An der Straße nach Sorgau hat die Jugendherberge Georg Blenkle ihren Standort.

G 4 Zöblitzer Serpentinsteinbrüche

Die Verbindungsstraße von Zöblitz zum unteren Ortsende von Ansprung führt unmittelbar am Ausbiß des Serpentinits entlang. Bemerkenswert für die Höhenlage ist östlich des großen Steinbruches ein Kiefernaltholzbestand mäßiger Bonität, der die Austrocknungstendenz des nährstoffreichen Gesteins belegt. Das Steinbruchgelände (Bild 11) setzt sich ostwärts des oberen Knesenbaches noch etwa 800 m fort. Die südlich an den Serpentinitzug angrenzende vernäßte Quellmulde wurde in jüngster Zeit melioriert und bildet nunmehr mit den umgebenden Flächen einen großen Ackerschlag.
Die im Muskowitgneis bis zu 20 m mächtigen linsenförmigen Vorkommen von Serpentinit werden schon seit Ende des 15. Jh. gewonnen (s. G 3.2). Das heutige Bruchgelände erstreckt sich über eine Länge von fast 3 km östlich von Zöblitz und nördlich von Ansprung. Serpentinite sind meist grüne Gesteine, die im wesentlichen aus Serpentinmineralen (Magnesiumsilikaten) bestehen. In einem tektonischen Querelement des Erzgebirges, der Flöha-Synklinale (s. Seite 1), war es zu Einmuldungen der metamorphen Gesteinsserien und bis in Tiefen von 30—40 km, also durch die Erdkruste bis in den Erdmantel, zu Brüchen gekommen, an denen seit dem späten Präkambrium Schmelzen peridotitischer (Olivin) Zusammensetzung aufgepreßt wurden. In der Verlängerung der Achse der Serpentinitkörper auftretende Granulitgneise zeugen mit ihrer plattiglagigen Ausbildung von den extremen Beanspruchungen bei Scherbewegungen auf den erwähnten Brüchen.

Im Niveau der heutigen Erdoberfläche war der von Olivin, Augit sowie Granat gebildete ursprüngliche Mineralbestand der Erstarrungsgesteine nicht mehr stabil und erfuhr eine Umwandlung, von der in einer ersten Phase vor allem der Olivin erfaßt wurde. Später erfolgte teilweise auch eine Chloritisierung des Granats. Nahezu schwarze Gesteine, in denen die blutroten Granatkörper erhalten blieben, müssen als Granatserpentinite angesprochen werden. Der überwiegende Teil der Serpentinite liegt als schwarzgrünes, wenig geflecktes Material vor. Daneben sind auch hellgrüne, serpentinreiche und braune oder rote, durch Eisenhydroxide bzw. Eisenoxide gefärbte Varietäten verbreitet.

Eine Abteilung Kulturwaren (s. G3.2) fertigt Konsumgüter, wie Schreibzeuge, Kerzenhalter und Lampensockel, wofür neben dem Zöblitzer Serpentinstein auch Marmor aus Saalfeld, aus der Ungarischen Volksrepublik und aus Jugoslawien verarbeitet wird. Für die Ausgestaltung des Berliner Palastes der Republik und für den Wiederaufbau der Dresdner Semperoper wurde Serpentinstein aus Zöblitz bezogen. Durch Haldenabbau oder durch Abbruch wird Splitt vor allem zur Herstellung von Terrazzoplatten gewonnen.

Die Serpentinsteinbrüche und -halden enthalten eine für das Erzgebirge floristische Einzigartigkeit (Abb. 20). Der Grüne Streifenfarn (*Asplenium viride*) bildet hier mit einer besonderen Form, dem Braungrünen Streifenfarn (*Asplenium adulterinum*), einer nur auf Serpentinit auftretenden Art, interessante Bestände in den Gesteinsspalten. Häufig ist der auffallende Keilblättrige Serpentinstreifenfarn (*Asplenium cuneifolium*), ebenfalls ein „Serpentinspezialist". Solche Serpentinfloren wurden auch aus der Steiermark, der Umgebung von Mariánské-Lázně (ČSSR) und dem Fichtelgebirge bekannt.

Abb. 20. Farne im Zöblitzer Serpentinsteinbruch

1 Grüner Streifenfarn 2 Braungrüner Serpentinstreifenfarn 3 Keilblättriger Serpentinstreifenfarn
a/b Details von 1 und 2

G 4 Eine auffällige Art und eine Zierde der Halden ist zur Blütezeit die hier zahlreich gedeihende Pechnelke (*Viscaria vulgaris*), die selten in dieser Höhenlage des westlichen Erzgebirges vorkommt. Ferner siedelt an zwei Halden die seltene Tannenteufelsklaue (*Huperzia selago*), ein Bärlappgewächs. Am Fuß der obersten Halde gedeiht als weitere Seltenheit die Natternzunge (*Ophioglossum vulgatum*), ein kleines Farngewächs mit einem Stengelblatt und einem ährenförmigen Sporenträger.
Gewöhnliche Pflanzen dieser Standorte sind das Waldreitgras (*Calamagrostis arundinacea*), das Blaue Pfeifengras (*Molinia caerulea*), die Heidenelke (*Dianthus deltoides*) mit kleinen roten Blüten, der Einjährige Knäuel (*Scleranthus annuus*) und der Sandthymian (*Thymus serpyllum*).

G 5 **Hintergrund,** Ortsteil von Pobershau

Im Kerbsohlental der Schwarzen Pockau stehen verstreut die Häuser von Hintergrund sowohl im engen Talgrund selbst als auch hangaufwärts. Dazu gehört ein Gebäudekomplex des Kinderheimes Pobershau. Etwas weiter flußabwärts steht die Schwarzbeerschenke, jetzt ein Betriebserholungsheim. Hintergrund bildet den Ausgang der Felsklippenlandschaft im Schwarzwassertal (s. G 6 u. 7, N 2). Die Morgensternhöhe (s. G 9) kann von hier aus in nordöstlicher Richtung über einen Steilaufstieg erreicht werden.

G 6 Vogeltoffelfelsen

Einer der bemerkenswertesten geologischen Aufschlüsse des Erzgebirges, der die Verbandsverhältnisse verschiedener Gneisgruppen offenbart, befindet sich südöstlich von Hintergrund über der Schwarzen Pockau an der auf einem Hangweg zugänglichen Felswand unterhalb der Vogeltoffelfelsenaussicht. In diesem Talabschnitt ist den als Augengneis und Granodioritgneis ausgebildeten Rotgneisen eine 50 m mächtige Folge von Gneisen sedimentärer Herkunft zwischengeschaltet. Die Augengneise selbst führen kleinere Schollen und Bruchstücke solcher Gesteine, insbesondere Biotit-Muskowit-Gneise und Grauwackengneise. Auch Quarz tritt als Fremdeinschluß auf. Beim Aufdringen des Rotgneismagmas erfolgte vermutlich die Aufnahme der Paragneisschollen und -bruchstücke; vielleicht wurden sie auch bei tektonischen Vorgängen in die Rotgneismassen eingefaltet oder eingeschuppt.
An beiden Hängen des Tales der Schwarzen Pockau setzen bei Hintergrund im Gneis zahlreiche Erzgänge unterschiedlicher Formationen auf. Am Osthang baute die Grube 'Blühend Glück' auf Gängen der kiesig-blendigen Bleierzformation. Sie reichen hier als Fortsetzung der Gänge der Zinnerzformation, die im Gebiet von Pobershau das Hauptgangsystem bilden, bis in den Bereich des Unteren Wildsberges. Sie führen als Hauptgangart Quarz, daneben Feldspat, Turmalin, Topas, Apatit und Lithiumglimmer, alles Minerale, die für eine Bildung in der pneumatolytischen Phase typisch sind. Hinzu treten als Erzminerale Zinnstein und eisenhaltiger Arsenkies, seltener Wolframit nebst Molybdänglanz

und anderen Sulfiden, wie Kupferkies, Zinkblende und Bleiglanz. Diese Minerale entstanden zeitlich vor der hydrothermalen zinnsteinführenden kiesig-blendigen Bleierzformation. Kupferkies und die anderen Sulfide nehmen stark zu, und weitere Kupfererze, wie Kupferglanz und Buntkupfererz, z. T. sekundärer Entstehung kommen hinzu. G 6

Katzenstein/Ringmauer G 7

Bis zu 80 m erhebt sich das 3 ha große, nach einem Katzenbuckel bezeichnete Felsgebiet des Katzensteines über dem tief eingeschnittenen Wildbach, der Schwarzen Pockau, dessen starkes Rauschen noch eindrucksvoll von der über einer fast senkrechten Wand befindlichen Aussichtsplattform (Bild 41) wahrgenommen wird. Ruhebänke laden zum Verweilen ein. Auf drei Seiten von der Pockau umgrenzt, befindet sich gegenüber ein breiter aber steiler und felsdurchsetzter Hangsporn, der zum Rabenberg (s. N 3) hinaufführt. Talabwärts fällt der Blick auf die Ringmauer, eine im Erzgebirge einmalige 200 m lange Prallhangwand (Bild 42). Deren Entstehung wird jedem verständlich, der von unten, vom Bachbett her, an die nackten bis zu 70 m hohen Felsen herantritt, an denen der Fluß unentwegt nagt. Katzenstein und Ringmauer als geschlossenes Felsmassiv zwangen die Schwarze Pockau zu einer Laufänderung in einer anschließenden großen Schleife.

Langflasrige biotitführende Muskowitgneise und Augengneise bauen die Felspartien von Ringmauer und Katzenstein auf. Beide Gesteine gehören zu den Rotgneisen der Katharinaberger Kuppel, deren Entstehung auf magmatische Prozesse in der Zeit vom Ende des Präkambriums bis in das tiefste Ordovizium zurückgeht. Häufig zeichneten sich die aufdringenden Schmelzen durch einen Borgehalt aus, was in dem häufigen Auftreten des Minerals Turmalin in den Muskowitgneisen zu erkennen ist. Das Vorhandensein feinkörniger (aplitischer) und grobkörniger (pegmatitischer) Gesteinsgänge beweist, daß nach der Erstarrung des Hauptschmelzkörpers noch Nachschübe auf Spalten erfolgten.

In dem Nordhang des Katzensteins setzen im dichten Gneis mehrere Gänge der Wismut-Kobalt-Nickel-Formation auf, darunter der Molchner Spatgang. Sie streichen etwa O—W und fallen flach nach N ein. Nach ihrem ehemaligen Silberreichtum und der überwiegenden Gangart Schwerspat heißen sie in der älteren Literatur auch barytische Kobalt-Silbererz-Formation. Erzminerale sind schwach silberhaltiger Bleiglanz, Zinkblende und Kupferkies, an edlen Silbererzen traten Rotgültigerze, Silberglanz und gediegen Silber auf.

Vom Katzenstein ist die Sage von einem Fegeweib bekannt, das bei einer Belagerung alle auf den Berg abgefeuerten Kugeln mit einem Besen hinweggefegt und so unschädlich gemacht hat. Da auf dem Katzenstein keine Befestigung nachgewiesen worden ist und auch der gegenüberliegende Liebenstein zur Zeit der Feuerwaffen schon unbewohnte Ruine war, scheint die Sage einer realen Grundlage zu entbehren.

Schon 1612, in einer Zeit, der Naturschwärmerei noch fremd war, soll Kurfürst JOHANN GEORG I. hier mehrfach inmitten der wildreichen Wälder sein Jagdfrühstück gehalten haben. Seit dem Ende des vorigen Jahrhunderts bemühten

G 7 sich Vereine und Einzelpersonen um die touristische Erschließung, man plante sogar, den nahen Grünen Graben für die Anlage eines Wasserfalls zu nutzen. Durch die Einbeziehung der Felsen in das NSG Schwarzwassertal werden alle gewaltsamen Eingriffe verhindert, und die Schönheit des Tales und seiner Felsgruppen bleibt erhalten.

G 8 **Hüttstätt**, Ortsteil von Ansprung,

erreicht man durch eine steile Hangkerbe südlich vom Vogeltoffelfelsen. Die Gebäude schmiegen sich an den oberen Rand dieser Hohlform. In Hüttstätt — auch Hüttstatt — befand sich die alte Ansprunger Glashütte. Sie war am Ausgang des 15. Jh. entstanden und erzeugte bis gegen 1600 Hohl- und Flachgläser. Dann setzte wohl der Holzbedarf des Bergbaus dem Gewerbe ein Ende. In der Hüttstätt wurde später eine Mühle eingerichtet, die man schließlich in eine Ausflugsgaststätte umwandelte. Jetzt wird sie als Ferienheim genutzt.
Am Hang in Richtung zum Vogeltoffelfelsen wurde nach dem ersten Weltkrieg eine Jugendherberge erbaut, die in den siebziger Jahren eine beachtliche Erweiterung durch den Ausbau eines Bauernhofes und die spätere Errichtung einer Bungalowsiedlung erfuhr. Sie trägt den Namen ARTUR BECKER. Waldnähe und Hanglage machen den Standort der Herberge sehr reizvoll.

G 9 **Morgensternhöhe**

Unweit westlich des Zufahrtsweges zur Jugendherberge Hüttstätt befindet sich die Morgensternhöhe (711 m). Die Kuppe selbst ist von kleinen alten Steinbrüchen zernarbt und trägt Restgehölze. Von deren Rändern bieten sich eindrucksvolle Fernblicke, besonders gegen NW (Heinzewald, Augustusburg, Höhen beiderseits des Flöhatales), W bis SW (Marienberg mit Brüderhöhe, Pöhlberg) und NO bis O (Höhen um Sayda, Schwartenberg).
Daß die Morgensternhöhe einmal ein beliebtes Wanderziel war, zeigen die Stufen- und Stützmaueranlagen auf ihrer Kuppe. Heute ist der Zugang durch umfangreiche Weideanlagen der LPG erschwert. Am Hang zum Schwarzwassertal liegt ein stationärer Weidemelkstand, der als einer der ersten in der Deutschen Demokratischen Republik Pionierdienste für die genossenschaftliche Weidewirtschaft in Mittelgebirgslagen leistete und in Verbindung mit dem Institut für Grünlandforschung der Forschungsarbeit diente.
Zwischen der Morgensternhöhe im SW, der Annahöhe (s. A 7) im N und dem Knochen (s. H 2) im O dehnt sich das größtenteils gerodete Ansprunger Rückengebiet aus, das hauptsächlich vom Knesenbach entwässert wird. Die schwach bis mäßig geböschten und zerdellten fast gleichhohen Rücken (Abb. 37, Profil 1) stellen Überreste der alten Gebirgsrumpffläche zwischen dem um 200—250 m eingetieften Pockau- und Flöhatal dar.
Klimatisch zählt diese Kleinlandschaft zu den rauhen windoffenen oberen Mittellagen. Die Verwitterungsdecken der vorherrschenden Graugneise liefern sandig-lehmige Braunerden, welche auf Vollformen kleinflächig als flach-

gründige und steinreiche Böden auftreten. Fast 20% der Fläche wird von Naßböden der Hang- und Quellmulden bestimmt, in denen auch kleine Moorkerne auftreten (Abb. 3). Gegen S leitet eine 100 m hohe Landstufe zur Rübenauer Kammhochfläche über (s. N 4). G 9

Ansprung, Kreis Marienberg G 10

Eine auf dem Ansprunger Rücken von SO nach NW verlaufende Mulde bildet im wesentlichen den Siedlungsraum für die Gemeinde Ansprung. Der sich über 2 km hinziehende Ort hat eine Höhenlage zwischen 600 und 680 m ü. NN. Er wird durchquert von der Straße Olbernhau—Zöblitz—Marienberg, auf die eine von Rübenau kommende Straße trifft (s. O 2).

Ansprung ist ein Reihendorf mit zweiseitigen Waldhufen, die nach der schrittweisen Zusammenlegung der Felder seit der Gründung der LPG Vorwärts im Jahre 1956 kaum noch zu erkennen sind. Es ist urkundlich zuerst 1434 als *Aschbergk* und 1539 als *Anspergk* verbürgt (= Ort eines Anso o. ä. am Berg; mundartlich verändert zu *asbrich* — mit falscher Rücksetzung zu Aschberg — erfolgte eine Angleichung an Ortsnamen auf -ung).

Das Dorf bestand — wie wir sahen — schon 1434, als die Berbisdorfer die Herrschaft Lauterstein kauften, zu der es gehörte. 1474 berichtete das Landsteuerbuch, daß es im wesentlichen aus Hainen und Äckern, die in den Wald geräumt waren, bestand. Der Verkehr auf der Straße nach Chomutov (Komotau) und später nach Jirkov (Görkau; s. O 2) führte am südwestlichen Rand der Dorfflur unweit der Glashütte vorbei (s. G 8), die dort um das 16. Jh. arbeitete.

In der Glashütte wurde in großem Umfang Holz in Form von Produkten der Ansprunger Köhler als Energiespender und der Äscher verbraucht, die durch Auslaugen der Asche von geringwertigerem Holz die für die Sicherung des Kalianteils in den Gläsern wichtige Pottasche herstellten. Aber auch anderweitig, beispielsweise zur Seifenherstellung, wurde sie verwendet. In immer größerem Maße erfolgten jedoch Einschlag und Abtransport des Holzes zur Verwendung in den Bergwerken und Hütten; dabei wurden die Schwarze Pockau sowie das Ullersdorfer Teichbächel zum Flößen genutzt.

Von besonderer wirtschaftlicher Bedeutung für Ansprung erwies sich die Zöblitz—Ansprunger Serpentinsteinlinse, die im unteren Dorfteil der Knesenbach durchbricht. Deshalb breitete sich die gegen Ende des 16. Jh. in Zöblitz beginnende Serpentinsteingewinnung und -drechslerei (s. G 3.2) auch in diesem Ort aus. Zeitweilig waren auf Ansprunger Flur 6 Brüche in Betrieb. Noch bis 1970 arbeitete eine Serpentinsteinfabrik. Die Erinnerung an die Verarbeitung des Serpentinsteins wird in der Heimatstube festgehalten, die 1972 im Gemeindehaus (Nr. 67) eingerichtet wurde. Das niedrige, eingeschossige Haus legt gleichzeitig, besonders im Kontrast zu in letzter Zeit entstandenen oder ausgebauten Wohngebäuden, Zeugnis ab vom kärglichen Leben der Serpentinsteinhandwerker im vergangenen Jahrhundert. Das ursprüngliche Auszugshaus Nr. 77 (Abb. 21), 1828 an die Kleine Mühle angebaut, zählt zu den in dieser Höhenlage des Erzgebirges seltenen Bauten mit Fachwerk im Erd- und Obergeschoß.

Neben dem Serpentinsteingewerbe entwickelte sich in Ansprung auch das

Abb. 21. Auszugshaus Ansprung Nr. 77

Dorfhandwerk. Gut konnte sich vor allem das Mühlengewerbe ausbilden. Der Knesenbach trieb mehrere Mahl-, Öl- und Brettmühlen; eine der Ölmühlen war noch längere Zeit nach dem zweiten Weltkrieg in Betrieb. Die Holzverarbeitung — Schachtelmacherei, Drechslerei, Möbel- und Geräteproduktion — erlangte seit dem 19. Jh. eine gewisse Bedeutung. Werktätige aus Ansprung mußten sich auch in auswärtigen Betrieben Arbeit suchen. So war eine gewisse Anzahl von Proletariern und Kleinproduzenten vorhanden, die eine Grundlage für die Entwicklung einer örtlichen Arbeiterbewegung boten. Zum Beispiel bildete sich aus dem Arbeitergesangverein heraus 1922 eine Gruppe der KPD.
Hauptwirtschaftszweig in Ansprung blieb immer die Landwirtschaft, was mit einem verhältnismäßig großen Anteil ziemlich ebenen Landes an der

Ackerfläche in Verbindung gebracht werden kann. In der Gegenwart stellt Ansprung ein Zentrum der landwirtschaftlichen Produktion dar. Mit der 1977 erfolgten Gründung der LPG (P) Vorwärts Ansprung, die aus einer KAP hervorging, haben die Ansprunger Genossenschaftsbauern eine Schrittmacherrolle bei der Umgestaltung zur industriemäßigen Pflanzenproduktion hier und in der Umgebung übernommen. Dieser landwirtschaftliche Großbetrieb bearbeitet eine Fläche von etwa 3500 ha, die sich auf den Raum Olbernhau, Blumenau, Pockau, Zöblitz und Rübenau verteilt, wo vor allem die flachgeneigten Hänge und die gewellten Hochflächen als Acker- und die Steilhänge sowie die Talauen als Grünland genutzt werden. Ihre Anteile halten sich ungefähr die Waage. Ausgedehnte Ackerflächen liegen beiderseits der Straße Olbernhau—Zöblitz zwischen Ansprung und Grundau auf dem Ansprunger Rücken. Beachtlich ist es, daß schon fast 40 dt Getreideeinheiten pro ha erreicht werden. Die Hauptaufgabe der LPG besteht darin, Grobfutter für die LPGs Tierproduktion und für die Zwischengenossenschaftliche Einrichtung Kartoffellagerhaus/Trockenwerk Pfaffroda bereitzustellen. Dagegen ist die Staatsplanauflage für Kartoffeln, Gerste und Roggen gering. G 10

Die LPG (T) Rinderaufzucht in Ansprung hat ihre Ställe für Rinder vorwiegend im oberen und mittleren Teil von Ansprung wie auch in Zöblitz und in Sorgau, während die Schweine in zwei Ställen im unteren Teil von Ansprung sowie in Zöblitz gehalten werden. Pferde der LPG dienen der Sektion Reitsport innerhalb der GST, aber auch für Kutsch- und Schlittenfahrten in die nähere Umgebung. In Ansprung wird deutlich, wie durch die sozialistische Großraumwirtschaft auch die Lebensbedingungen der gesamten Bevölkerung des Territoriums verbessert werden. Das Kulturhaus der LPG und die der LPG gehörende Gaststätte Zur Sonne unmittelbar an der Straße legen hierfür Zeugnis ab.

Weniger ausgeprägt ist in der Gegenwart in Ansprung die Industrie, denn nur ein Betriebsteil des VEB Möbelwerk Erzgebirge Olbernhau ist zu nennen. Hier werden vorwiegend Flurgarderoben und andere Kleinmöbel gefertigt. Außerdem werden Teile für Leuchten produziert, aber nur während der Wintermonate, und zwar von den zu dieser Jahreszeit weitgehend arbeitsfreien weiblichen Beschäftigten der LPG Vorwärts.

Grundau, Ortsteil von Ansprung **H 1**

seit 1931. Östlich von Ansprung ist die ausgedehnte Hochfläche an ihrer Nordseite etwas eingemuldet. Diese Mulde vertieft sich rasch zu einem Kerbtälchen, das sich bis in die Talwanne von Olbernhau hinunterzieht. In ihrem oberen Teil stehen nahe der Straße von Olbernhau nach Marienberg die wenigen Häuser von Grundau.

In einer bäuerlichen Nachkolonisation waren seit etwa 1556 von den Herren von Berbisdorf in Lauterstein hier 9 Erbgärtner angesiedelt worden, deren hufenähnliche Räume sich einseitig vom Langen Bach in Richtung nach SO zum Waldrand erstreckten. Die Bewohner stellten Arbeitskräfte für die Forstwirtschaft und die Flößerei. Der Name des Wohnplatzes tritt urkundlich erstmals 1559 als *die Grundtaue* auf, also eine Lageerklärung für die Siedlung im Wiesental südöstlich des Thesenwaldes.

H 2 Knochen

Der Hainberg (606 m ü. NN), der Rungstock (620 m) und der Knochen (673 m) bilden die südlichen Randhöhen der Olbernhauer Talwanne. Sie befinden sich auf einer Graugneisscholle, die mit Verwerfungen gegen die südlich (s. H 5) und westlich (s. G 2) angrenzenden Rotgneise absetzt. Rungstock und Knochen gehen südwärts unmittelbar in den Hang des Rungstocktales über und bieten so als kleine Einzelberge von ihren Waldrändern vielseitige, eindrucksvolle Ausblicke. Der Knochen, 200 m hoch über der Flöhaaue gelegen und nur knapp 2 km von dieser entfernt, bedeutete besonders für den einstigen Fuhrwerksbetrieb in Richtung Zöblitz—Marienberg ein schweres Stück Arbeit.

H 3 Naturschutzgebiet Rungstock

Zwischen dem Rungstockbach und der Rübenauer Hochfläche besteht ein mächtiger, mäßig steiler bis steiler Gebirgshang, der bis zu 200 m Höhendifferenz besitzt. Er geht aus einer Landstufe (s. N 3) und aus dem Eintiefungsbetrag des Rungstockbaches von 100 m hervor und ist Bestandteil des völlig bewaldeten Rungstock—Grünthaler Hanggebietes (s. J 6). Auf den stein- und blockhaltigen, mittelmächtigen, sandig-lehmigen Gneisschuttdecken sind frische Braunerden und Braunpodsole ausgebildet, durchsetzt von kleinen Naßstandorten, die auf Spalten- und Schuttquellen und unterhalb vom NSG auftreten.

Rungstock ist der Name für ein Waldgebiet, das 1595 *Rohnstock* (mittelhochdeutsch *ron* = umgestürzter Baumstamm, Klotz; *stoc* = Baumstumpf) hieß, der später umgedeutet wurde (Runge = Stange am Wagen). Unter Naturschutz steht ein Teil im Forstrevier Olbernhau seit 1961, und zwar im Gebiet des weitverzweigten Quelladernetzes des Jungen Rungstockbaches (etwa Forstabteilungen 28/32). Dieser obere, bewaldete Teil des Rungstocktales, ein Nebental der Olbernhauer Talwanne, trägt wüchsige Buchenbestände, denen je nach Nährstoff- und Wasserversorgung Fichte, Bergahorn, Esche und vereinzelt noch Tanne beigemischt sind. Auch reine Fichtenbestände kommen vor. Nach den im 16. Jh. bis zur Waldverwüstung führenden Holzeinschlägen für die „Churfürstlich Sayger Hütt Grünthal" hat sich die derzeitige Waldgeneration wieder dank günstiger Standortbedingungen sowie dem Wirken einsichtiger Forstleute entwickelt. Schon um 1700 wurde aus Olbernhau „... fast überall überaus schönen Puchen und Fichten Wiederwachs" (Müller 1935) gemeldet. Und an anderer Stelle lesen wir, „daß trotz Kahlschlags auch die Buche sich wieder verjüngte ..." (s. K 4).

Auch die Tanne gedieh um Olbernhau, und zwar 1845 unter lichten Buchen als Unterwuchs. Im Oberholz war sie sogar so stark vertreten, daß sie als hinderlich für die Buchennachzucht galt. Den deutlichsten Beweis für die seinerzeit außerordentlich guten Wuchsbedingungen der Tanne (Bild 28) erbrachte die am 11. Juli 1885 vom Blitz getroffene und am 11./12. Februar 1894 vom Sturm geworfene „Königstanne", dereinst die schönste und stärkste Tanne im damaligen Deutschland. Nach einer Vermessung im Jahr 1878 besaß sie eine Höhe von 47,4 m, einen Durchmesser von 2,07 m und eine Holzmasse

von 71,77 fm. Ihr Alter betrug etwa 500 Jahre. Daß sie sich über die Zeit der starken Einschläge im 16. Jh. retten konnte, mag daran gelegen haben, daß sie damals immerhin bereits über 350 Jahre alt war und höchstwahrscheinlich schon einen Durchmesser von mehr als 1,50 m besaß, so daß die Axt „ehrfürchtig" um sie herumging. Heute steht an ihrer Stelle die „Friedenstanne", deren weiteres Schicksal wegen des allgemeinen, noch nicht restlos erforschten Tannensterbens ungewiß ist. H 3

Pulvermühle H 4

Am Bach oberhalb vom Olbernhauer Stadtteil Rungstock lag im Wald die um 1815 gegründete Pulvermühle, in der Schwarzpulver für den Bedarf des Forstwesens, der Bergwerke und des Heeres erzeugt wurde. Wie zweckmäßig es war, diese Produktionsstätte abseits von Ortschaften anzulegen, bewiesen die heftigen Explosionen, die sich 1835 und 1865 ereigneten. 1886, nach Einstellung der Produktion, wurden Holzwaren hergestellt; eine später eröffnete Ausflugsgaststätte dient seit 1959 als Ferienheim.
Von der Pulvermühle führt ein Weg zum Ferienheim Neue Schenke an der Straße von Olbernhau nach Marienberg. Hier war 1703 eine Schmiede angelegt worden, der später auch die Schankgerechtigkeit erteilt wurde. Der Blick von der Neuen Schenke umfaßt die Flöhatalweitung und reicht bei klarem Wetter bis zur Augustusburg.

Rungstockbach H 5

Unmittelbar östlich des Rabenberges entspringt 800 m ü. NN aus einer kleinen vermoorten Naßgalle der Rungstockbach. Bei der Görkauer Straße tieft er sich in einer deutlichen Gefällssteile kerbtalartig in die Landstufe ein (s. H 3), die hier zu den Hochlagen der Rübenauer Hochfläche überleitet. Dadurch wurde auch die Felsklippe des Wolfsteines herauspräpariert. Die abwärts folgende breite, vernäßte Mulde am unteren Kohlweg entlang zählt noch zum Ostrand des Ansprunger Rückengebietes. Vor dem Knochen biegt das 8 km lange Bachtal, das sich nun wieder stärker eintieft und mäßig steile Hänge besitzt, einer Verwerfungslinie folgend, ostwärts ab und erreicht unterhalb der Pulvermühle im steilhängigen Durchbruch am Rungstock (620 m ü. NN) die Flöhaniederung auf kürzestem Weg in nördlicher Richtung. Nur von Süden her fließen dem Rungstockbach wasserreiche Nebenbäche zu, als bedeutendste der Verborgne Fluß und der Seidenbach.
Am Unterlauf des Rungstockbaches konnte man von einem Olbernhauer Tal der Mühlen sprechen. Von der Pulvermühle bis zum Mühlgäßchen drehten sich im 18. Jh. an neun Stellen die Mühlräder. Um 1700 hatte hier Carl Gottlob von Leubnitz (s. J 1.2, J 2) einige Häusler angesiedelt, die die ihnen zugeteilten Räume rodeten. Zusammen mit Teichen und Gräben folgten Rohrschmieden, Mahl- und Brettmühlen oberhalb der in Olbernhau bereits arbeitenden Hämmer und Mühlen. Dazu entstanden Handwerker- und Arbeiterhäuser, so daß das

H 5 Tal ziemlich dicht bebaut war. Später wurden die Mühlen in eine Pappenfabrik – heute ein Betriebsteil des VEB Kombinat Holzspielwaren –, in Sägewerke und Zündholzfabriken umgewandelt. Die untere Zündholzfabrik wurde 1930 abgerissen, die obere nutzt der VEB Schlacht- und Verarbeitungsbetrieb Olbernhau nach Ausbau als Wurstfabrik (s. J 1.5).

Am oberen Ortsausgang entstand in der Zeit der Weimarer Republik auf dem linken Talhang eine schöne Arbeiterwohnsiedlung.

Im oberen Rungstocktal südlich von Ansprung hatte die Köhlerei bis 1963 ihre letzte Heimstätte im mittleren Erzgebirge. Sie bestand hier seit dem Ende des 19. Jh., als die Flößerei eingestellt wurde und sich die Existenzbedingungen für die vorher betriebene Wanderköhlerei infolge der Verbreitung der Mineralkohle und der geänderten Verkehrsbedingungen verschlechterten. Betrieben worden war sie von den sogenannten Kohlbauern, die dadurch ihr Einkommen aus der Landwirtschaft aufbesserten. Diese stellten Köhler, zumeist aus Böhmen stammende, ein und ließen an geeigneten Plätzen steinerne Hütten errichten, die während des Brandes der Meiler zum nächtlichen Aufenthalt dienten. Die Bauern selbst fuhren das Holz heran und übernahmen den Abtransport der Kohle.

Voraussetzung für die Anlage einer Kohlstätte war das Vorhandensein von Wasser zum Ablöschen der Meiler und von günstigen Verkehrswegen. Beides war am oberen Rungstockbach gegeben, weil er sich hier noch nicht tief in die bewaldete Hochfläche eingeschnitten hat. Ein alter Meilerplatz ist an der Kreuzung des Achterwegs mit dem Kohlweg zu erkennen. Am längsten rauchten die Meiler am Eisensteinzechenweg nahe der Einmündung in die Görkauer Straße wie auch am Waldrand nördlich von Rübenau.

J 1 **Olbernhau,** Kreis Marienberg

J 1.1 Gründung und Lage

Der 1434 als *Albernhaw* (1497 *Olbernhaw* = Rodung eines Albero) erwähnte Ort ist wahrscheinlich nur eine kleine Siedlung gewesen, deren Einwohner sich nach Angaben des Landsteuerbuchs von 1474 „des Waldes nährten", ehe sie als Reihendorf südlich der Flöha ausgebaut und ihre einseitige Waldhufenflur landwirtschaftlich genutzt wurde. Olbernhau gehörte zur Herrschaft Lauterstein und wurde 1559 mit deren Ankauf durch Kurfürst AUGUST I. zum Amtsdorf. Sein Erblehngericht erhielt in der zweiten Hälfte des 17. Jh. den Status eines Rittergutes (Abb. 22).

Die Lage zwischen den Alten Böhmischen Straßen (s. Seite 13) an der Querverbindung von Zöblitz und später Marienberg nach Sayda, die Nähe der Landesgrenze und die guten Transportmöglichkeiten für Holz auf der Flöha, der Natzschung und der Schweinitz begünstigten die Entwicklung von Olbernhau, das bald der bedeutendste Ort und das wirtschaftliche Zentrum seiner Umgebung wurde und sogar für ein halbes Jahrhundert – von 1699 bis 1750 – Sitz des Amtes Lauterstein war. Die Flöha trennte die einstige Herrschaft Purschenstein, die dem Amt bzw. der 1875 gebildeten, dem Kreishauptmann

Abb. 22. Rittergut Olbernhau (aus POENICKE, s. Abb. 12)

in Dresden unterstehenden Amtshauptmannschaft Freiberg angehörte, von dem Amt Lauterstein und der folgenden Amtshauptmannschaft Marienberg, deren Kreishauptmann im damaligen Chemnitz saß. Noch bis ins 20. Jh. bestanden die die wirtschaftlichen Erfordernisse hemmenden überholten feudalen Verwaltungsgrenzen.

Olbernhau (Bild 5), das 1902 zur Stadt erklärt wurde, erstreckt sich heute mit seinen Stadtteilen Hirschberg, Grünthal, Dörfel, Rungstock, Ober-, Nieder- und Kleinneuschönberg sowie Reukersdorf vom Unterlauf der Schweinitz bis zum nordwestlichen Ausgang der Talwanne von Olbernhau über eine Entfernung von ungefähr 13 km. Die Nord-Süd-Ausdehnung von Klein- und Niederneuschönberg bis nach Rungstock mißt 3 km. Einen Rundblick auf die Stadt erhält man von der Kretzschmarhöhe, einem Standort nördlich der Stadt in der Nähe der Alten Poststraße, von der Neuen Schenke an der Straße nach Marienberg oder vom Hainberg (s. J 5).

Das Siedlungsgebiet von Olbernhau erstreckt sich nicht nur längs der Flöha, sondern zieht sich an mehreren Stellen bis in die Seitentäler der Flöha hinein, so ins untere Schweinitz- und Natzschungtal, ins Dörfelbach- und Rungstockbachtal wie auch rechts der Flöha ins untere Biela- und Bärenbachtal. Von dieser Lage wird die Bezeichnung „Olbernhau — Stadt der sieben Täler" abgeleitet, die auch der Poststempel von Olbernhau vermerkt. Begünstigt wird die klimati-

 sche Situation Olbernhaus durch die ausgedehnten Wälder auf den umgebenden Höhenrücken. Die einzelnen Stadtgebiete lassen sich zwischen 440 und 600 m ü. NN lokalisieren.

J 1.2 Landwirtschaft und Gewerbe

Landwirtschaftlich konnte Olbernhau in der Vergangenheit keine besondere Bedeutung erlangen. Obwohl es mit über 30 Anspannern zu den großen Bauerndörfern seiner Umgebung zählte, blieb es, sowohl was die Ausdehnung als auch die Erträge anbelangte, weit hinter den Reihendörfern am Fuß des Gebirges zurück. Die hohen Talhänge wie die sumpfige Talaue schränkten die verfügbare Nutzfläche ein. Das Klima und die flachgründigen, steinigen Äcker erschwerten die Bearbeitung. Angebaut wurden vor allem Hafer und etwas Roggen, dazu Lein, der hier gut gedieh, und seit dem 18. Jh. in steigendem Maß Kartoffeln. Ausgedehnte Weiden und Grünfutterflächen ermöglichten eine relativ starke Rinderhaltung. Olbernhau glich darin vielen anderen Gebirgsdörfern.
Besitzer des Erblehngerichts und späteren Ritterguts war über lange Zeit die Familie Oehmichen, aus deren Konkurs es 1697 an die Familie von Leubnitz kam. Sie und ihre Vorgänger waren bestrebt gewesen, den Wert des Gutes durch die Erlangung von Rechten und durch den Erwerb von Bauernland zu erhöhen. Später, als viel Land für die rege Bautätigkeit in der sich herausbildenden Stadt abgegeben wurde, blieb vor allem vom Rittergut aus talaufwärts von der Waldhufenflur wenig übrig. Das Gut gelangte in die Hände verschiedener adliger Herren, zuletzt der Pfaffrodaer Schönbergs, schließlich 1888 in den Besitz einer Firma, die auch den Grünthaler Kupferhammer (s. J 3) erworben hatte.
Bedeutenderen Einfluß als die Landwirtschaft erlangte schon frühzeitig das Gewerbe, das die Grundherren mit wechselndem Erfolg energisch zu fördern suchten, um die sonst unzureichend fließenden Einkünfte zu erhöhen. Da schon in den älteren Nachrichten über den Ort die große Zahl von Häuslern und Hausgenossen auffällt (s. Anhang A), stellt sich die Frage nach ihrer Tätigkeit. Antwort erhalten wir aus der kurfürstlichen Holzordnung von 1560 für die Lautersteiner Wälder, die bestimmte, daß die Einwohner der angrenzenden Dörfer, darunter Olbernhaus, wie bisher Holz zum Kauf erhalten sollten, um daraus Kannen, Schüsseln, Teller, Schaufeln, Rechen und andere hölzerne Geräte herstellen zu können. Die sich entwickelnden Köhlerei und Flößerei brachten weitere Erwerbsmöglichkeiten. Nun wurden, namentlich am Rungstockbach, auch Mahl-, Öl- und Brettmühlen errichtet (s. H 5).
Von besonderer Bedeutung für das weitere wirtschaftliche Wachstum des Ortes war es, daß 1698 das Rittergut das Privileg für jährlich dreimal zu haltenden Jahrmarkt erlangte. Gleichzeitig erhielt die Grundherrschaft die Konzession, im Ort Handwerke anzusiedeln. Das führte im folgenden Jahrhundert zu einer vielseitigen Entwicklung. Die verschiedenartigsten Innungen entstanden. Außer denen der Büchsenmacher und Schlosser und der Büchsenschäfter und Tischler wurden 1731 die sich später aufspaltende Innung der Schuhmacher

und Schneider, 1751 die Innung der Leine- und Baumwollweber und 1756 die Innung der „sieben geschenkten Handwerke" gegründet, zu der sich die Gürtler, Beutler, Sattler, Seifensieder, Lohgerber, Weißgerber und Zinngießer hielten. Später schlossen sich noch die Strumpfwirker und Strumpfstuhlsetzer, die Zimmerleute und die Maurer zu Innungen zusammen. Einer Statistik von 1789 zufolge verteilten sich auf die neun bestehenden Innungen 127 Meister, 59 Gesellen und 20 Lehrlinge. Zahlenmäßig am stärksten vertreten waren die Leineweber mit 28 und die Schuhmacher mit 20 Meistern. Außerdem wurden 42 Meister, 19 Gesellen und 11 Lehrlinge aus 20 verschiedenen Handwerken erfaßt, die zu auswärtigen Innungen gehörten, darunter Kupfer-, Messer- und Hufschmiede, Feilenhauer, Hutmacher, Kürschner und Töpfer. Nicht zünftig organisiert waren 2 Röhrenbohrer, 6 Erbmüller, der Folien- und der Waffenhammerschmied. Es bestanden 9 Handelsgeschäfte, davon „8 Material- und Schnitt-Handlungen, 1 künstliche Holz-Waren-Handlung". Da der gesamte Handel nach der genannten Statistik lediglich von 6 Kaufleuten, 3 Kaufmannswitwen und 3 Dienern betrieben wurde, dürfte er noch nicht sehr umfangreich gewesen sein. Andererseits aber berichtet BILZ (1975a), daß der Olbernhauer JOHANN GOTTLIEB SEMLER 1786 300 Kisten „künstliche Holz-Waren" im Wert von 12000 Talern nach Übersee versandte. J 1.2

Die Entwicklung des Olbernhauer Handwerks und Gewerbes ging nicht ohne Zwist mit der Konkurrenz vonstatten. Einerseits fühlten sich die Bürger der umliegenden Städte in ihren Einnahmen durch die Olbernhauer Produzenten geschädigt; sie verweigerten ihnen daher die Anerkennung und bereiteten ihnen auf fremden Märkten Schwierigkeiten. Andererseits überwachten aber auch die Olbernhauer selbst eifersüchtig ihre Nebenbuhler in den benachbarten neuschönbergschen Dörfern und legten ihnen manchen Stein in den Weg. Auf alle Fälle übten die Olbernhauer Jahrmärkte eine große Anziehungskraft aus und wurden von weither beschickt.

In den Montansektor ist Olbernhau durch den 1681 konzessionierten Rohrhammer einbezogen worden (WILSDORF 1981). Das Ausschmieden der Gewehrknüppel und das mit viel „Ausschuß" belastete Ausbohren der Läufe war eine sehr arbeitsintensive, aber weitgehend in heimgewerblicher Werkstatt zu leistende Tätigkeit. Die Ansiedlung sachverständiger Rohrschmiede und Büchsenschlosser — aus Suhl in Thüringen — durch den Gründer des Betriebes, den Oberfloßmeister und Münzinspektor JOHANN GOTTLOB OEHMICHEN, hielt sich in engen Grenzen, ist aber nach dem Konkurs des alten Unternehmens von dem neuen Besitzer des Rittergutes, dem Oberhofjägermeister und Floßdirektor CARL GOTTLOB VON LEUBNITZ, durch einen Zuzug von 60 Thüringer Fachleuten in zwei Schüben sehr gefördert worden und hat 1704 zur Innungsbildung geführt. Allerdings waren die dort vereinigten Meister nicht mehr selbständig, sondern zusammen mit Gesellen und Lehrjungen nur noch Arbeiter in der dem Herrn von LEUBNITZ gehörenden Gewehrmanufaktur. Es handelte sich also um eine zentral Aufträge — besonders für den Heeresbedarf — einsammelnde und diese dann auf die einzelnen Werkstätten am Rungstockbach verteilende Institution, im Grunde genommen bereits eine Art Verlagssystem. Nur insofern sie Privataufträge, die selten genug den abgelegenen Ort erreichten, nicht unterband, ließ sich mit Recht von einer Innung sprechen. Die Entwicklung unter

 diesen Vorbedingungen, die dieser Betrieb bis zu seiner Auflösung 1857 genommen hat, ist nicht nur örtlich, sondern als Beispiel für eine weit verbreitete Anfangsform des Fabrikwesens recht interessant und hat auch eine eigene Monographie (DIENER VON SCHÖNBERG 1935) gefunden.

J1.3 Industrielle Entwicklung

Nach den Befreiungskriegen von 1813 wuchs Olbernhau auf über 2000 Einwohner an. Viele neue Handwerker- und Verlegerhäuser entstanden, namentlich im Rungstocktal (s. H 5), an der Zöblitzer Straße, die damals noch Große Büchsenmachergasse hieß, sowie rechts der Flöha, wo heute noch Töpfer- und Gerbergasse an ihre einstigen Bewohner erinnern. Der Ort mit seinem gepflasterten Marktplatz und seinen teilweise recht stattlichen Gebäuden erlangte ein nahezu städtisches Aussehen, 1824 erhielt er eine Postexpedition. Wichtige Straßen führten nach Marienberg, nach Sayda und weiter nach Dresden oder Freiberg, nach Oederan über Blumenau und Eppendorf und über Grünthal und Hora Sv. Kateřiny (Katharinaberg) nach Most (Brüx). Immer deutlicher kündigten sich Veränderungen an. Trotz einer zeitweiligen begrenzten Blüte durch die Kattundruckerei, die Färberei und die Bleicherei auf den 1818 geschaffenen Bleichwiesen bekamen die Textilbetriebe immer deutlicher die Konkurrenz von Chemnitz und benachbarten Orten zu spüren. Die wieder aufblühende Erzeugung von Holzwaren war noch abhängig von Verlegern in Grünhainichen (s. Bd. 28, M 6). Die Flößerei ging zurück und wurde 1876 gänzlich eingestellt.

In dieser Situation gaben die Ergebnisse der Reformen seit 1831 einer Reihe Olbernhauer Bürger die Gelegenheit, ökonomische Macht zu erringen und sich zu Kapitalisten zu entwickeln. Soweit nicht auswärtiges Kapital zu Hilfe kam, schöpften sie ihre Kapitalien aus einer zunächst bescheidenen Teilnahme am Fernhandel und Fuhrwesen und aus der erweiterten Nutzung der Wasserkraft zur Holzverarbeitung und zur Herstellung von Metallwaren. Aus diesen Anfängen entwickelten sich, mit einer ausreichenden Arbeitskraftreserve versorgt, Fabriken und Verlagsgeschäfte, vor allem, nachdem sich die Verkehrsmöglichkeiten ausreichend verbessert hatten.

1842 war die Straße nach Augustusburg über Sorgau und Pockau angelegt, 1848 die Poststraße nach Sayda chaussiert worden (s. C 5). Zu der schon 1559 erwähnten Kegelbrücke wurde als zweiter verkehrswichtiger Flöhaübergang an der Stelle einer alten Furt 1871 die Marktbrücke erbaut und von hier aus die Straße nach Freiberg durch das Bielatal geführt. Sie überlagerte, wie heute noch erkennbar, im Stadtgebiet teilweise die alte Gerbergasse. Wichtigste Verkehrsanlage wurde die 9,8 km lange Eisenbahnlinie nach Pockau, die dort Anschluß an die gleichzeitig errichtete Strecke von Chemnitz über Reitzenhain nach Chomutov (Komotau) erhielt. Begonnen wurde der Bau 1873. Vier Brücken über die Flöha, umfangreiche Dämme und Einschnitte im Fels mußten angelegt werden, wozu italienische Bauarbeiter herangezogen wurden, die Erfahrungen bei Bauten im Gebirge besaßen. Am 24. 5. 1875 konnte die Strecke, die 1876 in Staatsbesitz überging, für den Verkehr freigegeben werden.

Die erleichterte Anfuhr von Kohlen ermöglichte den Betrieb von Dampfmaschinen. Die Metallverarbeitung des Ortes umfaßte bald Eisengießerei, Maschinenbau und Anfertigung von Spielzeug und Hausrat aus Blech. Als Überrest der Gewehrmanufaktur verblieb die Herstellung von Kinderflinten. Auf der Tradition eines Folienhammers basierte die Spiegelfabrikation. Zum bedeutendsten Produktionszweig wuchs die Holzindustrie heran. Aus alten Brettmühlen entstanden Dampfsägewerke und Kistenfabriken. Holzwaren-, Möbel- und Spielzeugfabriken wurden gegründet. J 1.3
Das Verlagswesen machte nun die hausindustrielle Produktion der umliegenden Orte von sich abhängig. Neun Olbernhauer Verleger versandten im Jahr über 1000 t Spielwaren in das In- und Ausland und beschäftigten dafür über 150 Angestellte und Arbeiter, von denen ein großer Teil als Einfüller tätig war. Sie packten zusammengehörige Produkte verschiedener Hersteller zusammen in ein entsprechendes Behältnis, zum Beispiel Spielbrett, Figuren und Würfel in einen flachen Pappkarton oder ein Sortiment Seiffener Holztiere in eine Hallbacher Arche. Erhaltene Musterbücher zeugen von der Vielfalt des Angebotes. Bekannt ist der Preisdruck, den die Verleger auf die Hersteller ausübten (s. L 4.2).
Als weitere, damals in Olbernhau vertretene Industrien müssen die Zündholz- und die Kartonagenfabrikation, die Erzeugung von Spirituosen, die Herstellung von Korsetts und seit 1900 die von Wachsblumen angeführt werden. Für die Wachsblumenproduktion wurden in großem Umfang Frauen und Kinder durch Heimarbeit ausgebeutet; über Jahrzehnte hinweg erhielten sie nur Hungerlöhne. Nach einer Umfrage der Olbernhauer Schule 1910 leisteten 499 Schüler nebenbei Lohnarbeit, davon 287 täglich 4 bis 6 Stunden in der Blumenindustrie, zum Teil am Abend bis 22 Uhr.
Durch den Aufbau der Industrie und durch das daraus resultierende Ansteigen der Einwohnerzahl Olbernhaus auf annähernd das Fünffache innerhalb von 100 Jahren war es notwendig geworden, Versorgungseinrichtungen entsprechend dem inzwischen erreichten Stand der technischen Entwicklung zu schaffen. 1886 entstand ein Gaswerk, und sehr früh, schon 1892, wurde das Olbernhauer Elektrizitätswerk erbaut. Seit 1894 erfolgte die Modernisierung der zentralen Wasserversorgung; 1899 begann die Anlage der Kanalisation. Nachdem 1902 Olbernhau das Stadtrecht erlangt hatte, wurde südlich der Blumenauer Straße der städtische Schlachthof errichtet.
Auch die nahe gelegene Brauerei befand sich seit 1907 in städtischem Besitz. Sie war hier angelegt worden, weil die Räume im heutigen Hotel Stadt Olbernhau, in denen das Rittergut seine schon im 16. Jh. nachweisbaren Braurechte bis 1902 ausübte, sich für den steigenden Bedarf als völlig unzureichend erwiesen hatten. Das dem neuen Stadtstatus entsprechende äußere Bild wurde durch das Pflastern der Straßen und die Anlage von Gehwegen seit 1911 vervollkommnet.
Durch die rege Bautätigkeit, wozu auch das Errichten von Verwaltungsgebäuden, Wohn- und Geschäftshäusern im Stadtinnern, an der Grünthaler und Freiberger Straße und am Tempelweg gehörte, wuchsen die Baugewerke auf über 300 Beschäftigte im Jahre 1907 an. Die Entwicklung rief rasch neue Verkehrsbedürfnisse hervor: Die Eisenbahnlinie wurde 1895 bis Neuhausen verlängert.

J 1.3 1927 verkehrte der erste Zug auf der Linie nach Deutschneudorf, die tschechoslowakisches Gebiet durchquerte, nach 40 Jahren aber wieder stillgelegt und abgebaut wurde. Das Straßennetz war in den Flußtälern weiter vervollkommnet worden. Mit Verbindungen nach Rübenau, nach Marienberg und Wolkenstein begann 1913 der Omnibusverkehr, der nach dem ersten Weltkrieg einen großen Aufschwung nahm und 1920 auf der Linie nach Deutschneudorf die letzte Postkutsche verdrängte.

Seit dem Anfang ihrer Entwicklung war die kapitalistische Wirtschaft in Olbernhau besonders krisenempfindlich. Das erreichte 1932 einen Höhepunkt, als man hier 1042 Arbeitslose, 10% der Gesamtbevölkerung, zählte. In den umliegenden Orten war die Arbeitslosenrate oft noch höher.

Als industrielles Zentrum ist Olbernhau auch zu einem Mittelpunkt der Arbeiterbewegung im oberen Flöhagebiet geworden. Hier und im benachbarten Grünthal (s. J 3) bestanden größere Betriebe, während in den umliegenden Orten Kleinbetriebe und Hausindustrie noch die Organisierung der Arbeiter behinderten. Schon vor Erlaß des Sozialistengesetzes ist es in Olbernhau zu sozialdemokratischen Aktivitäten gekommen, nach seiner Aufhebung stärkte vor allem das Wirken von EMIL ROSENOW das Klassenbewußtsein des Proletariats (s. J 8). Zu einem Höhepunkt gestaltete sich 1904 das Auftreten AUGUST BEBELS. Während zunächst Olbernhauer Einwohner im zentralen sozialdemokratischen Wahlverein in Zschopau mitgewirkt hatten, entstand ein solcher im lokalen Rahmen 1901. Gewerkschaftliche Berufsverbände bildeten sich seit 1893. 1901 entstanden ein starker Arbeitergesangverein und die Konsumgenossenschaft, 1905 ein Arbeiterturnverein. Das war eine breite Basis, von der aus vor allem durch die Einpendler die Arbeiterbewegung auch Einfluß auf die umliegenden Ortschaften gewinnen konnte.

Nach dem ersten Weltkrieg verstärkte sich die revolutionäre Kraft der Arbeiterklasse. Ein machtvoller Streik richtete sich gegen den verhaßten Besitzer der Wachsblumenfabrik. 1920 wurde eine Ortsgruppe der KPD gegründet. Ihre Mitglieder, der Holzarbeiter HUGO FRANZ und der Bauarbeiter THEODOR FEUERLEIN, vertraten konsequent die Arbeiterinteressen im Stadtparlament, in dem annähernd die Hälfte der Sitze den Arbeiterparteien gehörte. Während der Weltwirtschaftskrise, also um 1932, standen diese Männer an der Spitze der Arbeitslosenbewegung. Der Lehrer OTTOMAR LAUX wirkte im Sinne der sozialdemokratischen Bildungspolitik. Die Faschisten verfolgten die Arbeitervertreter besonders seit 1933, über 60 Antifaschisten wurden eingekerkert, HUGO FRANZ wurde in einem Konzentrationslager ermordet. Olbernhau diente auch als Knotenpunkt der Kurierlinien, die die Widerstandsgruppen in Deutschland mit der Tschechoslowakei verbanden (s. J 3). An die tapferen Kämpfer der Arbeiterbewegung erinnern heute der Gedenkstein für die Opfer des Faschismus im Stadtpark wie auch das Denkmal am Hugo-Franz-Platz.

J 1.4 Kulturelle Entwicklung

Daß Olbernhau, für lange Zeit ein Dorf geblieben und oft mit schwierigen Existenzbedingungen ringend, keine historischen Prachtbauten aufzuweisen hat, ergibt sich aus seiner Geschichte. Aber auch an Wohn- und Arbeitsstätten

der Werktätigen ist wenig Bemerkenswertes erhalten geblieben. Heute findet man, vor allem an der Berg-, der Töpfer- und der Gerbergasse, noch einige alte, teilweise gut gepflegte Handwerker- und Bauernhäuser. Vieles ist umgebaut und modernisiert worden. Ältere Bürgerhäuser stehen an der Nordseite des früheren Marktes und im Mühlgäßchen. Stattliche Bauten an der Zöblitzer Straße zeugen vom wachsenden Reichtum der Verleger. Interessant ist der Blick von der Marktbrücke flußauf- und flußabwärts auf die direkt am Fluß erbauten Häuser (Bild 3). Am Haus Gerbergasse 12 ist eine schöne, mit Schnitzwerk versehene Ecksonnenuhr von 1808 erhalten, von der man nicht nur die Zeit, sondern auch Sonnenaufgang und -untergang sowie die jeweiligen Tierkreiszeichen ablesen kann. J 1.4

Die heute denkmalgeschützte Stadtkirche wurde 1590 von örtlichen Handwerkern als massiver Bau an der Stelle eines älteren Kirchgebäudes errichtet und 1639 nach Zerstörung erneuert. Sie steht in Nord-Süd-Richtung, ist einschiffig und hat einen polygonalen Schluß mit angebautem Turm. Dieser ist quadratisch mit achteckigem Oberteil und trägt eine geschwungene Haube mit Laterne. Den Saal überwölbt eine verputzte hölzerne Flachtonne. Ein Altargemälde hat der Freiberger Maler Joh. Fink 1648 auf eine Kupferplatte gemalt. Auf dem Kirchhof befindet sich außer Epitaphen aus dem 18. Jh. ein Erbbegräbnis, das 1605 von Johann Oehmichen angelegt und 1746 für die Familie von Leubnitz im Barockstil erneuert wurde.

Neben der Kirche an der Südseite des früheren Marktes liegt der Komplex des Rittergutes (Abb. 22), der keine architektonischen Besonderheiten aufweist. Das dreistöckige Herrenhaus, das 1767 abbrannte, wurde durch ein schlichtes Gebäude ersetzt. Darin ist seit 1957 das „Haus der Heimat" untergebracht, ein Heimatmuseum (Bild 4), das über Naturkunde, Natur- und Landschaftsschutz, Stadtgeschichte und für Olbernhau typische Volkskunst berichtet. Es ist im schön gewölbten Erdgeschoß und in den über eine Wendeltreppe zu erreichenden Räumen des Ober- und Dachgeschosses untergebracht.

Der ehemalige Rittergutsgarten dient heute als Stadtpark. In diesem Park steht ein Denkmal für Hermann Kretzschmar, einen bedeutenden Musikwissenschaftler, der 1848 in Olbernhau geboren wurde. Als Kantorssohn kam er im damaligen Schulgebäude zur Welt, das heute die Apotheke beherbergt. Das 100 Jahre vorher erneuerte Gebäude war für den zahlreichen Olbernhauer Nachwuchs zu klein geworden. 1868 wurde ein neues Schulhaus an der Grünthaler Straße bezogen, das schon bald, auch nach mehrfachem Anbau, nicht mehr ausreichte. Deshalb entstand 1900 das große Gebäude am jetzigen Dr.-Külz-Platz, dessen zweiter Bauabschnitt 1909 fertiggestellt war. Es beherbergt jetzt die Georgi-Dimitroff-Oberschule. Das Haus an der Grünthaler Straße hatte sowohl die Hilfs- als auch die Berufsschule aufgenommen. Seit 1976 hat hier die erweiterte Oberschule ein Domizil erhalten. Diese war bis dahin in der Goethestraße untergebracht gewesen, wo sich die 1885 gegründete Industrie- und spätere Gewerbe- und Handelsschule befunden hatte, die der Bourgeoisie zur Ausbildung geeigneter Fachkräfte und der eigenen Kinder diente. Wegen der verkehrstechnisch günstigen Lage Olbernhaus hat seit 1948 die Kreisvolkshochschule Marienberg hier ihren Sitz, seit 1957 aus gleichem Grund auch das Pädagogische Kreiskabinett.

J 1.4 Die öffentlichen Gebäude Olbernhaus treten baulich nicht besonders hervor. Das 1911 errichtete Rathaus ist architektonisch wenig bedeutend. Das Amtsgericht, das 1895 fertiggestellt wurde und jetzt als Jugendklubhaus dient, ist ein backsteinerner Verwaltungsbau mit einer repräsentativen, von zwei Säulen geschmückten Vorhalle. Das Pflegeheim an der Grenze zu Blumenau wurde 1824 als Kreisforstmeisterei gebaut und mehrfach baulich verändert. In der Rudolf-Breitscheid-Straße befinden sich die Poliklinik im Gebäude des früheren Arbeitsamtes und das Haus des Kreisvorstandes des FDGB, ein Typenbau, dessen Hauptfront ein Sgraffito zweier Walzwerker unter einer roten Fahne schmückt. Die Gaststätte Tivoli, eine Stätte des geistig-kulturellen Lebens der Stadt, wurde renoviert und als Bau im Jugendstil unter Denkmalschutz gestellt.
Seine Lage als „Stadt der sieben Täler" machte Olbernhau anziehend für den Fremdenverkehr. Seit 1879 wirkte ein Erzgebirgszweigverein werbend und sorgte für die Anlage von Wanderwegen und Ruheplätzen in der Umgebung. Ein Schwimmbad lädt im Sommer, ein Schlepplift bei Schnee zu sportlicher Betätigung ein.

J 1.5 Olbernhau in der Gegenwart

Mit einer Flurgröße von jetzt etwa 6600 ha gehört Olbernhau zu den Städten des Bezirks Karl-Marx-Stadt mit sehr ausgedehnter Flur. Auf einer bebauten Fläche von nur 303 ha sind etwas weniger als 14000 Einwohner zu Hause. Die Stadt erfüllt eine Reihe von Umlandfunktionen. Sie bildet einen Konzentrationspunkt des Verkehrs, der Industrie, der Land- und Nahrungsgüterwirtschaft, des Handwerks, des Handels (Bild 5) und der Dienstleistungen wie auch des Gesundheitswesens und des geistig-kulturellen Lebens.
Die große Ausdehnung des Stadtgebietes und die Lage Olbernhaus sowohl am Schnittpunkt der Straßen von Freiberg und Sayda nach Marienberg als auch vom Schwartenberggebiet nach Pockau, Lengefeld und Augustusburg bedingen eine umfangreiche verkehrsmäßige Erschließung, die vor allen Dingen vom VEB Kraftverkehr Annaberg, Betriebsteil Olbernhau, und von der Deutschen Reichsbahn wahrgenommen wird. Der innerstädtische Personenverkehr wird durch eine Stadtomnibuslinie abgewickelt, die vom Stadtzentrum am Dr.-Külz-Platz aus in nordwestlicher Richtung über Blumenau — Reukersdorf — Kleinneuschönberg — Niederneuschönberg zurück in die Stadtmitte führt. Von hier aus wird die Gegenrichtung über Grünthal — Oberneuschönberg und zurück befahren. Die vielfältigen Möglichkeiten, von Olbernhau aus nach allen Richtungen mit den Linienbussen des VEB Kraftverkehr zu gelangen, sind in Abb. 6 aufgezeigt. Täglich treffen über 180 Omnibusse in Olbernhau ein bzw. verlassen die Stadt, dabei legen sie knapp 11000 km zurück und befördern fast 15000 Fahrgäste. Der Bahnhof Olbernhau ist der Umschlagplatz für Stückgüter, während Massengüter wie Holz, Kohlen, Baustoffe und Düngemittel nicht nur auf dem Olbernhauer Güterbahnhof, sondern auch auf dem des Bahnhofs Olbernhau-Grünthal umgeschlagen werden.
Die industrielle Struktur Olbernhaus wird in der Gegenwart bestimmt durch die

Holzverarbeitung, die Blechherstellung und die Glasveredlung. Da der VEB Blechwalzwerk (s. J 3) und der VEB Glaswerk (s. J 2) an anderer Stelle ausführlich beschrieben sind, soll hier vor allem auf die Holzverarbeitung eingegangen werden, weil sie im zentralen Stadtgebiet die dominierende Rolle spielt. Sie umfaßt die Produktion von Bauelementen, von Kleinmöbeln, von Holzspielwaren sowie von Raum- und Tafelschmuck. Ein wichtiger Zulieferer für den Wohnungsbau im Bezirk Karl-Marx-Stadt ist Werk 7 des VEB Bauelemente Erfurt in Olbernhau im südöstlichen Stadtgebiet. Ein größerer Flachbau und ein vorgelagerter Stapelplatz von Schnittholz sind auffällige Merkmale seines Standortes an der Flöha. In dieser Produktionsstätte ist die Tischlerei untergebracht, in der Thermofenster komplettiert werden. Sägewerke als Betriebsteile stehen in der Nähe der Bahnhöfe Olbernhau und Heidersdorf (s. D 2). Die Fertigung von Klein-, Garten- und Kindermöbeln erfolgt im VEB Möbel Erzgebirge mit Werkteilen in Olbernhau, Pockau, Ansprung, Seiffen und Deutschneudorf, wie auch in zwei Fertigungsstätten des VEB Vereinigte Sitzmöbelindustrie Neuhausen (s. E 3). Neben dem Einsatz von Holz nimmt die Verarbeitung von Spanplatten immer mehr zu. J 1.5

Auffallende Merkmale für die Holzspielwarenproduktion in Olbernhau sind einerseits die starke Aufgliederung der Fertigungsstätten in Klein- und Kleinstbetriebe und andererseits die leitungsmäßige Konzentration im VEB Holzspielwaren VERO Olbernhau (VERO = Vereinigte Olbernhauer Spielwarenbetriebe). Außer dem Stammbetrieb an der Saydaer Straße nordöstlich der Kegelbrücke hat dieses Kombinat im Stadtgebiet von Olbernhau noch weitere 5 Produktionsbereiche und -abteilungen. Einen Gesamtüberblick über seine Betriebsstätten vermittelt die Übersicht in Abb. 5. Jeder Betriebsteil weist einen hohen Anteil an weiblichen Beschäftigten und Heimarbeitern auf. Die Vielgestaltigkeit der Holzspielwarenherstellung und die große Bedeutung der Holzspielwaren für den Export — immerhin werden 40% der Produktion in 25 Länder exportiert — bedingen eine zentrale Ausbildungsstätte des Kombinats, die sich in Seiffen befindet (s. L 4.2). Neben dem Einsatz von Plasten bei der Spielwarenherstellung wird das Holz aufgrund seiner Griffigkeit und Wärme auch weiterhin sehr bedeutsam bleiben. Holzspielwaren aus dem VEB Kombinat VERO Olbernhau sind Messeschlager, wie Auszeichnungen auf den Leipziger Messen beweisen. Auch die Goldmedaille für das Spielzeugsystem VERO CONSTRUC (Abb. 23) ist ein Ausdruck dafür. Weitere Holzerzeugnisse sind Gehäusespielwaren, Puppenmöbel, stabile Fahrzeuge, wie Autos, Traktoren und Eisenbahnen, sowie verschiedene Baukästen. Neben diesen Holzspielwaren werden in einem weiteren Produktionsbereich des Olbernhauer Stammbetriebes auch Modellbahnen und Modellbahnzubehör gefertigt. Weiter gehören zum Produktionssortiment Kartonagen, Raum- und Tafelschmuck, Anschauungstafeln sowie Puppenkleider. Der VEB Kombinat Holzspielwaren VERO Olbernhau, der größte Produzent von Holzspielwaren und Modelleisenbahnzubehör in der DDR, ist gleichzeitig Leitbetrieb in der Erzeugnisgruppe Holzspielwaren und Exportförderbetrieb. Spielzeug anderer Art kommt aus dem VEB Blechspielwaren Olbernhau.

Auch für die Herstellung von Raum- und Tafelschmuck verteilen sich viele Klein- und Kleinstbetriebe über das ganze Stadtgebiet von Olbernhau, unter

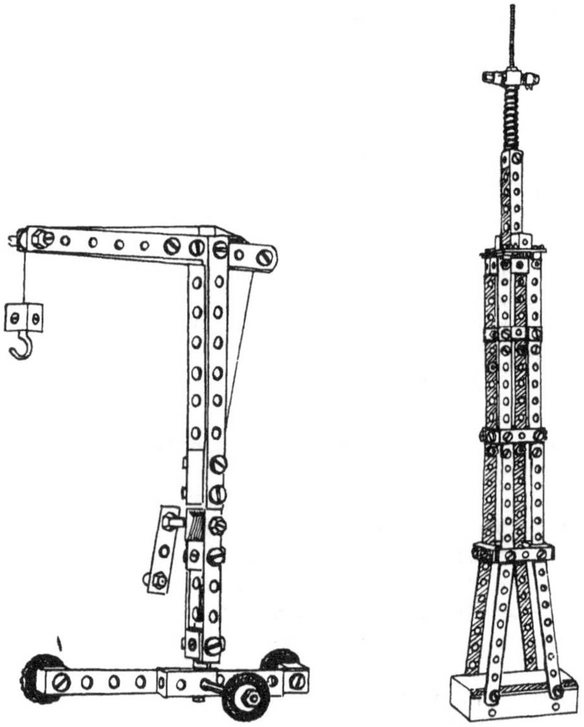

Abb. 23. Mit dem VERO-CONSTRUC-Holzbaukasten gebaute Modelle

denen der VEB Kunstgewerbewerkstätten mit seinen 3 Betriebsteilen, die PGH Drechslerwerkstätten, der VEB Raumschmuck Olbernhau und der VEB Feine Holzwaren Olbernhau die bedeutendsten darstellen. Die breite Palette der Erzeugnisse dieser Betriebe reicht von Räuchermännern über Nußknacker, Mini-Spinnräder, Leuchter, Pyramiden, Schmuckdosen, gedrechselte Gebrauchsgegenstände bis hin zu den vielfältigsten Figurengruppen von Osterhasen, Blumenmädchen oder Musikanten.
Als Ergänzungsindustrie für die weitverbreitete Holzindustrie gilt der VEB Olbernhauer Maschinenfabrik, der Gußteile für Holzbearbeitungsmaschinen und Absauganlagen herstellt. Eine Produktionsabteilung des VEB Strickwaren Oberlungwitz fertigt Trainingsanzüge an. Innerhalb der Bauwirtschaft spielt der VEB Hochbau Olbernhau die bedeutendste Rolle. Außerdem seien noch der VEB Baustoffwerk Olbernhau als Produzent von Hohlblocksteinen und der VEB Straßen- und Tiefbau genannt.
Trotz der begrenzten landwirtschaftlichen Nutzflächen in Olbernhau und seiner Umgebung spielt jetzt die Land- und Nahrungsgüterwirtschaft für die Versorgung des Stadtgebietes wie auch für das weitere Umland keine geringe

Rolle. Als 1945 die demokratische Bodenreform durchgeführt wurde, kamen 63 ha Land der Firma Lange zusammen mit 95 ha aus dem Pfaffrodaer Rittergutsbesitz zuzüglich etwa 400 ha Wald an Landarbeiter, landarme Bauern, Umsiedler und Kleingärtner in Olbernhau und den später eingemeindeten Dörfern zur Verteilung. Schon 1952 schlossen sich 10 Neubauern mit dem Zentrum Grünthal zur LPG Hugo Franz zusammen, die 1954 zum Typ III überging. 1957 vereinigte sie sich mit der LPG Neuer Weg, die an der Grenze zu Blumenau auf der Grundlage der Wirtschaft des früheren Forstgutes entstanden war, zur LPG Einheit. Dieser trat 1959 auch die von 6 Kleinneuschönberger Bauern gegründete LPG V. Parteitag bei. 1960 wurde schließlich Olbernhau durch den Anschluß weiterer Bauern und die Gründung der beiden Genossenschaften Frieden und Bielatal vollgenossenschaftlich. Die Schäferei am Forstgartenweg hatte zunächst die Vereinigung der gegenseitigen Bauernhilfe übernommen. J 1.5

Neben der Jungviehaufzuchtanlage in Reukersdorf (s. B 4) bildet jetzt die LPG (T) Einheit Olbernhau/Pockau einen weiteren landwirtschaftlichen Großbetrieb. Während die Verwaltung in einem Gebäude an der ehemaligen Obermühle untergebracht ist, verteilen sich die 20 meist kleineren Kuhställe verstreut vom Stadtteil Hirschberg bis nach Forchheim und Pockau. Die Bruttoproduktion liegt in der Milchleistung bei 4000 kg Milch pro Kuh (1975). Neben der Milch- und Rindfleischproduktion wird auch Schweinezucht und -mast betrieben. Die Tiere für die Schweinemast sind hauptsächlich in einem größeren Stall in Grünthal (s. J 3) untergebracht, die Schweine für die Zucht an verschiedenen Stellen, so am Ortsausgang nach Blumenau, im benachbarten Hetzelgut und in Blumenau (s. B 8). Das Futter erhält die LPG aus der Zwischengenossenschaftlichen Einrichtung Kartoffellagerhaus und Trockenwerk Pfaffroda (s. C 1) und von der LPG (P) Ansprung (s. G 10), die im Bereich der Obermühle in Olbernhau eine Technikwerkstatt unterhält. Zur LPG Einheit gehört ein Ferienheim, das im ehemaligen Haingut (s. J 5) eingerichtet wurde. Für die landwirtschaftlichen Betriebe der Umgebung ist die Zwischengenossenschaftliche Einrichtung Agrochemisches Zentrum (ACZ) Olbernhau mit ihren Lagern unmittelbar westlich des Bahnhofs von Grünthal bedeutsam.

Die Weiterverarbeitung landwirtschaftlicher Erzeugnisse erfolgt in Olbernhau in mehrfacher Hinsicht. Die Molkereigenossenschaft Olbernhau, 1928 wurden die Gebäude am Hang in unmittelbarer Nähe des Rathauses errichtet — 1960 mit neuer Technikausrüstung versehen —, erhält ihre Milchanlieferungen aus dem gesamten Gebiet bis zur Staatsgrenze und beliefert dieses auch mit Vollmilch, Frucht- und Kakaomilch sowie mit Buttermilch und Speisequark. Die erstverarbeitete Milch wird zur Verbutterung nach Freiberg gebracht. Unmittelbar an der Flöha stehen die teilweise artfremd genutzten Gebäude der ehemaligen Obermühle. Der VEB Schlacht- und Verarbeitungsbetrieb Olbernhau produziert in zwei Betriebsteilen. Während im unteren Teil des Stadtgebietes der Hauptbetrieb seinen Standort hat, in dem ausgeschält und zerlegt wird, erfolgt die Wurstherstellung im Stadtteil Rungstock (s. H 5). Zwei Olbernhauer Betriebsteile des VEB Getränkekombinat Karl-Marx-Stadt stellen Bier und alkoholfreie Getränke her.

Beachtlich für Olbernhau sind die 270 Handwerksbetriebe, von denen fast 200 zum produzierenden Handwerk — meist Holzverarbeitung — zählen. Zu den

J 1.5 dienstleistenden Handwerksbetrieben gehören auch die folgenden Produktionsgenossenschaften des Handwerks: PGH Blitzschutzanlagen und Bauschlosserei, PGH Dachdeckerhandwerk, PGH Elektroanlagen, PGH Friseurhandwerk, PGH Klempner- und Installateurhandwerk, PGH Malerhandwerk und ein Betriebsteil der PGH Start Neuhausen (Kraftfahrzeuginstandsetzung). Einige Teilbetriebe der Gärtnerischen Produktions-Genossenschaft (GPG) Drei Tannen sind im Stadtgebiet verstreut.
Mit seinen fast 150 Verkaufsstellen — 60 privaten, 46 staatlichen, 34 genossenschaftlichen und 9 mit Kommissionsverträgen — besitzt Olbernhau einen hohen Versorgungsgrad nicht nur für die einheimische Bevölkerung, sondern auch für die umliegenden Gemeinden. Eine Konzentration der Verkaufsstellen findet man am Markt und in der daran anschließenden inneren Grünthaler Straße (Bild 8).
Eine wichtige Umlandfunktion erfüllt der VEB Stadtwirtschaft Olbernhau mit seinen Abteilungen Wäscherei, Fuhrpark, Fäkalien- und Ascheabfuhr, technische Gase, Bestattungswesen, Straßeninstandhaltung und Winterdienst. Auch die medizinischen Einrichtungen der Stadt, Krankenhaus und Poliklinik und zahlreiche Fachärzte, übernehmen in starkem Maße die Betreuung der Bürger auch der näheren Umgebung. Die Bedeutung Olbernhaus in bezug auf das Erholungswesen liegt mehr auf dem Gebiet der Dienstleistungen und des Handels als auf dem Gebiet der Bereitstellung von Unterkünften, wenn auch an der Peripherie der Stadt eine Reihe von Betriebsferienheimen existiert und im Hotel Stadt Olbernhau eine begrenzte Anzahl von Zimmern zur Verfügung steht. Als eine zentrale Veranstaltungsstätte wurde das Tivoli rekonstruiert.

J 2 **Dörfel,** Stadtteil von Olbernhau

Die Siedlungsfläche des südlich gelegenen Stadtteils — in der Überlieferung auch *Leibnitz-* oder *Leubnitzdörfel* genannt — folgt im wesentlichen einem sich rasch verengenden und tief in das Rungstock—Grünthaler Hanggebiet eingeschnittenen Kerbtal, so daß viele Häuser an den Hang gebaut wurden.
An dieser Stelle hatte Carl Gottlob von Leubnitz, Besitzer des Rittergutes Olbernhau, um 1700 einige Waldarbeiter angesiedelt (s. H 5). Nach der Siedlung nannte man später den Bach, der das Tälchen hinabstürzte und sich bei Hochwasser in einen reißenden Fluß verwandeln konnte, Dörfelbach. Die Anwesen der Häusler, die mit etwas Land ausgestattet waren, bildeten eine lockere Reihe, an deren oberem Ende das ehemalige Eisoldgut oder Forstgut, heute ein Schulungs- und Erholungsheim der Forstwirtschaft, liegt. Am Rand der Flöhatalaue entstand eine mehr zusammengedrängte Häusergruppe, später nutzten auch Bürger die landschaftlich schöne Lage für ihre Villen. Zum Betrieb einer Walk- und Ölmühle wurde der Dörfelbach angestaut. Der dabei entstandene Dörfelteich wurde in jüngster Vergangenheit zu einem ansprechenden Naherholungsgebiet ausgebaut.
Die ehemalige Dörfelmühle, zeitweise ein gern besuchter Ausflugsgasthof, bildet heute den Hauptstandort für ein bedeutendes Glasveredlungswerk unserer Republik, den VEB Glaswerk Olbernhau. Recht aufschlußreich ist die

Entwicklung dieses doch für Olbernhau nicht typischen Industriezweiges: J 2
Sieben umgesiedelte Bürger aus der ČSR und aus Polen hatten 1946 die Glasraffinerie Pech und Kunte gegründet, der als Produktionsstätte einige kleine Räume an der unteren Zöblitzer Straße dienten. Veredelt, daß heißt bemalt und geschliffen, wurden zuerst Klarscheiben aus Gasmasken sowie Senfgläser, die als Untersetzer und Trinkbecher Verwendung fanden. In den folgenden Jahren wurde aus den Glashütten um Weißwasser erst Wirtschaftsglas und dann Bleikristallglas bezogen und verarbeitet. Die Bleikristallabteilung bildete den Grundstock für die weitere Entwicklung.

Seit 1952 ist die Dörfelmühle, die etappenweise rekonstruiert und erweitert wurde, Werk I des Betriebes. 1958, dem Jahr der Aufnahme staatlicher Beteiligung, wurde mit dem Bau des Werkes II am Sportplatz an der unteren Dörfelstraße begonnen. Um von teuren Importen unabhängig zu werden, erhielt der Betrieb 1962 die Auflage, Einscheiben-Sicherheitsglas zu veredeln; das erfolgte 1963 im Werk II, während im Werk I 1968 eine neue Bleikristallhalle entstand.

Das seit 1972 volkseigene Glasveredlungswerk umfaßt nach der Einbeziehung anderer Betriebe Werk I mit der Bleikristallabteilung, Werk II mit den Abteilungen Sicherheitsglas, Beleuchtungsglas, Thermosformung und Malerei, Werk III mit der Abteilung Kistenproduktion in Kleinneuschönberg sowie Betriebsteile in Satzung (Glasschleiferei), Carlsfeld (eigene Glasherstellung) und Grüna bei Karl-Marx-Stadt (Rationalisierungsobjekt zur Werkzeugherstellung und zur Produktion von Maschinenteilen).

Durch die Veredelung werden vor allem folgende Erzeugnisse produziert:

- formschöne und teilweise farbige Prunkbecher, Schalen und Vasen aus Bleikristall (Abb. 24), auch für den Export in das nichtsozialistische Ausland in Europa, Amerika und Asien,
- Einscheiben-Sicherheitsglas für den Waggonbau, teilweise auch für den Schiffsbau sowie für den Kraftfahrzeugbau,
- Wirtschaftsglas als Beleuchtungsglas für den Leuchtenbau und als Gebrauchsglas, wie Bowlen-, Bier- und Limonaden-Sätze, für den Binnenhandel.

Von den insgesamt 400 Beschäftigten des VEB Glaswerk Olbernhau arbeiten 260 in den Olbernhauer Betriebsteilen. Die Ausbildung zum Facharbeiter für Glasveredelung erfolgt in der zentralen Ausbildungsstätte in Weißwasser. Neben einem dekorativ gestalteten Speiseraum im Werk I helfen auch die 80 modernen Glasschleifautomaten aus der ČSSR mit, die Arbeits- und Lebensbedingungen der Werktätigen weiter zu verbessern.

Im Stadtteil Dörfel hat noch ein weiterer Betrieb seinen Standort. Direkt an der Bahnlinie Neuhausen—Olbernhau, gegenüber dem Werk II des VEB Glaswerk Olbernhau, ist der VEB Fahrzeugwerk Olbernhau untergebracht. Er fertigt für einen Wohnzeltanhänger die Einzelteile, die im Betriebsteil Brand-Erbisdorf montiert werden.

J 2

Abb. 24. Kristallpokal des VEB Glaswerk Olbernhau

J 3 **Grünthal,** Stadtteil von Olbernhau

Im südöstlichen Teil der Talwanne von Olbernhau, im Bereich der Einmündung der Natzschung in die Flöha, breitet sich der aus einem großen Werkweiler hervorgegangene Stadtteil Grünthal aus (1538 *im Griennenthal zu Obern Alberhau*).
Die Anlage der Saigerhütte Grünthal (Abb. 26) zur Gewinnung und Verarbeitung von Silber und Kupfer war von vornherein als Großunternehmen geplant und hat die im Erzgebirge nahezu einmalige Form einer durch Palisaden abgeschlossenen, seit 1693 auch ummauerten Siedlung erhalten; nur der gleichfalls dem Montanwesen dienende Schützhof in Geyer (s. Bd. 31, X 3.2) ist bereits um 1470 in ähnlicher Weise ummauert worden. Beide Anlagen konnten und sollten nicht als Befestigungen fungieren, sondern ähnlich wie Klostermauern einer Umfriedigung für Wohnung und Wirtschaft nach außen sowie der Absperrung gegen Unbefugte dienen – vielleicht auch den Einblick in Geheimnisse der metallurgischen Prozesse und Legierungen verwehren.
Zur Gründung einer Saigerhütte, die mit dem Chemnitzer Werk konkurrieren konnte (s. Bd. 33, B 5), eignete sich die durch Holzreichtum und Wasserkraft begünstigte Lage am Zusammenfluß von Natzschung und Flöha. Dies erkannte der Annaberger Bürger HANS LIENHARDT (auch LEONHARDT) 1537, der beträchtlichen Grundbesitz teils von dem böhmischen Herrn SEBASTIAN VON DER WEITMÜHL auf Komotau, Gründer der vorwiegend Kupfererze abbauenden Bergstadt St. Katharinaberg, teils von den Herren von Berbisdorf auf Lauter-

stein erwarb. Da er die Investitionskosten unterschätzt hatte, verband er sich seit 1538 mit dem Nürnberger Unternehmer CONRAD WEBER. Nachdem LIENHARDT schon vorher von der Leitung des Betriebes verdrängt worden war, wurde 1550 von CHRISTOPH UTHMANN das Unternehmen erworben. Als er starb, verwaltete seine Frau BARBARA UTHMANN geb. VON ELTERLEIN den Besitz mit dem ihr eigenen Geschick. 1554 verschaffte sie sich ein Privileg, das Grünthal alle in Sachsen anfallenden silberhaltigen Kupfererze sicherte, nachdem 1553 die Chemnitzer Hütte stillgelegt worden war. Allerdings verlängerte der Landesfürst das Monopol des Kupfererzkaufs 1567 nicht mehr und kaufte billig das stattliche Unternehmen selbst für 8000 Gulden — obwohl alles auf 11000 Gulden veranschlagt war —, weil er auf diese Staatseinnahmen nicht mehr verzichten wollte. Vorhanden waren zu dieser Zeit: 1 Wohnhaus mit 4 Stuben, 1 Haus des Schichtmeisters, 8 Arbeiterhäuslein, 1 Badstube, 1 Saigerhütte mit 7 Paar Bälgen, 2 Kupferhämmer, 1 Garmachhaus, 1 Erzwäsche mit allem Gezeug (684 Gulden wert), 1 Kohlplatz mit mehreren Kohlenschuppen. Weitere Nebenanlagen: 1 Mahlmühle mit 3 Gängen, 1 Brettmühle, 10 Pferdeställe und Viehställe nebst Scheunen, 1 Ziegelscheune, 1 Fischhaus, 1 Bienenhaus, 1 Obstgarten, außerdem Wiesen und Felder, Fischwasser in der Natzschung, außerdem 6 Teiche. J 3

In den 300 Jahren des landesherrlichen Regiebetriebes hat das Werk auch Mißerfolge erlebt; von 1583 bis 1589 stand es sogar still. Im großen und ganzen aber flossen ständig hohe Überschüsse in die fürstlichen Kassen. Für die Werktätigen geschah wenig; eine Hüttenordnung von 1602, die 1677 revidiert wurde, regelte fast 250 Jahre lang ihre Arbeit.

Höchst beachtlich ist aber die wohl um 1589 eingerichtete Werksschule; seit 1605 liegen deren Akten vor, sie ist die älteste der erzgebirgischen Hammerwerksschulen überhaupt, die im Gegensatz zu den späteren Minimal-Lehrplänen infolge ihrer Besetzung mit akademisch gebildeten, auf eine Pfarrstelle wartenden jungen Lehrern eine gediegene Ausbildung vermittelte.

Aus einer „Hosentuchzuteilung" im Kriegsjahr 1632 ergibt sich eine Stammbelegschaft von nur 26 Mann — Tagelöhner und Hilfsarbeiter erhielten diese Zuteilung nicht. Über viele Jahrzehnte hinweg arbeiteten nicht mehr als 40 Beschäftigte, zu denen noch etwa 20 Köhler und Waldarbeiter, vielleicht auch noch Fuhrleute kamen. Schwere körperliche und in den Schmelzhütten gesundheitsschädigende Arbeit herrschte vor. Die Arbeitszeit betrug 14 Stunden am Tag. Nur der Sonntag war arbeitsfrei, dafür war es Pflicht der Hüttenleute, die Kirche in Olbernhau zu besuchen. Viele von ihnen kamen aus umliegenden Orten; Fußmärsche bis zu 18 km sind nachweisbar (s. J 10). Hinsichtlich der Löhne nahmen die Hüttenleute gegenüber anderen Berufsgruppen eine Sonderstellung ein. Die Beträge lagen Ende des 16. Jh. zwischen maximal 18 Groschen und minimal 4 Groschen in der Woche und waren an die Arbeitsplätze gebunden.

Nach dem Dreißigjährigen Krieg erweiterte der Betrieb sein Warenangebot und lieferte vor allem Dachkupfer, an Fertigwaren Küchengeschirr aller Art, Destillierapparate und Kesselpauken sowie Drahtwaren; seit 1750 prägte man mit einem Münzdruckwerk sächsische und polnische Kupfermünzen.

Seit 1638 verarbeitete das Werk Kupfer aus dem damals unter sächsischer Oberhoheit stehenden Sangerhausen, seit 1671 auch solches aus dem damals

J 3 gleichfalls sächsischen Mansfeld. Es gehörte sicher zu den sehenswerten Anlagen, kein Wunder aber, daß es in allen Kriegen (1706, 1756—63, 1778, 1813) schwer zu leiden hatte.

Technische Neuerungen auf dem Werk sind nur von lokaler Bedeutung gewesen; denn sie erfolgten lediglich als Übernahme anderwärts bewährter Einrichtungen, so etwa 1733 das Raffinieren im Flammofen. Eine über den Standard hinausführende Entwicklung war auf dem relativ kleinen Werk mit etwa 30 bis 100 Mann Belegschaft nicht zu schaffen. Die im Werk arbeitenden uniformtragenden und aus der Knappschaftskasse bei Alter und Krankheit unterstützten „Facharbeiter" wurden stets ergänzt durch davon ausgeschlossene Saisonarbeiter, die im Forst das erforderliche Kohlholz einschlugen und auf den werkseigenen Floßplatz zur Vermeilerung anlieferten. Gestellt wurden diese Leute — 1589 waren es 35 — vom Amt Lauterstein aus der Reihe der fronpflichtigen Dorfbewohner. Diese mußten zugunsten des Montanwesens in einer Art Leistungslohn für ein geringes Entgelt eine nach Schragen bemessene Holzmenge schlagen, wozu sie etwa 11 Winterwochen brauchten.

An der Schwelle zum 19. Jh. (1799 oder 1793) verarbeitete man zugunsten der Freiberger Fabrik Leonischer Waren das Raffinatkupfer zu Feindraht, der dann in Freiberg versilbert oder vergoldet wurde, um zu Posamenten verarbeitet zu werden. Zur Deckung der Nachfrage nach Dachkupfer wurde 1847 ein zunächst nur langsam in Gang kommendes Kupferwalzwerk angelegt, 1856 dann ein zweites. 1873 wurde das Werk an F. A. Lange, Besitzer des Auerhammerwerkes in Aue, verkauft (s. Bd. 20, A 3). Dieses für die damalige Zeit — mit teilweise mehr als 1000 Arbeitern — moderne Unternehmen entwickelte sich immer mehr zu einem leistungsfähigen Kupfer- und Messingwerk, das 1934 in eine Aktiengesellschaft umgewandelt wurde. Es beteiligte sich in der Zeit des Faschismus und des zweiten Weltkrieges an der Rüstungsproduktion sowie an der Versklavung und Ausbeutung ausländischer Zwangsarbeiter und Kriegsgefangener.

Von 1933 bis etwa 1936 führte über einen ostwärts vom Werksgelände der Saigerhütte gelegenen Grenzübergang, der die Natzschung überquerte, ein wichtiger illegaler Kurierweg der KPD in die ČSR, auf dem durch bewährte Genossen illegale, im Ausland hergestellte Schriften ins faschistische Deutschland gebracht wurden.

Nach dem Sieg über den Faschismus waren es Arbeiter, die das Walzwerk wieder in Betrieb setzten. Zunächst fertigten sie Lichtständer aus Drahtresten und Granatböden sowie Sparplatten für Küchenherde und andere Artikel für die Bevölkerung an. Dann begann das Werk, eine spürbare Lücke im Bedarf der Wirtschaft zu schließen; die Produktion von feinen und mittleren Stahlblechen wurde aufgenommen. Der Ausstoß steigerte sich mit wachsender Erfahrung rasch. Anfang der fünfziger Jahre mußte eine neue Werkhalle gebaut werden. Um keinen Produktionsausfall zuzulassen, wurde sie über den alten Werkhallen des Kupfer- und Messingwalzwerkes, an der Stelle des ehemaligen, 1732—38 erbauten Großhammers errichtet. Andere umfangreiche Neubauten entstanden, darunter ein Sozialgebäude an der Grünthaler Straße, in dem Speisesaal, Küche und Sanitätsstelle Aufnahme fanden. Der ehemalige Doppelhammer jenseits der Flöha dient als Kulturhalle des Werkes.

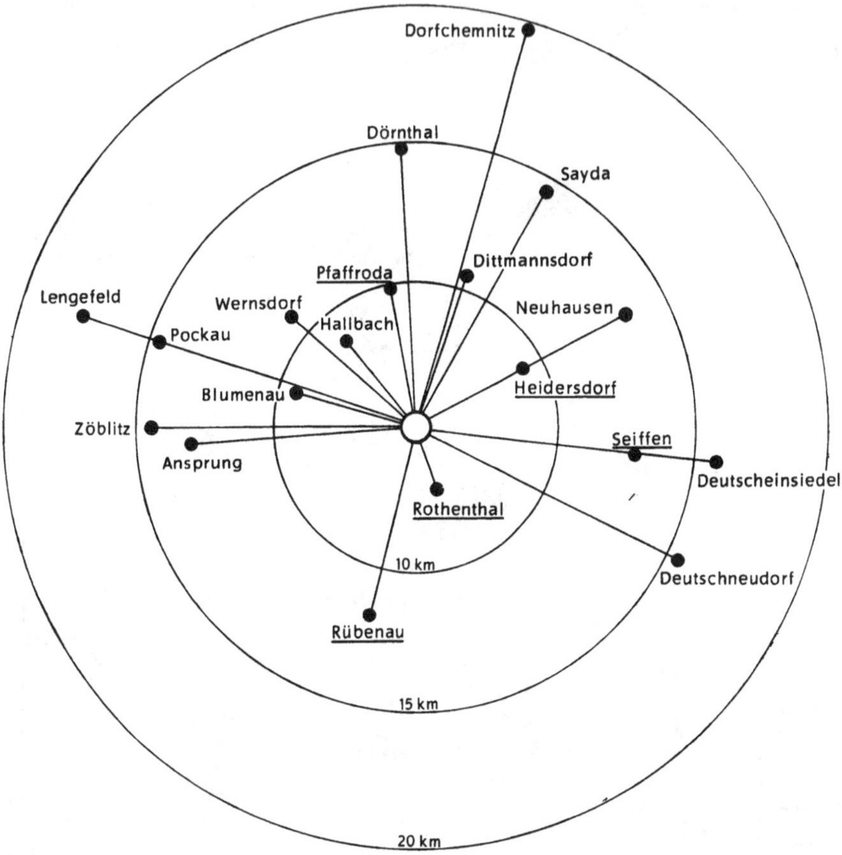

Abb. 25. Arbeitskräfteeinzugsbereich des VEB Blechwalzwerk Olbernhau; ausgewiesen sind nur Orte mit mindestens 2 Pendlern, unterstrichen sind Orte mit größerem Pendleranteil (Stand 1976)

Der VEB Blechwalzwerk Olbernhau gehört seit 1969 zum Bandstahlkombinat Hermann Matern Eisenhüttenstadt. In einem ausgedehnten Produktionsgelände längs der Flöha stellen jetzt nahezu 600 Werktätige die verschiedensten Blecharten her. Als Rohmaterial werden quaderförmige Stahlplatten, sogenannte Platinen, aus den Stahlwerken unserer Republik verwendet. Im einzelnen handelt es sich um folgendes Sortiment:

Riffelbleche, auch als Belagbleche bezeichnet (4,5—8 mm), für die Werftindustrie und für den Waggonbau; Export: Belgien, BRD, Niederlande und USA. Für diese Bleche ist der Betrieb Alleinhersteller in unserer Republik.

J 3

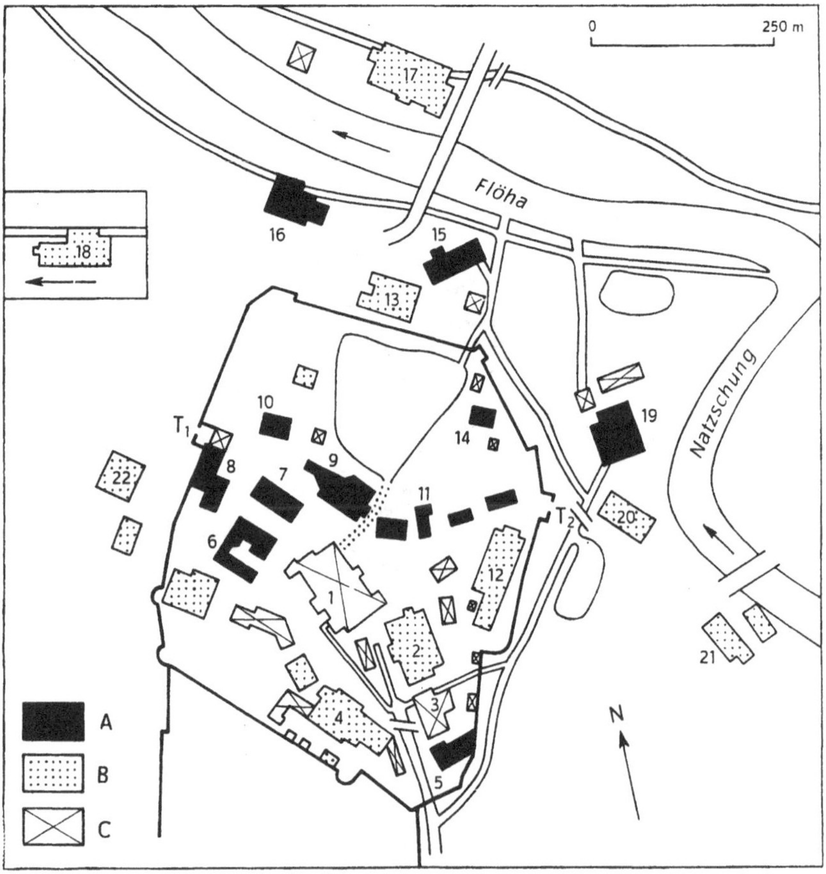

Abb. 26. Lageskizze Saigerhütte Grünthal (nach Museumsführer Saigerhütte Grünthal, Hrsg. Rat der Stadt Olbernhau 1979) aufgrund einer Aufnahme von 1799

A: historische, erhaltene Gebäude (unter Denkmalschutz) — T 1 Westtor
B: in veränderter Substanz erhaltene Bauten — T 2 Osttor
C: verlorene Bauteile

1 Saigerhütte, auch „Lange Hütte" genannt, heute: Parkplatz
2 Treibehaus, heute: Sporthalle der BSG Stahl
3 Pochwäsche (abgebrochen)
4 Neue Faktorei, heute: Wohnhaus
5 ursprünglich Hammerwerk — später Brauhaus, heute: betriebliche Nutzung
6 Alte Faktorei — später Hüttenschule, heute: HO-Vst., Wohnhaus
7 Hüttenschänke, heute: Gaststätte und Wohnhaus
8 Hüttenschule/Zimmerhaus/Torhaus (letzteres abgebrochen)
9 Neues Haus des Schichtmeisters/Anrichters, heute: Wohnhaus
10 Haus des Richters, heute: Wohnhaus
11 4 Arbeiterwohnhäuser
12 Kohlenschuppen, heute: Kegelbahn der BSG Stahl
13 Garhaus, heute: betriebliche Nutzung

Grobbleche (4,5—8 mm) für den Automobil-, Landmaschinen- und Chemieanlagenbau; Export: Sozialistische Republik Vietnam, Jugoslawien, Syrische Arabische Republik, BRD, Großbritannien, Schweden und USA. J 3

Feinbleche (1,0—2,5 mm) für den Landmaschinen- und Waggonbau, für die Reichsbahnausbesserungswerke wie auch für die chemische Industrie; Export: Sozialistische Republik Rumänien, Syrische Arabische Republik, Großbritannien, Schweden und USA.

Elektrobleche, auch als Dynamobleche bezeichnet (0,5 mm), für die Elektromotorenwerke; Export: Volksrepublik Polen, Sozialistische Republik Rumänien, Jugoslawien.

Transformatorenbleche (0,5 mm und 0,35 mm) für die elektrotechnische Industrie und für den E-Lokomotivenbau; Export: Volksrepublik Polen.

In der Abteilung Konsumgüterproduktion fertigt der VEB Blechwalzwerk Mehrzweckbehälter, Regentonnen mit einem Fassungsvermögen von 240 Litern sowie eine Reihe anderer Gegenstände aus Blech.

Die Beschäftigten des VEB Blechwalzwerk kommen aus der näheren und weiteren Umgebung (Abb. 25). Die Arbeitsbedingungen in den Produktionshallen werden ständig verbessert, denn Staub, Lärm, Hitze und körperlich schwere Arbeit sind noch Begleiterscheinungen bei der täglichen Arbeit. Daher wird zielstrebig daran gearbeitet, den Walzprozeß immer mehr zu mechanisieren. Viele teil- und vollautomatische Anlagen erleichtern schon heute wesentlich die Arbeit. Nicht zuletzt führte 1973 die Umstellung auf Erdgas aus der Sowjetunion dazu, die Arbeitsbedingungen im Betrieb zu verbessern und die Umweltverschmutzungen einzuschränken. Für ihre jahrelangen hervorragenden Produktionsleistungen erhielten die Werktätigen des VEB Blechwalzwerk Olbernhau 1971 den Orden „Banner der Arbeit" verliehen.

Auch im alten Werkgelände der Saigerhütte hat sich vieles verändert, so daß der Gesamteindruck einer frühkapitalistischen Werkanlage teilweise verlorengegangen ist. Die Schmelzhütte wurde 1952 wegen Baufälligkeit abgetragen. Aus dem alten Silbertreibehaus entstand eine Sporthalle, aus dem Kohlenschuppen eine Kegelbahn. Die Neue Faktorei (= Haus des Anrichters) wurde nach einem Großbrand 1964 in äußerlich ähnlicher Form mit einem neuen Ansprüchen genügenden Innenausbau als Wohngebäude wiedererrichtet. Einen Begriff vom Aussehen des ehemaligen Werkgeländes geben noch die Hüttenschenke mit ihrem Türmchen, das Osttor und der Althammer von 1534, der 1958—61 in seiner baulichen Substanz gesichert wurde. Als technisches

---

14 Schmiede, heute: betr. Nutzung
15 Hüttenmühle, heute: Wohnhaus, für museale Zwecke geplant
16 Neu- oder Flöhahammer
17 Doppelhammer, heute: Kulturhaus VEB Blechwalzwerk
18 Großhammer, in Betriebsanlagen des VEB Blechwalzwerk aufgegangen
19 Althammer, heute: Museum und Schauhammer
20 Försterei, heute: Wohnhaus
21 Accise (Zollhaus), heute: Wohnhaus
22 Ziegelbrennofen und Ziegelscheune — 1567 erwähnt, heute: Standort der Schule

J 3 Denkmal, ein „Objekt der zentralen Denkmalliste der DDR", gibt dieses Museum vielen Besuchern einen Einblick in die Produktionsweise früherer Zeiten (Bilder 1/2).

Seit dem 18. Jh. und dem Bau des Großhammers war Grünthal über die Hüttenmauern hinausgewachsen. An der Straße nach Olbernhau entstand längs der Flöha die sogenannte Hüttenreihe, wo außer Wohnhäusern und etwas Landwirtschaft auch Handwerk und Gewerbe ihren Platz fanden. An der Stelle der alten Ziegelei westlich der Hütte wurde 1886 eine neue Schule errichtet.

Für den Raum Olbernhau hat der Güterbahnhof Olbernhau-Grünthal als Umschlagplatz für Massengüter Bedeutung. In seiner Nähe nahm zu Beginn des 20. Jh. ein Anthrazitwerk den Betrieb auf. Hier wurde die Kohle gewaschen, nach Korngrößen sortiert, brikettiert und verladen, die mit einer Seilbahn aus Brandau (Brandov) herangebracht wurde, wo man sie seit 1854 auf der Gabrielazeche in bescheidenem Umfang abbaute. Der Berliner Unternehmer Johannes Schlutius intensivierte den Bergbau, nachdem er 1893 die Grube gekauft hatte; mit dem Anthrazitwerk sicherte er den Absatz der Kohle in Sachsen. Bald traten jedoch Produktionsstockungen auf, weil sich die Vorkommen abbauwürdiger Kohle erschöpften. 1924 liquidierte das Unternehmen, die Anlagen wurden demontiert. Übriggeblieben sind südlich der Eisenbahnstrecke die große, jetzt bewachsene sogenannte Anthrazithalde sowie ein paar Gebäude, in denen vornehmlich Holzwaren hergestellt werden.

Von örtlicher Bedeutung war das Schwefelbad östlich der Saigerhütte, wo man seit 1813 schwefel- und eisenhaltige Quellen für Wannenbäder gegen Rheuma und Gicht nutzte. Später stellte sich eine geringe Radioaktivität des Wassers heraus. Bis zu 100 Kurgäste im Jahr nahmen zeitweise die Einrichtung in Anspruch, bis die Quellen versiegten. Das Bad dient jetzt als Ferienheim.

An der Straße von Grünthal nach Rübenau ist in einem größeren Flachbau ein Schweinestall der LPG Einheit Olbernhau/Pockau untergebracht. Das Gelände davor wird von einem Betriebsteil der GPG Drei Tannen genutzt (s. J 1.5).

J 4 **Oberneuschönberg,** Stadtteil von Olbernhau

Ein kurzes Stück ihres Laufes, zwischen den Einmündungen der Schweinitz im O und der Natzschung im W, bildet die Flöha die Grenze zur befreundeten ČSSR. Nördlich dieses Flußabschnittes klebt der größte Teil von Oberneuschönberg förmlich an einem Steilhang. Im westlichen und mittleren Teil der Siedlung ziehen die Wohnstätten in zwei stark ansteigende, schmale Kerbtäler hinein, den Hüttengrund und den Tiefen Graben. An beiden Ortsausgängen von Oberneuschönberg wird die durchführende Straße von Olbernhau nach Seiffen und Neuhausen durch Stützmauern vor herabstürzendem Verwitterungsmaterial geschützt.

1651 hatte Caspar von Schönberg, der nach Georg Friedrich von Schönberg Besitzer des Rittergutes Pfaffroda (s. C 1) war 8 Exulanten aus der böhmischen Herrschaft Dux gestattet, sich zu verhältnismäßig günstigen Bedingungen südlich des Pfaffrodaischen Waldes an der Flöha nahe der Kupferhütte Grünthal

anzusiedeln. Sie konnten an dem steilen Hang vom Hüttengrund flöhaaufwärts J 4
nur wenig brauchbaren Boden aus geräumten Waldstücken erhalten, aber es wurde ihnen erlaubt, ihre erlernten Handwerke zu betreiben. Bald zogen weitere Ansiedler zu, und schon 1658 wurde ein Richter eingesetzt und eine selbständige Gemeinde gebildet, die man nach dem Grundherrn *Neu-Schönberg* und zum Unterschied von den anderen neuen Dörfern nordwestlich von Olbernhau (s. B 5, B 6) *Neu-Schönberg Ober Theil* (1696) nannte, woraus sich der heute gebrauchte Name gebildet hat. Um 1685 wurde an der Flöha eine Mahlmühle in Betrieb genommen; im Ort wohnten zu dieser Zeit bereits etwa 50 Familien.

1695 fand die Weihe der massiven Kirche statt, die anstelle eines 1661 errichteten Holzkirchleins erbaut worden war. Der denkmalgeschützte einfache rechteckige Bau mit seinem steilen Walmdach und dem kräftigen, von einer kupfergedeckten, zwiebelförmigen Haube abgeschlossenen Dachreiter liegt gut sichtbar auf einem steilen, felsigen Abhang hoch über dem Flöhatal. Die Innenausstattung blieb seit der Gründung weitgehend erhalten. Kanzel und Emporen sind sorgfältig aus Holz gearbeitet, ebenso das mächtige Tonnengewölbe. Neben dem barocken Altar, der von drei Bildern mit Themen aus dem Leben Christi geschmückt wird, steht ein lebensgroßes Kruzifix aus dem Jahre 1715.

Da die Ausübung von Handwerken gestattet war, entwickelten sich neben den sonst allgemein üblichen Dorfhandwerken vor allem Leineweberei, Strumpfwirkerei und Strumpfwirkerstuhlbau. Manche Einwohner waren auch als Bergleute in umliegenden Eisengruben tätig, die aber im 18. Jh. zum Erliegen kamen. Zu Beginn des 19. Jh. wurden die Oberneuschönberger Tischlerei und Schlosserei gerühmt; SCHUMANN (1820) berichtet auch von einem „Mechanicus hier, welcher gute Fernröhre, Mikroskope usw." liefert. Mit der Entwicklung der Industrie veränderte sich jedoch die wirtschaftliche Struktur. Die textilen Gewerbe verschwanden mehr und mehr, dafür verbreitete sich die Holzdrechslerei. Einige kleine Betriebe und Verlagshäuser entstanden. Aber die Arbeitsplätze reichten für die in dieser Zeit rasch anwachsende Bevölkerung nicht aus, viele Bewohner fanden in Konjunkturzeiten vor allem in der Kupferhütte von Grünthal (s. J 3) Beschäftigung. Aus der Mahl- wurde eine Brettmühle, die nach dem zweiten Weltkrieg ihren Betrieb einstellte.

Verkehrsmäßig war Oberneuschönberg durch die Flöhabrücke, die 1801 durch ein einbogiges steinernes Bauwerk erneuert wurde, eng mit Grünthal verbunden. Erst Ende des 19. Jh. wurde eine Talstraße, die sogenannte Zollstraße, gebaut. Wo der Steilhang sich bis zur Flöha erstreckte, mußten die Felsen gesprengt werden, um Platz für Straße, Eisenbahn und Mühlgraben zu schaffen.

Die Arbeiterbewegung faßte um 1900 in Oberneuschönberg Fuß. In der Zeit der Weimarer Republik hatten die Arbeiterparteien die Mehrheit im Gemeindeparlament. Arbeitergesang, lange Zeit unter der Leitung von KARL KALTOFEN, und Arbeitersport wurden im Ort gepflegt. Die Turnhalle, die sich die Arbeitersportler in Oberneuschönberg geschaffen hatten, machten die Nazis 1933 zu einer Folterstätte für alle Antifaschisten.

1882 erhielt Oberneuschönberg ein neues Schulhaus, dem schon 1900 wegen der schnell zunehmenden Kinderzahl ein weiteres Gebäude quer vorgesetzt wurde, das mit seinem Türmchen wegen der Lage am Hang sehr hoch wirkt.

J 4 Seit 1957 werden hier auch 9. und 10. Klassen unterrichtet. Ein Anbau von 1973 und eine entsprechende Ausstattung ermöglichen es, daß die Schule heute ihre Funktion als Mittelpunkt des Oberschulbereiches Johann Heinrich Pestalozzi erfüllen kann, zu dem außer Rothenthal und Grünthal seit 1977 auch Heidersdorf gehört.

Oberneuschönberg, das 1950 nach Olbernhau eingemeindet wurde, stellt jetzt vorwiegend eine Arbeiterwohnsiedlung dar, die auch heute noch eng mit dem VEB Blechwalzwerk (s. J 3) verbunden ist. Einige Werktätige sind in Betriebsteilen beschäftigt, die dem VEB Vereinigte Netz- und Seilwerke Heidenau und dem VEB Feine Holzwaren Olbernhau angeschlossen sind. An der Hauptstraße haben drei Kraftfahrzeugwerkstätten ihren Standort. Der ehemalige Gasthof Carola dient als Betriebsferienheim. Nördlich davon, nahe am Wald gelegen, ist eine Gartenanlage zum Naherholungsgebiet Bergstraße erklärt worden.

J 5 Hainberg

Aus Grünthal kommend, erreicht man über den Fahrweg (Heinrich-Heine-Weg) zum Ferienheim Haingut — einem alten Forstgut, in dem das Jagdgerät für die großen landesherrlichen Jagden aufbewahrt wurde — den Hainberg (606 m ü. NN). Von der Wegekreuzung am höchsten Punkt (Schutzhütte) führt ein Feldweg nordwärts zum Anton-Günther-Stein. Hier bietet sich ein Blick auf das obere Ende der Olbernhauer Talwanne (Abb. 37, Profil 1) mit Oberneuschönberg. Nordwestwärts am Waldrand entlang erreicht man den Skischlepplift zum Hainberg, von wo aus man den mittleren Teil der Talwanne überschaut, während den besten Blick auf den breitesten nördlichen Teil die Straße Olbernhau—Zöblitz bietet. Der Hainberg, 150 m über der Talaue gelegen, bildet mit dem Rungstock (s. H 5) und dem Knochen (s. H 2) die südliche Umrandung der Talwanne. Wenig südwärts steigt das Gelände in der Rungstock—Grünthaler Landstufe (s. J 6) noch um weitere 120 Höhenmeter steil an.

Bei der in ihrer Art im Erzgebirge einmaligen 10 km langen Flöha-Talwanne um Olbernhau (Bild 7) handelt es sich um ein Ausraumbecken, in dem wenig abtragungsresistente Karbon- und Rotliegendsedimente, die entlang einer Schwächezone zur Ablagerung kamen, erodiert wurden (s. Seite 2). Reste dieser Sedimente enthält die einst bei Brandov geförderte Steinkohle (s. J 3), solche wurde auch um Olbernhau in Aufschlüssen angetroffen — der Flurname Kohlenau bei Blumenau sei erwähnt — und steht am unteren Ende der Talweitung in einem winzigen Rest noch an (Reinisch/Graser 1929). Umgelagerte Abtragungsprodukte dieser Sedimente sind in Gestalt von mehr oder weniger rotbraun gefärbten Gehängelehmen noch weit verbreitet: bei Grünthal, im Westteil von Olbernhau und besonders auf den weniger stark geneigten östlichen Mittel- und Unterhangpartien der Rodungsflächen um Reukersdorf, Kleinneuschönberg und Oberneuschönberg. Obwohl reichlich von Geröllen und Steinen durchsetzt, neigen diese ziemlich dicht gelagerten Sandlehme besonders bei abnehmender Hangneigung und nicht zuletzt in der fast tischebenen, 425—450 m ü. NN gelegenen und zwischen 500 und 850 m breiten Flöhaaue zu Stauvernässung.

Klimatisch muß die Olbernhauer Talwanne den unteren Mittellagen zugeordnet werden, wohin ihre Hänge ohnehin gehören; die Talaue selbst ist Kaltluftsammelgebiet. Sowohl von Brandov her als auch über die Talhänge fließt in Strahlungsnächten Kaltluft in die breite Flöhaaue ab und stagniert. Bei den dann auftretenden Temperaturumkehrungen stellen sich auch ungünstige Verhältnisse für den Abzug der Hausbrand- und Industrieabgase ein. J 5
Um mehr als 200 Höhenmeter steigt der südwestliche Hang der Talwanne zum Ansprunger Rückengebiet an. Mit Ausnahme des Thesenwaldes (s. G 2) bestimmen ihn Graugneise mit ihren Verwitterungsdecken. Von dem einseitigen Waldhufendorf Blumenau sowie von den Kleinsiedlungen Leubnitzdörfel, Rungstock und Grundau aus wurden die im Mittel um 7° geneigten und zerrunsten erosionsgefährdeten Hänge gerodet und mühevoll unter dem Pflug gehalten. Heute sind besonders die steilsten Partien weitgehend in Grünland umgewandelt.
Der nordöstliche Talhang — aus Rotgneis aufgebaut — steigt in großen Teilen um 130, bei Niederneuschönberg bis zu 200 Höhenmeter an. Er trägt überwiegend Wald und nimmt an den Austritten des Biela- und Bärenbaches steile Formen an. Nur dort, wo auch Gehängelehme auftreten, finden wir an den dann flacheren Mittel- und Unterhängen größere Rodungen.

Bruchberg/Höckenstein J 6

Beiderseits des nach (Leubnitz-) Dörfel hinabfließenden Dorfbaches befinden sich auf Hangspornen im Buchenaltholz Gneisklippen: unweit der Wegekreuzung am Haingut die des Höckensteines (rund 650 m ü. NN) und östlich des Dorfbaches die des schwerer zugänglichen Bruchberges (672 m ü. NN), der durch seinen Fernsehumsetzer ein markantes Wahrzeichen besitzt. Von Dörfel aus führt um den Bruchbergnordhang der Bruchbergweg nach Rothenthal.
Wir befinden uns inmitten des Rungstock—Grünthaler Hanggebietes, das den nördlichen und östlichen Teil des Staatsforstrevieres Olbernhau bildet. Der reichlich 7 km lange Nordhang beginnt östlich der Görkauer Straße (= Straße Ansprung—Rübenau) und geht bei Rothenthal in den linken Natzschunghang über. Er besteht aus einer reichlich 100 m hohen Landstufe (s. J 8, N 3), die abschnittsweise nahtlos zusätzlich in Talhänge übergeht, so am Rungstockbach und an der Flöha beim Bruchberg, so daß relative Höhenunterschiede von 120—200 m entstehen. Einige steile Kerbtälchen, wie die von Verborgnem Fluß, Fuchssteinbächel, Seiden- und Dorfbach, gliedern und versteilen das Hanggebiet. Hier bestehen kleinflächig Schuttböden und Felsdurchragungen, während sonst mittelmächtige skelettreiche und sandig-lehmige Schuttdecken, auf denen Braunerden und Braunpodsole ausgebildet sind, weithin dominieren. Im Verein mit der frischen bis feuchten Schattenlage bestehen sehr gute Waldwuchsbedingungen. Nicht nur das NSG Rungstock (s. H 3), sondern auch die umfangreichen und herrlichen Laubholzbestände mit ihren Rotbuchen (Bild 33) auf der Grünthaler Seite ähneln dem ursprünglichen Waldbild (s. J 10) des Erzgebirges vor der Verfichtung.

J 6 Der Name Bruchberg könnte einfach auf Steinbruchbetrieb deuten. Vielleicht lautet er aber auch so nach einem unweit im Flöhatal gelegenen Talmoor bei Dörfel, das ausgetorft wurde (s. B 3).

J 7 **Pföbe,** Ortsteil von Rothenthal

Nach der Überlieferung schenkte 1565 der Kurfürst dem Wolkensteiner Schösser HANS HEINZ, der mit dem späteren Grünthaler Hüttenfaktor gleichen Namens identisch sein dürfte, oberhalb Olbernhaus einen Hain, die Rothenthaler Wiese. Es heißt, durch sie sei die Dürre Netzschkau gegangen, eine Abzweigung der Natzschung, und HEINZ habe hier sein Gut Grünewald erbauen lassen. Wahrscheinlich handelt es sich dabei um das spätere Febengut. Auf Karten vom Ende des 18. Jh. ist mit dem Namen die Pföbe schon eine Reihe von Häusern am linken Hang des Natzschungtales unterhalb von Rothenthal bezeichnet. Sie gehörten (1884: 6 Häuser, 65 Einwohner) bis 1955 zu Olbernhau und wurden dann nach Rothenthal umgemeindet. Bei dem Namen Pföbe handelt es sich vermutlich um das Gut eines Fabian; er könnte dann später nach der mundartlichen Angabe Febe kanzleisprachlich zu Pföbe umgebildet worden sein.

J 8 **Rothenthal,** Kreis Marienberg,

liegt versteckt im unteren Natzschungtal, das sich flußaufwärts immer mehr verengt. Wer von Grünthal kommt, erreicht den Ort dort, wo die steilen Hänge immer näher an die Natzschung herantreten, nur wenig Raum lassend für die Straße nach Rübenau und die meist kleinen Häuschen, die sich teilweise eng an den Hang schmiegen. Der Höhenunterschied zwischen dem Kerbsohlental der Natzschung (etwa 500 m ü. NN) und dem westlich benachbarten Sophienstein (etwa 680 m ü. NN) ist recht beträchtlich. Vom südwestlichen Ortsausgang aus ist ein Höhenweg, der Stößerfelsenweg (s. P 1), zu erreichen, der das reizvolle Natzschungtal mit seinen schroffen Felsklippen sichtbar werden läßt.
Der Ort verdankt seine Entstehung 1626 — 6 Jahre, bevor Sachsen in den Dreißigjährigen Krieg hineingezogen wurde — der Initiative des kurfürstlichen Faktors auf der Saigerhütte Grünthal AUGUST ROHDT (deshalb *Rohdethal* 1730). Er erwirkte für sich und seine Erben die Erbauung eines Drahthammers, die der Kurfürst mit Rücksicht auf sein eigenes Drahthammermonopol in Lohmen bei Pirna wohl oder übel erlaubte, um der drohenden böhmischen Konkurrenz vorzubeugen. Sonst wäre nicht vermeidbar gewesen, daß die zahlreichen erzgebirgischen Nadelmacher ihr Rohmaterial aus Böhmen geholt hätten. Das erhaltene Privileg ist eines der interessantesten wegen seiner offen dargelegten wirtschaftspolitischen und psychologischen Motivierungen: Der Kurfürst wollte sich nichts entgehen lassen, nichts verschenken und keine Hoheitsrechte abtreten, aber er wußte, daß er dem unentbehrlichen Faktor im beiderseitigen Interesse freie Hand „nach unten" lassen mußte. Darum übertrug er ihm die Gerichtsbarkeit, da „untter den Drahtarbeitern offters ruchlos gesindel und

leichte Pursche zubefinden, so soll er dieselben in guter acht haben ..., die J 8
bestraffung geringer vorfallender sachen und verbrechung bey solcher Drahthütten und deroselben Diener und Arbeitern soll ihm überlassen sein, jedoch mit dem bedinge, wo etwas wichtiges und bevoraus Criminalsachen vorlauffen, er selbige in unser Amt Lautterstein gebührend zu berichten schultig sein soll".

Rohdt legte den Hammer im abgelegenen Tal der Natzschung etwa so wie die Saigerhütte an (s. J 3), als kompletten Siedlungsbereich mit stattlichen Produktionsanlagen – der Hochofen erreichte 7 m Höhe –, mit Arbeiterwohnhäusern, Landwirtschaftsbetrieb, Fuhrpark und Kohlplätzen sowie einer werkseigenen Eisenzeche (s. K 1); auch einen Schulmeister zog er heran. Etwas eigenmächtig war die Einbeziehung der Weißblechproduktion mit 2 Blechhämmern und dem erforderlichen Zinnhaus; 1649 wurde ein Stabhammer angegliedert, und 1650 hatte das Unternehmen 66 Mann Belegschaft, nämlich: 10 Bergleute, 7 Köhler, 5 am Hochofen, 3 am Frischhammer, 12 Drahtzieher, 5 Scheibenzieher (z. T. aus Franken angeworben), 12 Mann an beiden Blechhämmern, 5 Mann am Zinnhaus – die dort unentbehrlichen Wischweiber zählten nichts; dazu kamen noch Verwalter, Schulmeister, Meister, Schenkwirt und Wächter.

Die starke Belegschaft fällt um so mehr auf, als 1646 Rothenthal durch Schweden ausgeplündert und in den Betriebsanlagen schwer beschädigt worden war; sie erklärt sich aber durch die Vielseitigkeit des manufakturmäßig differenzierten Betriebes. Am Ausgang des Krieges trat Rohdt mit dem sonst nirgends mehr angefertigten Eisenkunstguß hervor, so daß der Amtmann zu Pirna als Oberaufseher der Eisenkammer Beschwerde führte, obwohl die kurfürstliche Gießhütte 1542 stillgelegt war. Das legt nahe, Rothenthal die gegossene Freiplastik als eine sehr wesentliche technische wie volkskünstlerische Leistung zuzuschreiben. Die außerordentlich lebendige Gestalt eines mit schwerer Last innehaltenden, in die Ferne blickenden Bergmanns (als Ofenfuß) dürfte neben anderen dort entstanden sein (Abb. 27). Seit 1579 (Tod Rohdts) litt das Werk unter der Konkurrenz von Carlsfeld, da der Großunternehmer Veit Hans Schnorr von Carolsfeld die Konzession für eine Drahtmühle neben seinen übrigen Werken erhielt. Nach dem um 1650 erreichten Höhepunkt bestand das Werk noch etwa 100 Jahre, ehe um 1750 der Hochofen gelöscht wurde. Das verfügbare Holz war selbst auf der böhmischen Seite erschöpft, guter Eisenstein ließ sich auch nicht mehr beschaffen, so daß der Betrieb nur noch als kleine Schmiede für den Forst- und Ortsbedarf bestehen konnte.

Westlich von Rothenthal baute am Schuppenberg die Grube 'Rother Hirsch' auf einem NW–SO streichenden Gang der Roteisen-Baryt-Formation Eisenerze ab, die in der Eisenhütte Rothenthal verarbeitet wurden. Weitere Gänge befinden sich jenseits des Natzschungtales auf ČSSR-Territorium, deren Erze in der dortigen Gabrielahütte genutzt wurden, zumal Kohle ganz in der Nähe im Brandauer Revier (Gabrielazeche) zur Verfügung stand.

Nach dem Niedergang des Werkes nutzten Brett- und Papiermühlen, auch Drehwerke für hausindustrielle Holzdrechsler die Wasserkraft der Natzschung. Nach 1860 entstanden Holzwarenfabriken mit Wasser- und auch mit Dampfantrieb. Spezielle Produkte aus Rothenthal waren Lineale und Federkästen, Schach- und andere Spiele. Am Platz des alten Eisenhammers war eine Papier-

Abb. 27. Rothenthaler Eisenkunstguß eines Ofenfußes (Bergmann, Höhe 45 cm) nach HENTSCHEL 1955

fabrik in Betrieb genommen worden, die 1959 abbrannte und dann nicht wieder aufgebaut wurde.

Die kapitalistische Entwicklung zwang viele Einwohner, außerhalb ihres Dorfes ein kleines Einkommen zu suchen. EMIL ROSENOW, der mehrmals hier wohnte, fand bei seinen Erlebnissen und Begegnungen mit den Rothenthaler Einwohnern den Stoff für die sozialkritische Komödie „Kater Lampe". Schon 1893 wird auch von einem sozialdemokratischen Wahlverein berichtet, der in Rothenthal wirkte. Eine kraftvolle Arbeiterbewegung sicherte sich in der Zeit der Weimarer Republik die Mehrheit in der Gemeindevertretung. Noch aus der Reichstagswahl am 5. 3. 1933 – nach der Machtergreifung des Faschismus – ging in Rothenthal die SPD als stärkste Partei hervor.

Die Grenzgemeinde Rothenthal ist heute eine typische Arbeiterwohnsiedlung, die in den letzten Jahren durch den Fleiß ihrer Bewohner und durch die vielen Initiativen ihrer gesellschaftlichen Kräfte bekannt geworden ist, gehörte doch der Ort 1976 zu den besten 100 Städten und Gemeinden in unserer Republik im Wettbewerb „Schöner unsere Städte und Gemeinden". Als Auszeichnung erhielt Rothenthal eine Urkunde des Nationalrates der Nationalen Front der DDR. Zeugen dieser vielseitigen Bürgerinitiativen sind der neue Kindergarten, die aus dem alten Feuerwehrdepot entstandene Turnhalle, zwei ausgebaute und neu eingerichtete Räume für den Schulhort, ein neues Feuerwehrgerätehaus, ein schmuckes Mehrzweckgebäude mit Poststelle, Bücherei und DRK-Raum, 8 Wohnungseinheiten, die durch den Ausbau einer Brandruine gewonnen wurden, der rekonstruierte Saal des Volksheimes und nicht zuletzt die vielen schön eingerichteten Wohnhäuschen. Im Rahmen der Aktion DDR 30 wurde eine Kaufhalle am ehemaligen Gasthof Rothenthal errichtet. Am Hang stehen auch das 1927 erbaute Gemeindeamt und eine 1955 geweihte Kapelle aus Bruchsteinmauerwerk. Der fehlende günstige Baugrund im engen steilhängigen Tal bedingt

allerdings eine Begrenzung für Neubauten. Das jetzige Schulhaus im Tal mit seinem Türmchen stammt aus dem Jahre 1881. J 8

Noch Mitte der fünfziger Jahre war in Rothenthal ausschließlich die Holzverarbeitung heimisch, die in einigen Kleinbetrieben, vor allem aber durch Einzelhandwerker ausgeführt wurde. Mit der 1956 vollzogenen Gründung der PGH Holz erfolgte eine gewisse Konzentration, die durch eine neue Produktionsstätte an der Straße innerhalb der Dorfmitte sichtbar wird. Daraus entwickelte sich später der VEB Hodrewa (= Holz- und Drechslerwaren), Betriebsteil Rothenthal, mit etwa 100 Beschäftigten (s. T 1). Die Produktion dieses Betriebes umfaßt typische erzgebirgische Erzeugnisse, wie Nußknacker, Räuchermänner, Olbernhauer Reiterlein, Schalen, gedrehte Möbelbeine und andere Drechslererzeugnisse.

Durch die Umprofilierung ehemaliger Holzbetriebe wurden inzwischen neue Industriezweige in Rothenthal angesiedelt. So entstand 1965 ein Betriebsteil des VEB Waschgerätewerk Schwarzenberg mit gleichfalls annähernd 100 Beschäftigten. Die Produktion umfaßt vor allem Lötgeräte und Campingkocher. Diese Geräte werden in Rothenthal montiert und zum Versand gebracht, die Einzelteile stammen aus dem Betriebsteil Heidersdorf (s. D 2). Des weiteren entwickelten sich zwei Produktionsstätten des VEB Formplast Rübenau (s. T 1), die Polyester zu Kindersesseln und Kraftfahrzeug-Einzelteilen verformen bzw. Leuchtenteile herstellen.

Mit der Herausbildung dieser neuen Industriebetriebe ist der ehemals hohe Anteil von Frauenheimarbeit stark zurückgegangen und andererseits auch das Einpendeln von Arbeitskräften, vor allem aus Heidersdorf und Rübenau, aber auch aus Olbernhau, verstärkt worden. Zurückzuführen ist die veränderte Arbeitskräftesituation auch auf die rückläufige Bevölkerungsentwicklung in Rothenthal.

Sophienstein J 9

Am Ausgang des Natzschungtales finden wir an der linken oberen Hangkante die teils in Fichtendickung versteckten Rotgneisklippen des Sophiensteines 680 m ü. NN. Eine der Klippen trägt eine Ruhebank und gewährt einen bemerkenswerten Ausblick nach S bis O: im Vordergrund auf das 180 m tiefer gelegene Rothenthal und die gerodete Schrägfläche um Brandov, wo sich am oberen Ortsende einst der Steinkohlenschacht (s. J 3) befand. Hora Sv. Kateřiny (Katharinaberg), der basaltische Kamenný vrch (Steinl, 842 m ü. NN), der Ahornberg und weitere Höhen um Seiffen begrenzen das Sichtfeld.

Vom Sophienstein westwärts erstreckt sich ein hoch gelegener zerdellter, völlig bewaldeter Flachrücken, ein Ausläufer der Rübenauer Hochfläche, die er am Dürren Berg erreicht. Auf den steinigen aber feinbodenreichen Gneisschuttdecken dominieren Braunpodsole, durchsetzt von Naßstandorten in den Quellmulden einiger hier entspringender Bäche. Die Fichtenbestände dieses kammnahen Rückens sind hier schon stark rauchgeschädigt.

J 10 Hammerweg

Der Name Hammerweg erinnert einmal an den täglichen Arbeitsweg der Hammerarbeiter aus Rübenau zum Kupferhammer Grünthal. Er führt durch das ehemalige große Lautersteiner Waldgebiet, um dessentwillen Kurfürst AUGUST I. nahezu mit Gewalt (s. N 5) die Herrschaft der Herren von Berbisdorf 1559 an sich gebracht hatte; es belieferte den Montanbereich vor allem mit Kohlholz, das zum Teil von den Kohlplätzen zu den Hammerwerken meist auf nicht frei wählbaren, sondern vom Förster vorgeschriebenen Wegen, darunter eben dem Hammerweg, abgefahren wurde. Der weitaus größere Teil jedoch wurde im Winter stammweise ans Ufer der kleinen flößbar gemachten Bäche — Steinbach, Rungstockbäche, Teichbächel, Lehmheidenbach — geschleppt, dort nur mit dem Beil ohne Säge zu Scheitholz von 9/4 oder 7/4 Ellen (1/4 Elle = 13,5 cm) abgelängt und bei der Schneeschmelze ins Wasser geworfen. Als waldgebundene Berufsarbeit waren Holzeinschlag sowie Transport der Stämme und der Holzkohle für eine nicht unerhebliche Zahl der Einwohner aus den umliegenden Orten wichtig. Freilich mußten sie lange, im Winter sehr anstrengende Arbeitswege in Kauf nehmen. Die Flöße brauchte nur an wenigen Tagen einen Masseneinsatz zum Einwurf der Scheite ins Wasser. Nach 1725 kam dann auch die bis dahin unbekannte Pflanzarbeit und die Einhegung von Schonungen als Arbeit hinzu — vordem gab es dagegen lediglich eine der fürstlichen Jagdbelustigung dienende Getreideaussaat zur Wildfütterung auf Kahlschlägen.
Heute bildet der Hammerweg einen wichtigen Forstwirtschaftsweg, erschließt die Forstreviere Rübenau und Olbernhau und ist streckenweise zugleich Begrenzungslinie (Schneise) zwischen Forstabteilungen. Vor wenigen Jahren wurde das überaus steile Stück am Steinbach verlegt, um eine bessere Befahrbarkeit zu erreichen.
Unter den zahlreichen Wegenamen dieser Forstreviere erwähnen wir noch den Zaunweg, der von Pföbe durch Katzenhaide und Kriegwald führt. Er erinnert an den Hauptwildzaun, der in der Zeit der kurfürstlichen Jagden den Wildwechsel von Sachsen nach Böhmen verhindern sollte. In den Ämtern Wolkenstein, Lauterstein und Frauenstein führte er deshalb immer in Grenznähe entlang.
Während im Rübenauer Revier beiderseits des Hammerweges reine Fichtenbestände stocken, säumen ihn im Olbernhauer Revier schöne, vor Jahren noch mit Tanne gemischte Buchenbestände. Ab und zu begegnet man durch Zäune geschützten Anpflanzungen der Tanne und auch gelungenen Verjüngungen der Buche. An der Einmündung des Roten Hirschweges befindet sich ein Weymouthskiefernbestand mittleren Alters. Die sommergrüne Lärche ist einzeln oder in Gruppen reichlich vertreten.
Unweit des Hammerweges befinden sich am Dörfelbach die Gedenksteine jener Forstmänner, die sich um die Erhaltung der Olbernhauer Buchenbestände verdient gemacht haben: des Forstmeisters SCHAAL am Königsweg (jetzt Heinrich-Heine-Weg), amtierte 1865—94, und des Forstmeisters AUGST, 1894—1911.

Eisenzeche, Ortsteil von Heidersdorf, **K 1**

besteht aus einer Häusergruppe, die versteckt in einer Hangmulde des Flöhatales liegt. Die 1670 gegründete Exulantensiedlung führte 1752 den Namen ***auf der Zeche***. Hier findet man, im oberen Bereich der kleinen Ansiedlung am Waldrand wie auch innerhalb der Bebauung (Gebäude E. Hänel, Spielwarenfabrikation), Reste der einstigen Eisenerzgewinnung (s. J 8). Hier baute die Grube ‚Weißer Löwe' (Abb. 28) auf einem NO—SW streichenden Gang der Roteisen-Baryt-Formation, welcher im Rotgneis aufsetzte. Ein gleicher Parallelgang wurde in Niederseiffenbach vom ‚Rudolph-Erbstolln' erschlossen.
Die Erze der beiden mächtigen Gänge wurden im vergangenen Jahrhundert für das Hüttenwerk Rothenthal abgebaut. Die Haupterzminerale Hämatit (Roteisenerz) in Form von flasrigem Glaskopf und blättrigem Glanzeisenerz waren an die Gangarten grobkristalliner und hornsteinartiger Quarz und eisenschüssige Letten gebunden; in den obersten Gangteilen trat erdiger Eisenocker hinzu.
Nach dem Niedergang des Bergbaus bildeten ähnlich wie in den benachbarten, nach dem Dreißigjährigen Krieg gegründeten Ortschaften Waldarbeit, Spinnen, Weben sowie die Herstellung von Holzwaren neue Erwerbsquellen. Eine kleine Fabrik entstand im Talgrund. Heute fallen die Produktionsgebäude des VEB Holzwaren Heidersdorf auf. Dort werden von 50 Beschäftigten Spateln, Eislöffel und Stäbchen hergestellt.

Niederseiffenbach, Ortsteil von Heidersdorf und Seiffen, **K 2**

zieht sich nach Südosten in einem kerbartigen Hangtälchen zum Seiffener Rücken hinauf. Während das Gebiet unmittelbar am Bahnhof Heidersdorf dichtere Bebauung zeigt, ist der südöstliche Teil nur mit einzelnen Gehöften besetzt.
Niederseiffenbach entstand bald nach dem Dreißigjährigen Krieg als Exulantensiedlung; im wesentlichen ließen sich hier aber auch Bewohner der umliegenden Orte nieder, die wohl auf eine geringere Belastung mit Diensten hofften. Die Ansiedlung erfolgte größtenteils auf Räumen des soeben kurfürstlich gewordenen und ins Amt Frauenstein gegebenen Hirschberger Waldes. Aber auch die Herren auf Purschenstein überließen einigen Siedlern des Ortes Land, vor allem am Krähenberg und im Lässigherd. Durch die zweifache Zuordnung entstand ein Amtsdorf mit einem Anteil an herrschaftlichen Untertanen, was die gemeinsame Entwicklung erschwerte. Die Bewohner waren auch nach unterschiedlichen Kirchen gepfarrt. Das Dorf besaß auf der Friedenshöhe einen eigenen Friedhof und schuf sich im Flöhatal eine eigene Schule.
In Niederseiffenbach lebten Häusler, die sich von ihrem Stück Land allein nicht zu ernähren vermochten. Deshalb suchten sie zusätzliches Einkommen durch Waldarbeit und Waldnutzung, durch Flachsspinnen und Klöppeln oder auch durch Holzdrechslerei; einige Einwohner arbeiteten als Bergleute. Erst spät im 19. Jh. entwickelte sich innerhalb des Ortes im Flöhatal etwas Industrie. Die Schaffermühle nutzte zur Holzverarbeitung die Wasserkraft des Flusses. Ein

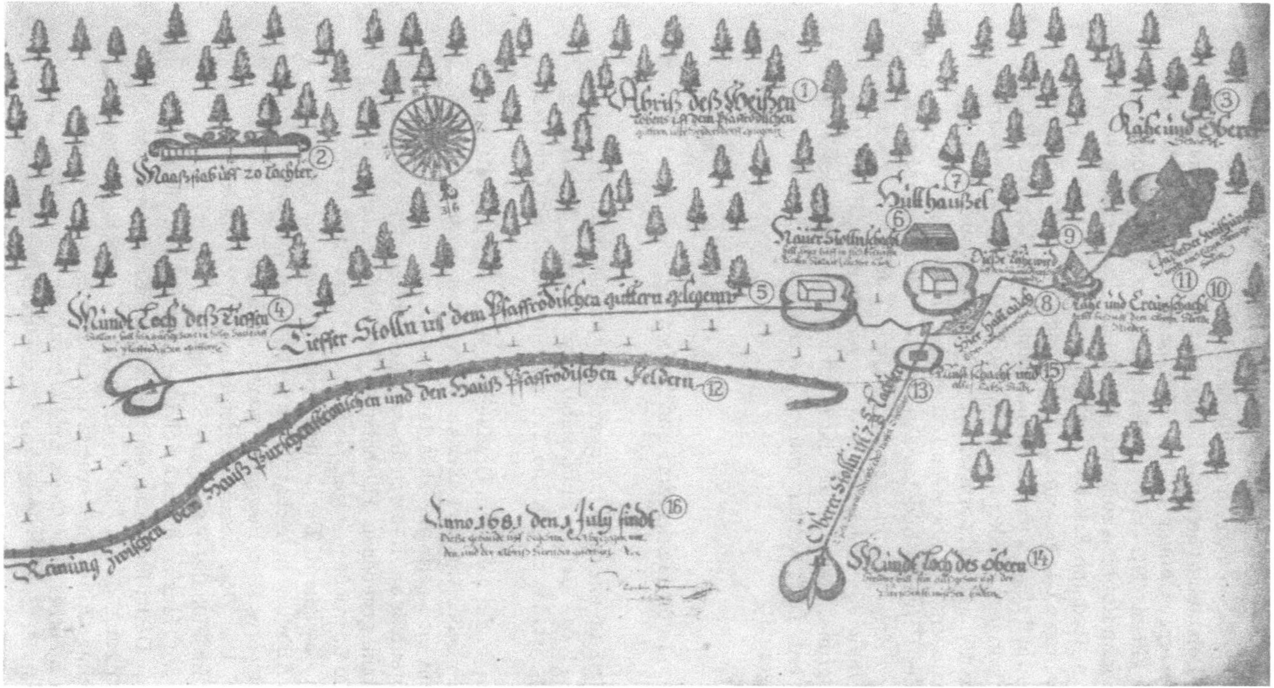

Abb. 28. Riß der Grube ‚Weißer Löwe' (Histor. Staatsarchiv Freiberg II, W. g. 1)

1 Abriß deß Weißen Löbens uff dem Pfaffrödischen güttern über Heydersdorff gelegen
2 Maaßstab uff 20 Lachter
3 Kähe (= Kaue) und Öberer Förder Schacht
4 Mundt Loch deß Tieffen Stollens hatt sein außgehens in Holz Haue uff dem Pfaffrödischen güttern
5 Tieffer Stolln uff dem Pfaffrödischen güttern gelegenn
6 Häuer Stollnschacht helt seiger tieff in sich biß uffn Tieffen Stolln $15^1/_2$ Lachter 6 Zoll
7 Hutthäußel
8 Hier hatt auch Eißen Stein gebrochen
9 Dieße Kähe wird uff dem Näuen Löbenschacht genandt
10 Kähe und Creuzschacht gehet biß uff dem öbern Stolln Nieder
11 In dießer Weithung wird noch Eißen Stein gehauen
12 Reinnung zwischen dem Hauß Purschensteinischen und dem Hauß Pfaffrödischen Feldern
13 Öberer Stolln ist $7^5/_8$ Lachter 2 Zoll höher alß die sohle deß tieffen Stollens
14 Mundt Loch des öbern Stollens hatt sein außgehens uff der Purschensteinischen seidten
15 Kunstschacht und alte Rathe (Rad) Stube
16 Anno 1681 den 1. July sindt Dieße gebäude uff begehren abgezogen worden, und der abriß hierüber gefertiget von Martin Hörnigen, Markscheider

Sattlereibetrieb, jetzt Betriebsteil des VEB Vereinigte Stuhlindustrie Neuhausen, entwickelte sich nach 1945 aus handwerklichen Anfängen. K 2
1939 wurde die in ihrer damaligen Form kaum mehr lebensfähige Gemeinde aufgelöst. Der Kern, südlich der Flöha und in einem steilen Seitentälchen gelegen, kam mit dem Ortsteil Lässigherd zu Heidersdorf. Die Häuser auf der Friedenshöhe und im Seiffener Grund wurden nach Seiffen eingemeindet. Ein Schulanbau machte es möglich, hier alle Heidersdorfer Schüler unterzubringen, bis 1977 die Vereinigung mit dem Oberschulbereich Oberneuschönberg erfolgte.

Hirschberg, Stadtteil von Olbernhau — K 3

seit 1950, war ursprünglich Ortsteil von Niederseiffenbach und seit 1939 von Oberneuschönberg. Seine wenigen Häuser stehen, bevor die Schweinitz in die Flöha mündet, rechts der Flußmündung wie auch an dem anschließenden Hang.
Am Ende des Dreißigjährigen Krieges hatte der Kurfürst das um 1615 entstandene Vorwerk Hirschberg (1647 *Hirschbergk*; nach dem Hirsch benannter Berg, vgl. Hirschgrund, Hirschsprung) erworben, das vorher einer um Frauenstein ansässigen Seitenlinie der Familie von Schönberg als Jagdhaus und Witwensitz gedient hatte. Daraus erklärt sich, daß es mit dem gleichzeitig gekauften Hirschberger Wald zum Amt Frauenstein gekommen war. Um das Vorwerk entstanden auf Stücken, auf denen der Wald abgetrieben war, einige Häuser für Forstbedienstete und Waldarbeiter. Im 18. Jh. wurde an der Flöha eine Mahlmühle errichtet, die sich seit 1867 zu einer Holzwarenfabrik entwickelte. Ein neues Förstereigebäude wurde 1890 gebaut.
Nordwestlich von Hirschberg, direkt an der Flöha gelegen, hat der Eisenbahn-Haltepunkt Oberneuschönberg seinen Standort. In dessen unmittelbarer Nähe gabelt sich die von Olbernhau kommende Straße einmal in Richtung Neuhausen und zum anderen in Richtung Deutschneudorf. Die an der Weggabelung stehende Gaststätte mit ihren Nebengebäuden dient jetzt dem VEB Zementanlagenbau Dessau als Ferienheim und Kinderferienlager sowie dem VEB Vereinigte Sitzmöbelindustrie Neuhausen als Internat für seine Lehrlinge.

Forstrevier Hirschberg — K 4

Das Hirschberger Buchengebiet, durchschnittlich 600 m ü. NN gelegen, hat hohe volkswirtschaftliche und landeskulturelle Bedeutung. Waldbeschreibungen früherer Jahrhunderte weisen aus, daß die ursprüngliche Bestockung aus Tanne, Fichte, Buche, Esche, Ulme und Ahorn bestand und starke alte Bäume den Hauptanteil des Bestandes ausmachten. Der überaus hohe Holzbedarf der Hammerwerke und Schmelzhütten, insbesondere der der Saigerhütte Grünthal, im 17. und teilweise noch im 18. Jh. führte auch im Hirschberger Gebiet zu einer starken Devastierung der Buchenbestände (s. H 3). Buchenholz und andere harte Laubhölzer wurden an Ort und Stelle durch Wanderköhler verkohlt. Die

K 4 großen Kahlschläge verjüngten sich von belassenen Samenbäumen aus wieder mit Buche, so daß um 1800 immerhin noch über 41% Buchenanteil auf dem Hirschberger Revier vorhanden war und zwar hauptsächlich Bestände im Alter von 40 bis 60 Jahren. Doch hatte die Fichte zu jener Zeit bereits von mehr als der Hälfte der Revierfläche Besitz ergriffen.
Die Bodenreinertragslehre, die in der zweiten Hälfte des 19. Jh. aufkam, führte zur Aufgabe bewährter Wirtschaftsverfahren; der höchsten Massenertrag versprechenden Fichte wurde noch mehr Raum gegeben. Im Hirschberger Revier wurden daher die Buchenbestände in den Abteilungen 32—35 bis auf geringe Reste in Fichtenbestände umgewandelt.
Im Jahre 1925 waren im Hirschberger Revier noch 17% harte Laubhölzer, hauptsächlich Buche, vorhanden (MÜLLER 1935). Infolge der starken Belastung durch Rauchgase und des damit verbundenen Abgangs der Fichte gewinnen die Buchenbestände zunehmend an Bedeutung. Durch angepaßte Verjüngungsverfahren erhöht sich die Anteilfläche der Buche wieder (Bild 29).
Zahlreiche Forstwege, die durch das Hirschberger Revier ziehen, geben interessante Hinweise auf lokale Besonderheiten: Eschenweg, Tellenweg, Bergflußweg, Krummer Weg, Ringelweg, Tiefflußweg. Der Sachsenweg führt als meist bequemer Hangweg durch einen größeren Laubwaldbestand. Er verbindet den Stadtteil Hirschberg mit dem Kurort Seiffen und beginnt in unmittelbarer Nähe des Bahnhofs Oberneuschönberg. Der Spitzbergweg bildet die kürzeste Verbindung von Olbernhau nach Seiffen. Er beginnt einige hundert Meter östlich des Bahnhofs Oberneuschönberg an einer großen Schleife der Flöha und führt steil in einem schmalen Kerbtälchen hinauf, wobei er rasch 200 m Höhenunterschied überwindet.

K 5 Seiffener Grund

Am Fuß des Ahornberg-Osthanges finden wir 740 m ü. NN in Abt. 18 die Quellarme des Seiffenbaches, dem im oberen Ortsteil von Heidelberg Schweinitzwasser über den Heidengraben (s. R 4) zugeführt wird. Der muldentalartige Oberlauf geht unterhalb von Seiffen im Seiffener Grund rasch in ein bewaldetes steilhängiges Kerbsohlental (Abb. 37, Profil 4) über, an dessen nördlichem Hang der beliebte Sachsenweg (s. K 4) entlangführt. Unterhalb dieses eigentlichen Grundes mit einigen holzverarbeitenden Betrieben — ältere Karten verzeichnen hier Waldschenke und Glöcknermühle — ist auch die schmale Aue bewaldet. Hier besteht im Bereich des von Mulden, Dellen und Wasserrissen gegliederten linken Talhanges das 79,7 ha große NSG Seiffener Grund. Der Hangsporn zwischen dem Seiffenbach und der Schweinitz nördlich der Niederlochmühle trägt das 89,2 ha große NSG Hirschberg (s. K 4). Beide Naturschutzgebiete sind besonders wegen ihrer Laubwaldgesellschaften ausgewählt worden.
Beim Olbernhauer Ortsteil Niederlochmühle mündet in 508 m ü. NN der 7 km lange Seiffenbach in die Schweinitz. Hier befand sich ein Forsthaus mit einem Pferdestall. Die umliegenden Talwiesen dienten als Weide und zur Heugewinnung. Der Bahnhof an der eingestellten Bahnlinie nach Deutschneudorf diente vor allem der Versorgung Seiffens.

Schwartenberg

Wie der Ahornberg (s. L 10) so ist auch der Schwartenberg (789 m ü. NN) ein von der Tiefenerosion losgelöster und erniedrigter Rest der Erzgebirgskammhochfläche. Außer von Südosten her wirkt der fast völlig gerodete Berg wuchtig und zugleich imposant (Bilder 17/18). Der Wechsel von Feldern, Wiesen, Lesesteinwällen mit Gehölzstreifen und verstreuten Anwesen verleiht ihm einen besonderen Reiz. Das 1927 eröffnete Unterkunftshaus, später Jugendherberge, dient heute als durch den Gemeindeverband rekonstruierte Gaststätte.
Viele sehen im Schwartenberg den schönsten Berg des Erzgebirges überhaupt; denn auch die Aussicht von den kleinen Klippen auf dem Gipfel ist außerordentlich vielseitig. Eine Kupferplatte gibt die Sichtpunkte und ihre Entfernungen an, von denen hier nur Fichtel- und Keilberg (Klinovec), der Auersberg (65 km), die Augustusburg und der Schornstein von Halsbrücke bei Freiberg genannt seien. Sehr reizvoll ist auch die Betrachtung der unmittelbaren Umgebung: des Streusiedelgebietes um Seiffen, des fast 300 m tieferen Flöhatales am Bahnhof Seiffen, des Dorfes Neuhausen und des Wasserspiegels der Talsperre Rauschenbach. Der Name Schwartenberg ist mit dem mittelhochdeutschen Wort *swarte* = speckige Haut gebildet — vielleicht im Hinblick auf das Aussehen nackter Felspartien am Gipfel.
Den Aufbau des Schwartenberges bestreiten Graue Gneise. Diese körnig-flaserigen Marienberger Gneise, wie die Gesteine der Preßnitzer Serie im mittleren Erzgebirge früher genannt wurden, verdanken ihre Entstehung Prozessen, die bis ins jüngere Präkambrium zurückreichen, einen etwa 700 bis 570 Millionen Jahre zurückliegenden Zeitraum. Damals lagerten sich tonig-sandige Bildungen in großer Mächtigkeit vermutlich in einem weit über die Grenzen des heutigen Erzgebirges hinausreichenden Meeresraum ab. Noch vor Ende des Präkambriums führten gebirgsbildende Prozesse zu einer Umwandlung (Metamorphose) und Verfaltung der Sedimente. Die Metamorphose bewirkte schließlich die Herausbildung von Biotit-Muskowit-Plagioklas-Gneisen.
Der Marienberger Gneis in seiner normalen Ausbildung ist etwa 1 km östlich des Schwartenberggipfels unmittelbar an der nach Neuhausen führenden Straße in einem kleineren aufgelassenen Steinbruch aufgeschlossen; das mittel- bis kleinkörnige Mineralgemenge besteht hier aus Quarz und Feldspat, wodurch das körnig-flaserige Verteilungsbild entstanden ist.
Die Ausbildung der Grauen Gneise ist jedoch durchaus nicht einheitlich; so kann eine Verringerung der Korngröße zu feinkörnigen und mitunter sogar zu Dichten Gneisen führen, wie sie uns in den Gipfelklippen des Schwartenberges entgegentreten. Ein geringerer Gehalt an Feldspat bewirkte in diesen Gneispartien eine größere Härte und Widerstandsfähigkeit gegenüber der Verwitterung. Das sedimentäre Ausgangsmaterial dieser Dichten Gneise besaß offenbar eine sehr feinkörnige sandige Beschaffenheit.
Im Westhang des Schwartenberges setzt unterhalb des Gipfels ein NNO—SSW streichender Gang auf, der der kupferreichen kiesig-blendigen Bleierzformation zuzuordnen ist. Haldenreste zeugen noch heute von einstigen Bergbauversuchen.

L 2 **Heidelbach,** Ortsteil von Neuhausen

In einer Höhe von mehr als 700 m ü. NN stehen südöstlich des Schwartenberges verstreut die wenigen Gebäude von Heidelbach. Berührt wird diese kleine Häusergruppe von der Straße Neuhausen—Deutscheinsiedel, von der in Heidelbach ein Abzweig zum Schwartenberg hinaufführt.
Es ist anzunehmen, daß sich eine der beiden im Purschensteiner Lehnbrief von 1451 genannten Glashütten in Heidelbach befunden hat. 1488 entstand diese Anlage neu an einem kleinen, vom Schwartenberg herabfließenden Bach. Aus dem Jahre 1611 liegt ein Kontrakt zwischen der Herrschaft Purschenstein und Casper Preussler vor, „Glasemeister in der Heidelbach". Der Grundherr sicherte ihm Lieferung von Brennholz und von faulen Stöcken für die Äscherei aus den Purschensteiner Wäldern zu, wofür er außer dem Erbzins von 5 Gulden eine Summe von 10 Gulden zu zahlen hatte. Außerdem mußte er kostenlos 3 Truhen Scheiben, $2^1/_2$ Schock verschiedene Gläser und 4 Kolben zur Brennerei nach Neuhausen liefern.
Neben den 8 Gebäuden für den Hüttenbetrieb und die dazugehörige Landwirtschaft bestanden 2 Hämmer, die den zur Glaserzeugung genutzten Kies zerkleinerten. Der Heidelbacher Glashütte, die lange als der bedeutendste derartige Betrieb im Erzgebirge galt, werden gemalte, geschliffene und Spiegelgläser zugeschrieben. Im 19. Jh. war sie aber der Konkurrenz nicht mehr gewachsen; um 1820 wurde die Glasproduktion eingestellt und um 1845 ein Gebäude nach dem anderen abgerissen. Nur die alte Glasniederlage steht noch und dient jetzt als Gaststätte.
Ein Dorf Heidelbach wurde von Exulanten 1659 in Streulage angelegt. Hier siedelten sich oberhalb der Glashütte, in der Talmulde und an der Brüxer Straße, Häusler bis in 740 m Höhe auf gerodeten Waldstücken an. Neben der Landwirtschaft beschäftigten sich die Bewohner vor allem mit Holzwarenherstellung. Mit dem aufkommenden Fremdenverkehr erfolgte die Zimmervermietung. Die Dachsbaude und die Kammbaude entstanden; sie sind jetzt gut eingerichtete Ferienheime.
Seit seiner Gründung unterstand das Dörfchen bis zur Aufhebung der grundherrlichen Obrigkeit dem Neuhausener Richter. Die ehemalige Glashütte mit den benachbart in der Talmulde liegenden Häusern wurde 1939 nach Seiffen umgemeindet.

L 3 **Steinhübel,** Ortsteil von Seiffen

In einer Hangmulde westlich des Schwartenberges verteilen sich die Wohnstätten und einige Kleinstbetriebe von Steinhübel. Hier waren, wie in vielen Nachbarorten, bereits in der Zeit des Kapitalismus Holz- und Spielwarenfabrikation heimisch.
Die Bewohner dieser kleinen Streusiedlung hatten lange Zeit besonders unter feudaler Zersplitterung zu leiden: Bis zur großen Bereinigung der Fluren von 1939, die mit einer Gemeindezusammenlegung verbunden war und Steinhübel zum Bestandteil eines vereinigten Seiffens machte, gehörte die kleine Siedlung

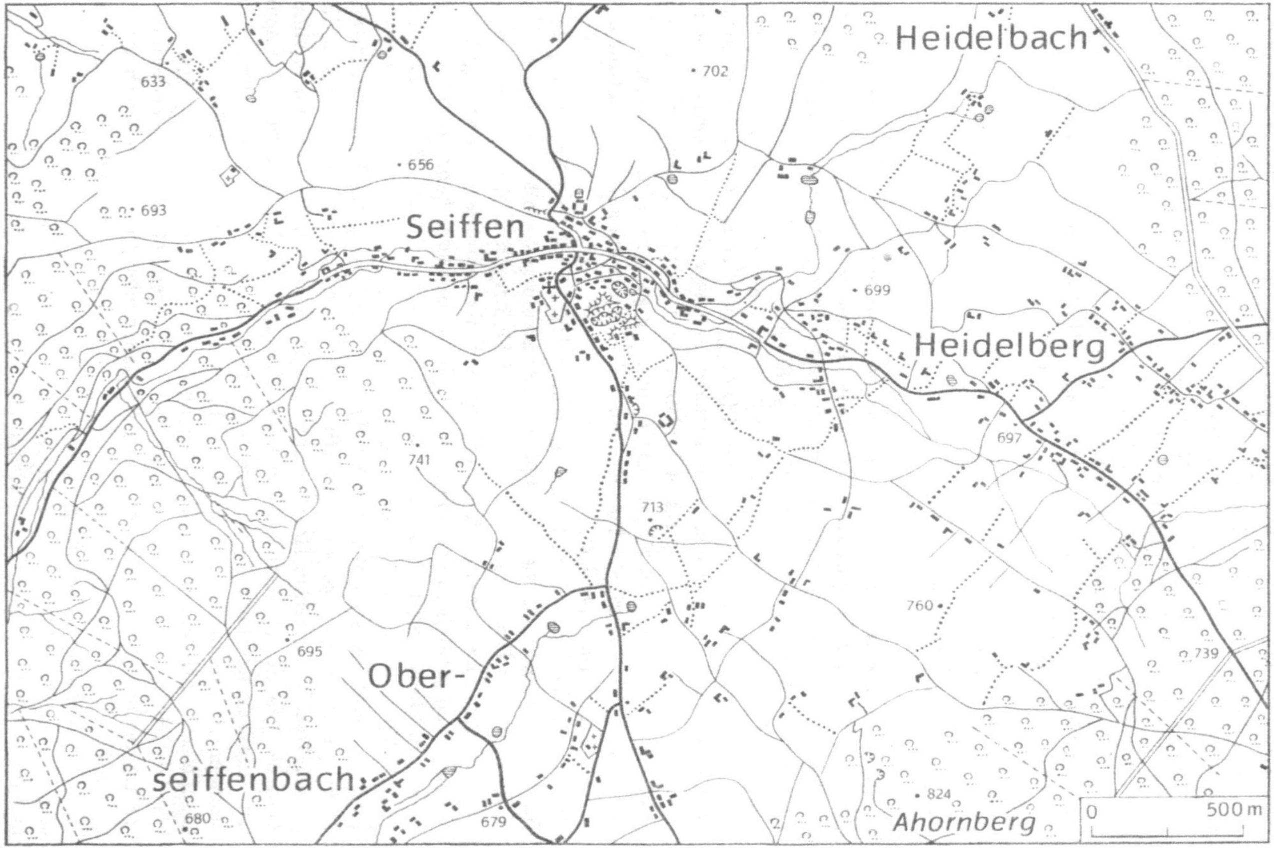

Abb. 29. Flur Seiffen und Ortsteile um 1900 (nach J. LANGER 1931)

L 3 territorial zu zwei verschiedenen Gemeinden, zu Heidelberg (1880 mit einem Anteil von 12 Häusern mit 130 Einwohnern) und zu Seiffen (1880: 21 Häuser, 149 Einwohner). Die jeweiligen Untertanen waren dementsprechend zu unterschiedlichen Bedingungen (Naturalabgaben, Zinsabgaben, Frondienste) angesiedelt worden. Auch in Gemeindeangelegenheiten bestanden oft Differenzen. Die Aufhebung dieser Zersplitterung mußte von der Steinhübeler Bevölkerung als eine Erleichterung aufgefaßt werden.
Steinhübel ist nach Seiffen gepfarrt. Ein erstes kleines Schulhaus war in diesem Ortsteil 1863 errichtet und 1894 durch ein größeres Gebäude ersetzt worden; die einheimische Schule wurde 1939 bei der Bildung der Großgemeinde aufgelöst.

L 4 **Kurort Seiffen,** Kreis Marienberg

Umgeben von Wald und einigen markanten Erhebungen, dem Schwartenberg (s. L 1), dem Ahornberg (s. L 10) und dem Reicheltberg (s. L 5), dehnt sich der Kurort Seiffen mit seinen Ortsteilen über eine weite, teilweise recht bewegte und zertalte Hochfläche aus. Durch die große Gesamtgemarkung (Abb. 29) von ungefähr 900 ha Fläche ergibt sich beispielsweise eine Entfernung von über 4 km, um vom Ortsteil Steinhübel (s. L 3) im N zum Ortsteil Oberseiffenbach (s. L 6) im S zu gelangen. Die mittlere Höhenlage des Ortes beträgt 640 m ü. NN (Höhenmarke an der Kirche), aber die am höchsten gelegenen Ortsteile erreichen im SO 760 m ü. NN, die am niedrigsten gelegenen im N 600 m ü. NN. Der Seiffenbach durchfließt den Ort, von Heidelberg kommend, in Richtung auf den Seiffener Grund (s. K 5).
Um den Ortskern im Bereich der Straßenkreuzung am alten Erbgericht, dem Bunten Haus, erstreckt sich die typische Streusiedlung vor allem nach O und S, in Richtung auf Deutscheinsiedel (Ortsteil Heidelberg, s. L 7) und Deutschneudorf (Ortsteil Oberseiffenbach). Auffällig sind die teilweise noch sehr gut erhaltenen und gepflegten erzgebirgischen Spitzgiebelhäuser (Abb. 30), die meist Holzverkleidung tragen. Von ihnen heben sich die neue Karl-Marx-Oberschule und die Wohnblöcke am Sportplatz deutlich ab.
Überragt wird der stadtähnliche Dorfkern von der hoch am Hang liegenden, 1776—79 errichteten Barockkirche (Bild 17), deren Äußeres weithin durch die kleinen Nachbildungen in Holz bekannt wurde (Abb. 32). Sie ist in Form eines Achtecks gebaut, auf dem sich ein hohes Zeltdach erhebt; es wird von einem Glockentürmchen mit Galerie abgeschlossen. An vier Seiten des Achtecks befinden sich symmetrische Treppenanbauten, durch die man zu den in zwei Geschossen umlaufenden Emporen gelangt. Die untere Empore setzt vor dem klassizistischen Kanzelaltar aus, neben dem sich Logen befinden. Das bedeutendste Ausstattungsstück ist ein achtarmiger Glashängeleuchter, der wahrscheinlich im 17. Jh. geschaffen wurde und der Überlieferung zufolge aus der Glashütte Heidelbach (s. L 2) stammt. Er diente vielen in Seiffen entstandenen Holzleuchtern als Vorbild. Nahe der Kirche steht das 1926 vollendete Rathaus, das mit seinem hohen Walmdach gut den alten erzgebirgischen Bauformen angepaßt ist.

Für den Fremdenverkehr und die Naherholung im Schwartenberggebiet nimmt der Kurort Seiffen eine zentrale Stellung ein. Die schöne landschaftliche Lage, aber auch die kulturellen und kulturhistorischen Einrichtungen, wie Kulturhaus, Spielzeugmuseum, Schauwerkstatt und Freilichtmuseum (s. L 7), bieten dafür eine ausgezeichnete Grundlage sowohl für den Sommer- als auch für den Winterurlaub. Jährlich beherbergt Seiffen fast 7500 Urlauber; davon sind die meisten im FDGB-Ferienkombinat Berghof/Bad Einsiedel (s. L 8) untergebracht. Weitere Quartiere bieten die 6 Betriebsferienheime mit über 160 Plätzen. Dazu kommen noch pro Belegungszeitraum 115 Betten, die von der Kurverwaltung oder vom Reisebüro der DDR vergeben werden. L 4

Abb. 30. Spitzgiebelhaus Seiffen, Ernst-Thälmann-Straße 96

Der Bergwerksort L4.1

Die im Bereich der Seiffener Bingen sowie in südöstlicher Richtung nach Oberseiffenbach und in östlicher nach Heidelberg zu aufsetzenden Zinnerzvorkommen gehören einem Lagerstättentyp an, der sich von den größeren erzgebirgischen Zinnerzlagerstätten einmal durch seine Gangform und zum anderen durch das Auftreten von Zinnstein gemeinsam mit Sulfiden und Silikaten unterscheidet.
Nebengestein der Gänge, die in Kreuzungs- und Häufungszonen eine Art „Stockwerk" wie in Altenberg (s. Bd. 7, G 5) bilden, ist hier der Gneis, im Gebiet der Bingen, dem Zentrum des Stockwerkes, eine schlotförmige Gneisbrekzienzone. Wenn auch Granit die Ursache der Vererzung in der Tiefe sein dürfte, so tritt er jedoch nirgends zutage.
Der Zinnstein, der in früheren Zeiten einen bescheidenen Bergbau ermöglichte,

L4.1 ist hier nur zum geringen Teil bei höheren Temperaturen in der pneumatolytischen, der gasförmigen, Phase (500°C—400 °C) gebildet worden. Die Hauptmenge stellt ein sekundäres Umwandlungsprodukt aus einer sulfidischen Kupfer-Eisen-Zinn-Verbindung, dem Zinnkies, dar. Diese Umsetzung erfolgte im wesentlichen nahe der Erdoberfläche durch Oxydationsvorgänge. Deshalb traten Zinnerzanreicherungen vor allem in geringen Tiefen, im Zinnernen Hut, auf und vertaubten nach unten oder gingen in sulfidische Kupfererzgänge über (s. G 6).

In den einst hochtemperierten pneumatolytischen Gangteilen tritt außerdem eisenhaltiger Arsenkies auf; die hydrothermalen Gänge (s. G 6) führen noch kupferreiche Erzminerale, wie Kupferkies, Kupferglanz, Fahlerze sowie Zinnkies neben Zinkblende und Bleiglanz.

Im Gebiet der Bingen, von denen die nördliche durch den Zusammenbruch der Abbauräume der Grube ‚Neuglück' (Bild 13) und die südliche durch den in der Grube ‚Geyerin' entstanden waren, tritt ein ausgesprochenes Gangtrümer-Netzwerk auf, in dem der Erzgehalt in der Stockwerksmasse nie besonders hoch lag, im Maximum 1,4% Zinn (Sn) betrug, aber auch bis 0,09% sinken konnte. In Reicherzzonen der Gänge traten Zinngehalte bis zu 2,9% auf.

Die Bergbaugeschichte Seiffens ist bisher wenig erforscht; die 1851 nach Freiberg überführten Bergamtsakten wurden dort vernichtet, weil Freiberg für den alten Zinnbergbau nicht zuständig war. Immerhin blieben noch genug Urkunden greifbar, um wenigstens die letzten 200 Jahre des um 1850 endgültig erloschenen Bergbaus einigermaßen detailliert darzustellen.

Der Name Seiffen tritt schon frühzeitig auf (1451 *Czenseyffen*, 1540 *Seyffen*, zu mhd. *sîfen* = tröpfeln, triefen, bedeutet also eine Wäsche). Er deutet an, daß Zinnseifnerei betrieben wurde, ein Tagebau, der aus Bachgeröllen und Terrassenschottern die metallhaltigen schweren Brocken durch eine einfache Schwerkraftaufbereitung auslas. Die Ablagerungen der Wasserläufe führten neben Gneisgeröllen und abgerolltem Quarz untergeordnet Schwerminerale wie Zinnstein, Turmalin und Granat. Über eine schräge Fläche, den Herd, laufendes Wasser sortiert automatisch einigermaßen gleichgroße Brocken nach ihrem spezifischen Gewicht: die schwersten bleiben oben am „Haupt des Herdes" liegen, die leichtesten werden weggespült. Die damals betriebene Seifenarbeit ist also gesichert — nicht der Bergbau. Eine noch ältere Urkunde, vom Jahre 1324, die sich mit der Erwähnung von *cynsifen* lediglich auf das Gebiet um Purschenstein, nicht konkret auf Seiffen bezieht, spricht ausdrücklich davon, es könne in Zukunft Bergbau aufkommen, dessen Beginn aber in einer Quellenlücke von 225 Jahren verborgen liegt. Wir dürfen nur vermuten, daß die Seiffener Zinngruben mit der allgemeinen Intensivierung des osterzgebirgischen Zinnbergbaus nach dem Beginn in Altenberg um 1440 aufkamen. Daß diese, unsere Mutmaßung nicht ganz von der Hand zu weisen ist, ergibt sich aus einem Dokument von 1560. In diesem Jahr beabsichtigte Kurfürst August I., die Purschensteiner Wälder im Schwartenberggebiet an sich zu bringen; seine beiden Beauftragten berichteten ihm aber, sie hätten diese bei ihrer Besichtigung am 15. Juli 1560 arg gelichtet angetroffen. Diesen den Kauf vereitelnden Befund erklärten sie mit dem Hinweis, daß in dem Seiffenbach ungefähr acht „Bochwerge" arbeiteten. Das ist keine große Anzahl, aber der klare Hinweis auf begrenzten,

wohl schon geraume Zeit betriebenen Zinnbergbau. Denn der aus der Grube gef̈orderte Zinnzwitter mußte im Gegensatz zu den aus Bachsanden gewonnenen Zinngraupen gepocht werden. L4.1

Eine weitere Urkunde von 1576 bestätigt den Betrieb; sie nennt $6^1/_2$ Schock Groschen Einnahme an Bergzehnt und $9^1/_2$ Schock Groschen an Hüttenkost. Da nun pro Zentner (à 112 Pfund) 7 Gr. Zehnt und 10 Gr. Hüttengebühr zu zahlen waren, ergeben sich ungefähr 56 Zentner Zinn als Jahresleistung. Die Urkunde besagt, daß sich die Zinnhütte im Besitz des Rittergutsinhabers befand, der Bergbau aber offenbar nur ganz schwach entwickelt war. Vielleicht erklärt sich der erstaunlich geringe Ertrag — wozu man keineswegs 8 Pochwerke benötigt hätte — aus der großen Bergwerkskatastrophe, die die erstmals ganz beiläufig 1593 genannte Binge verursachte. Denn der Zusammensturz der Bergwerke, der 1593 keineswegs mehr erwähnenswert erschien, setzt viele Jahrzehnte höchst intensiver Aushöhlung des Erdinnern voraus, die in das 15. und 16. Jh. fallen müßten. Es ist klar, daß die Bergleute durch einen solchen Rückschlag nicht nur verarmten, sondern wegen der offenkundig bei der Fortsetzung des Betriebs drohenden Gefahren entmutigt wurden.

Immerhin ist 1623 ein Bingensteiger neben anderen Steigern eingesetzt worden, der aus Pretzschendorf zuzog und wohl Erfahrungen für die Arbeit in den Bruchmassen mitbrachte; da er sich später ein Gut kaufen konnte, wird er erfolgreich gewesen sein. Doch ist verständlich, daß nun für 30 Jahre bis auf sehr knappe Eintragungen im Kirchenbuch zu Neuhausen die Überlieferung abbricht.

Sie setzt 1655 wieder ein mit einer Nachricht über den Verkauf der Binge und der ihr benachbarten Gruben und Pochwerke samt Bergschmiede. 11 Jahre später ist eine Urkunde ausgefertigt über den Verkauf von Bergwerken, die der Herr von Schönberg und der Bürgermeister von Freiberg gemeinsam besaßen; sie erwarb ein Angehöriger der Freiberger Familie Schönlebe in Gemeinschaft mit der führenden Seiffener Bergwerksfamilie Langer für nur 200 Taler. Da im Jahre zuvor beim — vermutlich vierteljährlich einmal stattfindenden — Zinnschmelzen im Oktober von 6 oder 7 Gruben nur knapp 30 Zentner erzielt wurden, ist der geringe Preis für die Seiffener Bergwerke verständlich. Die bei einer Reparatur der 1676 errichteten Bergmannskirche 1686 im Turmknopf niedergelegte Urkunde gab als Jahresproduktion 200 Zentner an — um 1700 scheint eine Steigerung auf 250 Zentner und 1730 ein Rekord mit 508 Zentnern erreicht worden zu sein.

Auf eine gewisse Belebung um 1700 deutet auch die Ausfertigung einer Knappschafts- und Bruderschafts-Ordnung im Jahr 1703 durch den Rittergutsherrn hin. Wir besitzen nicht viele solche Dokumente, und deshalb sind sie zu beachten; allein man wird doch sagen müssen, daß die in Seiffen getroffene Ordnung wenig große Aspekte zeigt. Sie regelte „Ordnung und Anstand" bei der jährlich auf Fastnacht gelegten Zusammenkunft und das Trauergeleit bei Todesfällen. Man kann den § 9 hervorheben, der die Höchststrafe von 4 Groschen dem androht, der einen anderen mit dem unfrommen Wunsch beschimpft, ihn möge der Teufel holen — weniger schwere Beleidigungen kosteten nur 1 Gr. Schließlich zeigt § 24, daß der vorgeschriebene Grubenkittel vielen fehlte, weil sie bürgerliche Kleidung bevorzugten. Der gleiche Erbherr sah sich 1728 auch zum Erlaß einer neuen Zinnbergwerks-Ordnung bewogen, wozu er aufgrund der

L4.1 erwähnten Lehnsbriefe durchaus berechtigt war. Er erfuhr jedoch von Seiten der Bergleute gegen einige Paragraphen Widerspruch, die er auch insoweit, als sie „überflüssig" waren, abänderte, doch bestand er zum Schutze der Geldgeber auf der Einreichung schriftlicher Abrechnungen von 1729 an. Hier wird man ebenfalls sagen müssen, daß die Bergordnung sich in den Rahmen der Norm fügt, nichts Neues und nichts Fortschrittliches bringt, was man bei dem schwachen Betrieb wohl auch kaum erwarten kann.

Die Publikation der Bergordnung geschah übrigens in der herrschaftlichen Schmelzhütte. Eingeladen waren dazu 39 Bergbaubeteiligte, Steiger, Eigenlehner, Schichtmeister. Es erschienen freilich nur 17, die dann mit gewissem Erfolg den erwähnten Protest einlegten. Man ersieht daraus schon, daß die lokale Bedeutung des Bergbaus ganz gering geworden war. Lokalgeschichtlich ist es natürlich durchaus aufschlußreich, daß im Gerichtsbuch (Teil I–IV, erhalten ab 1700) beim Wechsel der Grundstücksbesitzer fast alljährlich Steiger, Schmelzer, Zinngießer und Bergleute erscheinen. Gegen 1740 jedoch werden sie unter den Verkäufern häufiger; der Besitzwechsel betrifft auch keine größeren Objekte mehr, sondern nur noch kleine „Häusl". Das heißt aber, der Bergmann konnte seinen Hausbesitz nicht halten — und wo er dazu nicht mehr in der Lage war, mußte er auch seinen Beruf aufgeben, weil er vom Schichtlohn nicht leben konnte. Das geht aus der einzigen erhaltenen Quartalsabrechnung mit erschreckender Deutlichkeit hervor:

Tabelle: 1743 Trinitatisabrechnung der ‚Grube Geyerin samt Waßer Schacht':

Lohn in der Grube

Woche	Hauer u. Arbeiter	Tlr.	Gr.	Pf.
1.– 2.	3 mit 27 Schichten	3.	22.	6.
3.– 4.	3 „ 30 „	4.	9.	–.
5.– 6.	4 „ 48 „	7.	–.	–.
7.– 8.	4 „ 44 „	6.	10.	–.
9.–10.	4 „ 40 „	5.	20.	–.
11.–12.	6 „ 72 „	10.	12.	–.
13.	6 „ 30 „	4.	9.	–.

Lohn im Pochwerk

Woche	Männer und Frauen	Tlr.	Gr.	Pf.
1.– 2.	2 plus 1 mit 34 Schichten	3.	12.	6.
3.– 4.	2 „ 4 „ 67 „	6.	5.	–.
5.– 6.	2 „ 4 „ 76 „	7.	2.	–.
7.– 8.	2 „ 4 „ 72 „	6.	16.	6.
9.–10.	2 „ 4 „ 66 „	6.	3.	–.
11.–12.	2 „ 4 „ 76 „	7.	2.	–.
13.	2 „ 4 „ 34 „	3.	3.	6.

Nach der 1743 erfolgten Trinitatisabrechnung der ‚Grube Geyerin samt Waßer Schacht' (s. Tabelle) ergab sich für Hauer, Grubenarbeiter und Pocher pro Schicht ein Lohn von 3 Groschen, 6 Pfennigen, dagegen für Nachtpocher, Pochweiber und die Nachtpocherin nur ein Lohn von 2 Groschen. Davon konnte niemand leben, der seine Lebensmittel nicht selbst baute. Für die genannte Grube als Wirtschaftsunternehmen sah es aber ebenso bedenklich aus in diesem Quartal:

Zur genannten Lohnsumme von	82 Tlr. 7 Gr.	kamen noch hinzu
Materialkosten in Höhe von	96 Tlr. 19 Gr.	sowie
nicht spezifizierte Ausgaben	4 Tlr. 4 Gr.	
	= 183 Tlr. 6 Gr.	
Erlöst wurden für Zinn	167 Tlr. 20 Gr.	(= 7 Ztr., 78 Pfd.)
Defizit	= 15 Tlr. 14 Gr.	

Daß der Betrieb fortführbar blieb, ergab sich nur aus einem Kassenbestand von 313 Tlr. 17 Gr. 10 Pf.
Natürlich gab es in besseren Zeiten Bergwerke mit weit höherem Zinnausbringen: Wir hören von einem Steiger auf der ‚Unteren Kieszeche', daß er 1 008 Taler Schulden hat, obwohl seine Zeche 1726/27 = 158 Zentner und 1728/29 = 145 Zentner Zinn brachte. Aber in den letzten 12 Jahren waren es jeweils auch nur etwa 7 Zentner, und so mußte er 1753 $95^1/_2$ Kuxe zu 8 Talern verkaufen; dennoch blieben 1755 noch immer 165 Taler Schulden, obwohl die alte Schuld erst zu einem Drittel abgetragen war. Hier erhielt der Steiger 5 Groschen, der Bauer 4 Groschen Schichtlohn.
Es ist ferner für die fast unvorstellbar beengten Dimensionen der Betriebe recht aufschlußreich, mehrere erhaltene Grubenbefahrungsberichte eines sehr gewissenhaften Berggeschworenen (Walther) zu lesen: Die maximale Belegung der vereinigten Gruben ‚Augustus' und ‚Untere Geyerin' erreichte 1774—78

— unter Tage: 1 Steiger + 3 Bergleute;
— Pochwerk I + II: Pochjunge + 1 Nachtpocher + 2 Inwohner des Pochhäusls;
— Erzwäsche: 1 Mühlmeister + 2 Herdmädchen.

Je nach Eingang der Zubuße schwankte die Belegschaft zwischen 1—2 und 5—7 Mann, wobei in der Erzwäsche fast ausschließlich weibliche Kräfte, im Pochwerk vorwiegend Jungen beschäftigt wurden, um die Lohnkosten zu senken: für die Schicht erhielten die Mädchen nur 1 Gr. 6 Pf., die Pocher aber auch schon nachts mehr (2 Gr.). Aus dem gewonnenen Zinn waren die Löhne nicht mehr zu bezahlen, sondern nur noch aus der Zubuße — und wenn diese nicht einging, mußte gefeiert werden. Die Zwitter waren allerdings sehr schlecht (oder die Pochwerkseinrichtungen samt den Schmelzanlagen), denn 180 (!) Fuhren Zwitter ergaben an gepochtem und gewaschenem Zinnstein etwa $6^1/_2$ Ztr., und aus diesem (für das Schmelzen erforderlichen Minimum) gewann man an Handelszinn etwa 3 Ztr. und 20—70 Pfd. Damit ist deutlich geworden, daß die Bergbauepoche in Seiffen zu Ende war — es konnte immer nur noch dann Bergarbeit geleistet werden, wenn gar keine andere Arbeit zu finden war. Um so erstaunlicher ist es, daß doch noch fast 75 Jahre lang immer wieder versucht worden ist, diese oder jene Grube wenigstens zeitweilig in Betrieb zu halten.
Die Ortsbezeichnungen Niederseiffenbach (s. K 2), Oberseiffenbach (s. L 6) sowie auch Seiffenbach sind zunächst nur Lagebezeichnungen für jene typischen Bergwerksbetriebe, die insgesamt dem Ort Seiffen den Namen gaben. Auch

Abb. 31. Holzschnitte zur Seifenarbeit (aus AGRICOLA, de re metallica 1556)

an Wildbach, Krähenbach, Frauenbach und weiteren Rinnsalen sind die Talgründe auf Zinnstein durchsucht worden. Die in der ursprünglichen Landschaft zum Seifenbetrieb angelegten Einrichtungen führen die Holzschnitte in dem 1556 erschienenen Bergwerksbuch „de re metallica" vor, die GEORGIUS AGRICOLA als technische Zeichnungen seinem Hauptwerk beigab. Wir benutzen sie hier zur Illustrierung des Verfahrens:

links: A Holztröge aus Bohlen zum Auffang der schweren Brocken, B Wildbach, C Die Seifengabel mit 7 Zinken zum Einwerfen von Bachgeröllen ins fließende Wasser, D Schaufel zum Ausheben der in den Trögen angesammelten Erzbrocken.

Das kleine Gerinne A. Das Quergerinne B. Zwei andere kleine Gerinne C. Die Tröge D. Die Bleche E. Die Gitter F. Die Stäbe G. Das andere Quergerinne H. Der Herd I. Die Kiſte K. Das dritte Quergerinne L. Das gerade Gerinne M. Der dreizinkige Krähl N.

rechts: A Wassereinlauf, B erstes Quergerinne, C zwei Verteilergerinne, D zwei tiefe Tröge, die mit Geröll von zwei Jungen mit eisernen Schaufeln G gefüllt und durchgearbeitet werden. Auf den mit Blechen E abgesperrten Trögen lag ein eisernes Stabgitter F, auf dem das Wasser seine erste Wirkung tat, indem es die kleineren Brocken ins untere Quergerinne H spülte. Von dort gelangten sie auf den Herd I, auf dem sie vom Seifner mit einem gestielten Brettchen K (Kiste genannt) verteilt und bewegt wurden. Besonders feine Flitter, die in das dritte Quergerinne L gespült wurden, konnten sich dann noch in dem – mitunter 10 m langen – Gerinne M absetzen; auch hier wurden sie von einem Knaben mit einem leichten dreizinkigen Haken N nochmals durchgerührt.

L4.2 Der Spielzeugmacherort

Ein Seßhaftwerden von Bergleuten läßt sich an einer entlegenen Stelle mitten im Walde nicht vorstellen, ohne daß der Boden in gewissem Umfang landwirtschaftlich genutzt worden wäre. Nie hat aber die Landwirtschaft in Seiffen — im 19. Jh. besonders Flachsbau und weit mehr Viehzucht als Ackerbau — eine vorrangige Bedeutung einnehmen können. Der Ort blieb zunächst klein, ein Bergflecken, wie er seit 1752 genannt wurde.
Die Bodenerträge allein reichten jedoch auch nie aus, um die Lebensgrundlage der Bevölkerung zu sichern. Als die Einwohnerzahl durch die Zuwanderung — hauptsächlich von Exulanten — nach dem Dreißigjährigen Krieg wuchs und als der Bergbau in der zweiten Hälfte des 18. Jh., besonders im Gefolge des Siebenjährigen Krieges, niederging, war es notwendig, neue Erwerbsquellen zu erschließen. Die Tagelöhnerei, der sich die Männer zunächst zuwandten, brachte nur unsichere, zeitweilige Beschäftigung; bei dem schlechten Zustand der Wälder war selbst Arbeit beim Einschlag oder Transport von Holz selten.
In dieser Situation bot sich die Holzverarbeitung als Ausweg an. Daß im Gebiet von Seiffen schon 1588 hölzerne Schüsseln, Schaufeln und ähnliches hergestellt worden waren, bezeugt die Holzordnung für das Purschensteiner Gebiet aus diesem Jahre. Die Schindelmacherei war überdies herrschaftliche Fron. Von Drechslern war erstmalig in der Mitte des 17. Jh. die Rede. Mit dem nochmaligen Aufschwung des Zinnbergbaus nach 1700 hatte sich das Handwerk jedoch wieder rückläufig entwickelt. Jetzt waren es zwei Umstände, die es wiederbelebten und seine Umwandlung in ein hausindustrielles Gewerbe bewirkten: Der Seiffener Händler Christian Friedrich Hiemann soll um 1760 auf der Leipziger Messe die guten Absatzmöglichkeiten für Drechslerwaren erkannt, die dort schon seit einigen Jahrzehnten von den Handwerkern selbst feilgeboten worden waren, und Aufträge und Muster, auch von Spielwaren, mitgebracht haben. Diese Geschäfte erregten die Aufmerksamkeit von Händlern aus Grünhainichen (s. Bd. 28, M 6) und Olbernhau (s. J 1.2), die nun ihrerseits mit dem Aufkauf und Vertrieb Seiffener Holzwaren begannen. Bereits für 1784 ist der Export dieser Produkte nach Übersee nachzuweisen. Ein Zweites begünstigte die Entwicklung des Drechslergewerbes; das Bergamt begann, den Drechslern die Pochwerke für den Antrieb ihrer Drehladen zur Verfügung zu stellen. Zwar wurde die Fußdrehbank dadurch nicht verdrängt, aber die Produktion stieg erheblich.
Es kam zu einem sprunghaften Anwachsen der Anzahl der Holzdrechsler und Spielwarenmacher. Für Seiffen und Heidelberg, die immer mehr eine wirtschaftliche Einheit bildeten, sind zwischen 1713 und 1754 nur 3 Dreher genannt; 1771 waren im Holzwarengewerbe 27, 1800 schon 110 und 1843 310 zinszahlende Drechsler (dazu 205 Gehilfen und etwa 750 mitarbeitende Familienangehörige) beschäftigt. Bilz (1975b) errechnete, daß sich um 1840 in diesem Gewerbezweig die Gesamtzahl der Arbeitskräfte in Seiffen und Heidelberg auf 1265 belief. 1868 waren von den 1438 Seiffener Einwohnern 937 einschließlich Frauen und Kindern in der Spiel- und Holzwarenherstellung tätig.
Daß das Seiffener Spielzeug und die Volkskunsterzeugnisse in solchem Umfang Absatz fanden, geht auf mehrere Ursachen zurück. Einmal waren die Waren billig, denn die Produktion erfolgte in hohem Grad spezialisiert. Jeder Ort

erzeugte bestimmte Warengruppen, jede Familie nur wenige, einander ähnliche Artikel. Selbst innerhalb der Familie bestand Arbeitsteilung: Einer drehte, einer malte, einer leimte, und die vieltausendfache Ausführung immer der gleichen Handgriffe führte zu einer ungewöhnlichen Fertigkeit. Zum andern bestand eine außerordentliche Vielfalt des Sortiments, die mit der Vielzahl der kleinen Familienbetriebe im Zusammenhang steht. Schließlich hatte die Seiffener Ware aufgrund der Drechseltechnik Besonderheiten der Form, die sie volkstümlich machte und gerade die Kinder ansprach. Originell war auch die Art der Verpackung in Spanschachteln, Kästchen oder — meist in Hallbach (s. B 2) — gefertigten Archen. L 4.2

Die Grundform der Seiffener Drechslerware bildete die gedrechselte Docke, ein Zylinder mit aufgedrehter Kugel, die zu den verschiedensten Figuren weiterverarbeitet werden kann und die man beim Spielzeug in den Männeln und Miniaturen, bei den Volkskunstgestalten im Nußknacker und im Räuchermann, im Bergmann und im Lichterengel wiedererkennt. Durch die gedrehten Teile, die Stützen und Säulen der Pyramiden, die Kugeln und Arme der Leuchterspinnen, unterscheiden sich die Seiffener Produkte grundsätzlich von den Erzeugnissen westerzgebirgischer Feierabendkunst. Als besondere und wohl in der Welt einmalige Kunst hat sich in und um Seiffen in den ersten Jahrzehnten des 19. Jh. die Reifendreherei entwickelt, bei der aus Abschnitten von Fichtenstämmen Ringe mit verschiedenen Vertiefungen und Erhöhungen, sogenannte Reifen, herausgearbeitet werden, deren Querschnitt die Gestalt eines Tieres, eines Gegenstandes, eines Figurenteils hat, so daß man sie durch Spalten in eine Vielzahl von Tieren, Gegenständen oder auch Teilen davon zerlegen kann (Abb. 34). Außer dem Reifendrehen war die Herstellung von Spanbäumen (Bild 12) eine Spezialität der Seiffener Spielzeugproduktion.

Die Entstehung der Hausindustrie hatte zwar vielen Familien wieder Arbeit gebracht, sie beendete aber ihre Not nicht, da sie von vornherein von den Verlegern abhängig waren. Den Verlegern war nach eigener Aussage mehr an billiger Ware und Massenabsatz als an Qualität gelegen. Wenn so auch teilweise minderwertige Produkte entstanden — „ordinaire" Ware —, sie wurden von den Verlegern doch abgenommen, natürlich zu niedrigsten Preisen. Daraus entsprang ein Preisdruck, der sich, begünstigt von dem Konkurrenzkampf der Hausindustriellen untereinander sowie den saisonbedingten Absatzschwierigkeiten, immer mehr verstärkte. Die Folgen waren Arbeitshetze, bis ins Endlose verlängerter Arbeitstag und Ausdehnung der Kinderarbeit. Trotzdem sank der Verdienst ständig. Nach einer amtlichen Untersuchung verdienten 1881 64% der Spielzeugmacherfamilien weniger als 10 Mark wöchentlich. Für 1906 beschrieb Bilz (1975a) als Ergebnis einer Heimarbeiterausstellung 1906 in Berlin bei einzelnen Artikeln Stundenverdienste von $1^1/_2$ bis 6 Pfennigen. Einfache Reifentiere kosteten vor dem ersten Weltkrieg 5 Pfennige das Schock. Die Lebensverhältnisse waren entsprechend. Noch 1900 starben im Seiffener Gebiet von 100 Kindern 32, ehe sie das 6. Lebensjahr erreichten. Kartoffeln, Quark, Leinöl und hin und wieder ein Hering bildeten die Grundlage der Ernährung.

Die Vereinzelung der Produzenten durch die Hausindustrie, ihr Konkurrenzkampf untereinander, die Bindung an den Privatbesitz, wenn auch noch so weniger Produktionsmittel, behinderten den Kampf gegen Ausbeutung und

L 4.2 Verelendung. Die erste Dampfmaschine (1868) in Seiffen arbeitete in einem Drehwerk, in dem 150 Drehstellen an Hausindustrielle vermietet wurden. Selbst der Anschluß an das Elektrizitätsnetz 1912 förderte die Vereinzelung der Spielwarenhersteller, die jetzt ihre Drehbank zu Hause von einem kleinen Elektromotor antreiben ließen und kein Drehwerk mehr benötigten. Sehr spät entstanden einige kleine Fabriken und damit ein Industrieproletariat mit revolutionärer Einstellung, das bereit war, sich zu organisieren. Unter den Spielwarenherstellern fand die Arbeiterbewegung wohl viel Sympathisierende, aber nur wenig Mitkämpfer. Zwar festigte und stärkte die Verschärfung der Not nach dem ersten Weltkrieg und während der Krise der kapitalistischen Weltwirtschaft um 1932, als $^{2}/_{3}$ der Bevölkerung des Spielwarengebietes von öffentlicher Unterstützung leben mußten, die Arbeiterorganisationen, aber auch die nationalistische und faschistische Demagogie, die sich auf ein rühriges Kleinbürgertum stützte, fand Widerhall. 1933 wurden die aktivsten Vorkämpfer der Arbeiterklasse auf der Turnerburg, dem jetzigen Ferienheim Nußknackerbaude, brutal zusammengeschlagen. Die hochgepriesene Arbeitsbeschaffung mittels Winterhilfsabzeichen, Brauchtumsrummel und Rüstungsaufträgen vermochte in manchen Köpfen Verwirrung zu schaffen. Trotzdem entfaltete sich der illegale Widerstand (s. J 1.3). Nach der Befreiungstat der Sowjetarmee wurde — beginnend 1946 mit der Bildung eines ersten volkseigenen Betriebes, des VEB Seiffener Spielwaren — die kapitalistische Wirtschaftsstruktur schrittweise beseitigt. Die soziale Notlage der Spielzeugmacher nahm ein Ende; ein bis dahin noch nicht gekannter Wohlstand hielt Einzug.

Um den künstlerischen Wert der Seiffener Ware zu erhöhen und dem Qualitätszerfall Einhalt zu gebieten, war im 19. Jh. eine Zeichenschule eingerichtet worden, aus der später eine Fachschule hervorging. Ihre Räume werden jetzt als Lehrwerkstatt des VEB Kombinat Holzspielwaren VERO Olbernhau genutzt.

Das Spielzeugdorf Seiffen ist in der Gegenwart durch seine Erzeugnisse (Bilder 12, 14) nicht nur in unserer Republik, sondern auch in vielen Teilen der Welt ein Begriff. Die meisten Werktätigen Seiffens sind bis heute mit der Herstellung von Holz-, Spiel- und Kulturwaren verbunden. Der VEB Erzgebirgische Volkskunst und die Handwerker-Produktionsgenossenschaft (PGH) Seiffener Volkskunst mit ihren 60 Beschäftigten pflegen die Seiffener Traditionen ebenso wie die über 100 selbständigen Handwerksbetriebe und die 6 Betriebsteile des VEB Kombinat Holzspielwaren VERO Olbernhau.

Wenn auch die Plaste oder andere Rohstoffe hier und da in die Verarbeitung einbezogen werden, so bleibt doch das Holz der dominierende Rohstoff für die Seiffener Spielzeugindustrie (Abb. 32) und für den Raum- und Tafelschmuck. Von den zur Verarbeitung kommenden Holzarten sind in erster Linie die Rotbuche, die Fichte und die Birke zu nennen. Daneben werden auch Eiche, Erle, Linde, Ahorn, Esche und Kiefer verarbeitet.

Die Warenproduktion stieg in Seiffen seit 1955 um das Zehnfache. Von der Gesamtproduktion wird reichlich $^{1}/_{3}$ exportiert. In Europa sind in nahezu allen Staaten Erzeugnisse aus Seiffen zu haben — vor allem in der BRD, der Schweiz, in Österreich, Belgien, den Niederlanden und in den skandinavischen Ländern —, ebenso wie in den USA und in Kanada. Diese erfolgreiche Entwicklung ist der Ausdruck des Fleißes und der Schöpferkraft der Werktätigen wie auch der groß-

Abb. 32. Seiffener Volkskunst: Dorf mit Seiffener Kirche, Seiffener Reiterlein, Striezelkinder, Hampelmann

L4.2 zügigen Unterstützung durch Partei und Regierung, die aus einem ehemaligen Notstandsgebiet kapitalistischer Zeit einen aufblühenden sozialistischen Spielzeugort werden ließen.
Der erhöhte Bedarf an Seiffener Artikeln verlangte eine wesentliche Steigerung der Arbeitsproduktivität. Dies geschah vor allem durch

— die Typisierung und Standardisierung der Erzeugnisse,
— die Konzentration der Produktion,
— die Verwendung moderner Maschinen,
— neue technische Verfahren, wie Bleichung, Trommelpolierung oder spanlose Holzverformung,
— Verbesserung der Arbeits- und Lebensbedingungen, wie hellere Arbeitsplätze, bessere medizinische Betreuung, moderne Betriebskindergärten oder kulturvoll eingerichtete Aufenthalts- und Speiseräume.

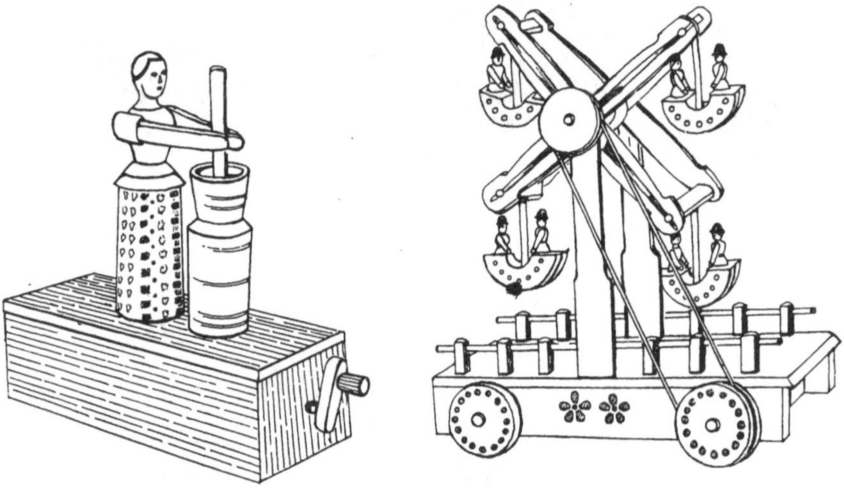

Abb. 33. Historisches Spielzeug im Seiffener Museum: Klimperkästel mit Butterfrau, Riesenrad

Die Produktion der „Seiffener Ware" ist anschaulich in einer gelungenen Dokumentation des Erzgebirgischen Spielzeugmuseums dargestellt. Neben dem Freilichtmuseum mit seinem letzten Wasserkraft-Drehwerk des Erzgebirges und weiteren historischen Gebäuden (s. L 7) und der Schauwerkstatt der PGH Seiffener Volkskunst, in der die Besucher den Spielzeugmachern bei der Arbeit zusehen können, bildet das Spielzeugmuseum den Hauptanziehungspunkt des Ortes. Als Pflegestätte des traditionellen und gegenwärtigen Volkskunstschaffens gewährt es in einer Auswahl typischer Ausstellungsstücke (Abb. 33) einen umfassenden Überblick über die erzgebirgische Spielwarenindustrie von ihren Anfängen bis zur Gegenwart.
Neben der Entwicklung des Hauptproduktionsmittels der Spielzeugmacher,

der Drechselbank, der ökonomischen Situation der erzgebirgischen Spielwarenindustrie sowie der sozialen Lage der Spielzeugmacher unter kapitalistischen Produktionsverhältnissen ist in der historischen Abteilung des Museums auch das weihnachtliche Volkskunstschaffen des Seiffener Gebietes dargestellt. Dazu gehören die traditionellen Figuren der Lichterbergmänner, Lichterengel, Nußknacker und Räuchermänner, die prächtigen Pyramiden und eine Vielzahl hölzerner Ketten-, Spinnen-, Kronen- und Laufleuchter. Die in vielen Jahrzehnten auf dem Weltmarkt zu einem Begriff gewordenen Seiffener Füll- und Schachtelwaren, Miniaturspielzeuge, Reifentiere und zahlreiche andere historische Spielzeuge belegen den Entwicklungsweg der erzgebirgischen Spielwarenindustrie ebenso eindrucksvoll wie die künstlerischen Leistungen der bedeutendsten Volkskünstler jener Zeit — die „dramatisch-szenischen" Darstellungen der Volkskünstlerin AUGUSTE MÜLLER (1847—1930), die über 100 verschiedenen Miniaturfiguren des Volkskünstlers LOUIS HIEMANN (1857—1939) und die in ihrer Art einmaligen Reifentiere des Reifentier-Herstellers PAUL HERMANN ULBRICHT (1873—1925). L4.2
Auch die entscheidenden Veränderungen, die sich durch die Entstehung und Entwicklung sozialistischer Produktionsverhältnisse in der erzgebirgischen Spielwarenindustrie nach 1945 vollzogen, der pädagogische Wert neuer Spielzeuge sowie die Pflege des traditionellen Volkskunstschaffens und dessen sinnvolle Weiterentwicklung in der Gegenwart, werden unter Nutzung typischer gedrechselter Grundformen der Seiffener Volkskunst in einer modernen Raumgestaltung dokumentiert.
Seit seiner Eröffnung im Jahre 1953 wurde das Museum ständig verbessert und weiter ausgebaut. Es ist heute Anziehungspunkt für jährlich über 275000 Besucher aus mehr als 40 Ländern und als Forschungszentrum der erzgebirgischen Spielwarenindustrie sowie als Pflegestätte des traditionellen Volkskunstschaffens des Seiffener Spielwarengebietes weit über die Grenzen unserer Republik hinaus bekannt.

Neuhainer Höhe L 5

Ein vielgestaltiges und schwer überschaubares Landschaftsbild, das durch Streusiedlungen besonders bereichert ist, kennzeichnet die Umgebung von Seiffen, Heidelberg und Oberseiffenbach. Wildbach und Seiffenbach haben hier die Gebirgsabdachung zerschnitten und in schmale zerdellte Rücken aufgelöst, die ihrerseits noch einzelne Kuppen tragen, als höchste die Neuhainer Höhe (741 m ü. NN), im Volksmund Reicheltberg genannt. Ein Skischlepplift führt hinauf. Aus einer Vielzahl vernäßter Hang- und Quellmulden an den Rückenflanken quellen Wasseradern, die sich in Mulden- und Muldensohlentälern vereinigen und den beiden Hauptbächen zueilen.
Der starke und kleinräumige Reliefwechsel bedingt eine entsprechende Differenzierung der Böden in der Körnung, im Steingehalt, in der Gründigkeit und im Feuchtehaushalt. Klimatisch zählt das Seiffener Rückengebiet zu den oberen Mittellagen. Die von den südwestlich vorgelagerten höheren Teilen des Gebirgskammes bedingten Lee-Effekte machen sich in einer Niederschlagsreduzierung bemerkbar (Abb. 2).

L 6 **Oberseiffenbach,** Ortsteil von Seiffen,

verteilt sich südlich von Seiffen vom Reicheltberg aus teils als Waldstreifendorf, teils als Streusiedlung über eine breite Quellmulde, die sich nach SW zu immer mehr kerbtalartig vertieft und aus der der Wildbach abfließt.
Nachdem am Rande des Hirschberger Waldes im Seiffener Grund die ersten Häuser Niederseiffenbachs entstanden waren (s. K 2), baten junge Seiffener Einwohner, daß ihnen das Frauensteiner Amt „untern Catherinenberger Wege" Räume anweisen möge, wo sie ein „Domizilium" erbauen könnten. Sie erhielten die Erlaubnis dazu bei fast völliger Dienstfreiheit, und um 1666 zogen sie in die neuerbauten Häuser ein. Diese bildeten inmitten der streifenförmigen Landanteile je eine Reihe auf beiden Seiten eines Gewässers, nach dem die Ansiedlung, wie noch heute im Volksmund, Wildbach genannt wurde. Das Amt verfügte, daß die älteren Häuser am Seiffenbach und die neuen am Wildbach zwei getrennte Dörfer bilden sollten und daß zur Unterscheidung das ältere Nieder- und das jüngere Oberseiffenbach zu nennen sei.
Oberseiffenbach besaß eine eigene Schule, für die ein neues Gebäude 1879 eingeweiht wurde. Auch ein Teil von Oberlochmühle (s. Q 1) gehörte ursprünglich zu Oberseiffenbach, der 1939 bei der Eingemeindung von Oberseiffenbach nach Seiffen zu Deutschneudorf kam.
Die Oberseiffenbacher Einwohner betrieben Landwirtschaft und arbeiteten im kurfürstlichen Wald. Daneben gab es allerhand Dorfhandwerker. Auch Glasmacher und Bergleute aus Seiffen ließen sich hier nieder. Im 18. Jh. breitete sich die Holzwarenherstellung wie in den Nachbardörfern aus, und 1868 war über die Hälfte der Bevölkerung bei der Erzeugung von Spielwaren beschäftigt; das ist der drittgrößte Anteil in den Spielzeugdörfern nach Heidelberg und Seiffen. 1850 entstand am unteren Ende des Dorfes die erste Spielwarenfabrik Oberseiffenbachs, die sich besonders durch ihre pädagogisch wertvollen Baukästen Weltruf erwarb. Sie produziert jetzt als ein Betriebsteil des VEB Kombinat Holzspielwaren VERO Olbernhau Mosaiksteine, Zählstäbe sowie Lege- und Steckspiele. Ein von den Bürgern hervorragend gestalteter Festplatz dient auch den jährlich stattfindenden Waldfesten.

L 7 **Heidelberg,** Ortsteil von Seiffen

seit 1939, dehnt sich östlich vom Hauptort weiträumig am Hang aus. Die locker bebaute Siedlungsfläche reicht von der Straße nach Deutscheinsiedel bis nach Bad Einsiedel im NO und im S bis an die Straße nach Deutschneudorf.
Am Hörnel, einem Flurteil östlich von Seiffen zwischen Ahorn- und Schwartenberg, hatten sich nach dem Dreißigjährigen Krieg einige Ansiedler niedergelassen, unter denen sich auch Exulanten befanden. Ihrem Ansuchen auf Bildung einer selbständigen Gemeinde gab der Grundherr in Purschenstein statt (1787 *Heydelberg* = Berg, an dem Heidelbeeren wachsen, eine Deutung, die das alte Gemeindesiegel darstellte). Da die Bedingungen für den Erwerb der Grundstücke verhältnismäßig günstig waren und die Gemeinde nicht mit der Fron des Schindelmachens belastet wurde, wuchs der Ort rasch. In zwei lockeren Reihen

entstanden die Häuser inmitten ihrer Parzellen am Hang; noch heute wird die Karl-Liebknecht-Straße „obere Reihe" genannt. Außerdem bildete sich westlich des Ahornberges Oberheidelberg als Streusiedlung. L 7
1912 kam beim Abgraben von Erde hinter einem Haus westlich des Ahornberges eine für die jüngste Bronzezeit typische Steinaxt ans Tageslicht. Die Fundstelle in der Ortslage bei einem Grundstück läßt vermuten, daß das Gerät in früher Neuzeit in der abergläubischen Vorstellung vergraben wurde, damit Unheil von Haus und Hof fernzuhalten.
In Heidelberg ist zeitweilig ein nicht unerheblicher Bergbau umgegangen, wenn man ihn mit rein lokalen Maßstäben messen will. Doch wurden bereits am 11. Mai 1746 Wasserkräfte, die sonst den Pochwerken zustanden, für Drehladen in Anspruch genommen, und das Bergamt verzichtete gegen 12 Groschen jährlich auf die Nutzung. Da der Ort aber erst 1656 gegründet worden ist, muß die eigentlich bedeutende Bergbauzeit vor diesem Ereignis liegen. Hier sind auch einige der immer wieder neu durchgearbeiteten Seiffengründe zu suchen, die auf eine Längenerstreckung von 25—50—100 Lachter (1 Lachter = 2 m) verliehen wurden und die älteste Form der Zinngewinnung darstellen. Sie ist noch bis 1750 hin und wieder — regelmäßig erfolglos — versucht worden.
Heidelberg entwickelte sich etwa unter den gleichen wirtschaftlichen Bedingungen wie Seiffen (s. L 4), mit dem es bald eine ökonomische Einheit bildete und auch territorial zusammenwuchs. Der Anteil der in der Spielwarenproduktion Beschäftigten an der Gesamtbevölkerung war 1868 nach Bilz (1975b) mit 77,2% der höchste im Seiffener Wirtschaftsgebiet.
Von den Produktionsstätten jener Zeit, in der ein rascher Aufschwung der Holzdrechslerei erfolgte, ist ein Wasserkraft-Drehwerk erhalten geblieben (Abb. 34), das unter Denkmalschutz steht und als höchstgelegenes Anwesen im Seiffener Tal liegt. Es nutzt das Wasser des Heidengrabens und des Seiffenbaches, das in einem Stauweiher, einer Dämme, gesammelt wird. Durch einen Weichfluter kann — je nach Wasserstand — überflüssiges Wasser in den Seiffenbach abfließen oder fehlendes zugeleitet werden. Das Werk wurde 1758—60 gebaut. Das Wasserrad mit einem Durchmesser von 5,20 m dreht sich in einem tiefen Radschacht neben dem Haus, aus dem das Wasser unterirdisch abfließt. Auf der Welle des Wasserrades befindet sich in der Radstube das 4 m hohe Kammrad, von dem über eine Transmission nicht nur die Drehbänke der Drehstube, sondern auch die in der Scheune neben dem Drehwerk befindlichen landwirtschaftlichen Maschinen betrieben wurden. In der Drehstube mit 6 Fenstern standen ursprünglich 7 Drehbänke, die vermietet wurden. Die Drechsler fertigten nach der Entstehung dieser Kunst Reifen an. Auch der letzte Besitzer, Paul Preissler, dem die Erhaltung des Werkes zu verdanken ist, übte dieses Handwerk neben der Landwirtschaft aus.
1973 wurde das Drehwerk (Bild 15) Kernstück eines Freilichtmuseums, in dem die Wohn- und Lebensweise der Spielzeugmacher und anderer holzverarbeitender Berufe, wie sie unter kapitalistischen Produktionsverhältnissen herrschten, dargestellt werden. Inzwischen sind weitere Gebäude hinzugekommen: ein Bergmannhaus von der Binge in Seiffen und ein aus Rechenberg-Bienenmühle stammendes Flößerhaus (Bild 16), zuletzt ein Waldarbeiterhaus aus Brüderwiese und ein Wasserkraftsägewerk aus Pfaffenhain (Kreis Stollberg). Etwa

Abb. 34. Wasserkraft-Drehwerk Heidelberg (Zeichnung von KARL SIMMANG 1951) und Reifentierherstellung mit Freilichtmuseum im Hintergrund (Linolschnitt von Volkskünstler MAX CHRISTOPH), S. 147

15 verschiedene Objekte sollen noch in dieses Freilichtmuseum umgesetzt werden.
Weiter talabwärts wurde der Heidengraben seit 1708 in einem großen Teich gestaut, um den ständigen Wasserzufluß zu den Pochwerken zu sichern. Jetzt ist an dieser Stelle ein Schwimmbad zu finden. Etwas oberhalb davon liegt das Seiffener Kulturhaus, in dessen Theatersaal fast 700 Zuschauer Platz finden. Es entstand unter Mithilfe der Bevölkerung aus einem alten Gasthof und wurde 1961 eröffnet. Die Heidelberger Schule, ihr Gebäude mit einem Glockentürmchen auf dem Dach steht in der Nähe, ist heute ein Kindergarten. Der höchste Ortsbereich im NO ist Teil eines Ferienkombinats (s. L 8).
Die Hauptproduktionsrichtung in der Landwirtschaft Seiffens bildet die Jungviehaufzucht. Von Weide zu Weide können die Jungrinderherden um den Ort ziehen. Die über 1 000 Jungtiere der LPG (T) Schwartenberg haben in 3 modernen Großställen in Heidelberg ihre feste Unterkunft. Weithin sind die dazugehörigen Hochsilos sichtbar. Ein Milchviehstall dieser Genossenschaft steht am Nordaus-

L 7

L 7 gang Seiffens. Die nicht als Weiden genutzten Flächen werden von der LPG (P) Neuhausen bewirtschaftet, die im S des Ortsteiles Heidelberg einen Technikstützpunkt eingerichtet hat.

L 8 **Bad Einsiedel,** Ortsteil von Deutscheinsiedel,

ist das Zentrum eines FDGB-Ferienkombinats, zu dem außer dem Berghof Heidelberg unweit der Straßenkreuzung mitten im Wald auch die Objekte Bad Einsiedel und Gasthof Dorfheimat gehören. Jeweils 200 Urlauber finden hier in einem Durchgang Erholung. In der kalten Jahreszeit bietet die Höhenlage von über 700 m günstige Voraussetzungen für den Wintersport. Eine Skiausleihstation wurde eingerichtet.
Die Heilkraft der Quellen des Frauenbaches war schon im 16. Jh. bekannt. Nach 1732 wurde begonnen, hier Badeeinrichtungen zu schaffen. Die Herren von Schönberg auf Purschenstein ließen das Badevorwerk errichten. Das Hauptgebäude von 1753 enthielt Wohnräume für Dauergäste. Einheimische und Wanderer konnten in der Gaststätte und im Sommer im Garten hinter dem Haus einkehren. Für den Badebetrieb ließ der Grundherr etwa 100 m bachabwärts ein Haus mit mehreren Badestuben einrichten. Hier wurde das Wasser von drei eisenhaltigen Quellen, denen Heilerfolge bei rheumatischen und Hauterkrankungen zugeschrieben wurden, zusammengefaßt und erwärmt. Im 19. Jh. war Bad Einsiedel als das am höchsten gelegene Mineralbad Sachsens bekannt.

L 9 **Deutscheinsiedel,** Kreis Marienberg

Die Grenzgemeinde Deutscheinsiedel liegt etwa 700 m ü. NN auf einer flachwelligen Hochfläche am rechten Ufer der Schweinitz. Hier verläßt die von Deutschneudorf kommende Straße das breite Muldental der oberen Schweinitz und verzweigt sich in Richtung Neuhausen und Seiffen. Beiderseits dieser Straße ist der größte Teil Deutscheinsiedels angelegt. Ein neues, durch den Gemeindeverband angeregtes Landwarenhaus hilft mit, die Versorgung des Ortes und der zahlreichen Urlauber zu verbessern, sind doch in dieser kleinen Gemeinde einige Betriebsferienheime untergebracht, die teilweise in den Schulferien durch Kinderferienlager erweitert werden.
Wo die alte Straße von Sayda nach Most (Brüx) die Grenze überschritt, entstand zuerst auf böhmischer Seite Mnišek (Böhmisch-Einsiedel), auf Purschensteiner Seite ist im 15. Jh. lediglich eine Zollstelle nachzuweisen. Der Ortsname Einsiedel tritt in der Form *bi dem Einsidel* bereits 1448 als Bezeichnung für einen ersten und vereinzelten Ansiedler auf.
Um 1600 nennt das Purschensteiner Erbzinsregister hier ein Wirtshaus und eine Brettmühle. Seit dem Dreißigjährigen Krieg ließen sich auf gerodeten Zinshainen weitere Einwohner nieder, so daß eine Streusiedlung mit Blockparzellenflur entstand. Als 1652 der Kurfürst den in finanzielle Bedrängnis geratenen Herren von Schönberg auf Purschenstein einen Teil des Einsiedler Waldes, und zwar einen Streifen zwischen Deutscheinsiedel, Neuwernsdorf und Rau-

schenbach, abkaufte, spaltete sich der Ort in einen herrschaftlichen und einen kleineren Amtsteil mit der Zolleinnahme und einem Forsthaus. Im 18. Jh. erhielten die Bewohner einen eigenen Friedhof und eine eigene Schule für die über 100 Schüler, da der Fußweg nach Neuhausen, wohin sie bis dahin eingeschult waren, zu weit war. Das jetzige Schulhaus wurde 1889 eingeweiht, Deutscheinsiedel gehört heute zum Oberschulbereich Seiffen, wohin ein Schulbus verkehrt. Eine eigene Kirche besitzt der Ort seit 1905. L 9

Der Wald und der Grenzverkehr gaben den Einwohnern in der Vergangenheit eine Existenzgrundlage, weil sie ihre Nahrung den spärlichen Äckern und Wiesen in dieser Höhenlage nicht abringen konnten. Pilze, Beeren, Zündschwämme und Leseholz brachten die Frauen und Kinder nach Hause, die Männer leisteten Waldarbeit. Torf wurde im nahen Hochmoor (s. M 2) gestochen. Stellmacher und Drechsler verarbeiteten Holz, einige Drehwerke entstanden zeitweise neben oder aus Mahl-, Öl- und Brettmühlen. Die kapitalistische Entwicklung förderte die Hausindustrie, daneben entstanden nur ein Sägewerk und eine kleine Holzwarenfabrik.

Die Deutscheinsiedler Arbeiter schlossen sich vor dem ersten Weltkrieg im allgemeinen auswärtigen Gruppen an. Erst nach 1918 entstand eine SPD- und um 1925 eine KPD-Ortsgruppe. Klassenbewußte Genossen setzten die politische Arbeit nach 1933 illegal fort. Verhaftet wurden in dieser Zeit GÜNTHER und PAUL ENZMANN; letzterer war nach 1945 als Bürgermeister tätig.

1977 fanden Schüler beim Ausheben einer großen Erdgrube im Wald etwa 200 m östlich des Ortes und 20 m nördlich des Brandhübelweges einen hochmittelalterlichen Topf, der nach typologischen Kriterien aus der zweiten Hälfte des 12. Jh. stammt. Das Gefäß gehört zu der für diesen Zeitraum im Erzgebirge typischen heimischen Tonware, die kräftig geglimmert ist und deren schmutziggraubraune Grundfarbe Nuancen von helleren über rötliche bis zu schwarzen Tönen aufweist. Aufschlußreich ist gerade diese Fundstelle auf der Paßhöhe des von Wurzen über Leisnig, Sayda, Most (Brüx) nach Prag führenden Böhmischen Steiges. Auch wenn an dem Fundstück keine Spuren vorhanden sind, die auf den Inhalt und den Zweck der Vergrabung schließen lassen, so dürfte es doch ein Beleg für das Funktionieren des Weges im 12. Jh. sein (GEUPEL/WERNICKE 1981; s. Seite 13).

Östlich von Deutscheinsiedel führt die 138 km lange Produktenleitung über die Grenze, die seit einigen Jahren im Rahmen der wirtschaftlichen Olefine-Kooperation DDR—ČSSR die beiden Chemiewerke Otto Grotewohl in Böhlen (Propylenlieferung) und Litvínov-Záluži (Plastherstellung) miteinander verbindet.

Ahornberg L 10

Zwischen Brüderwiese und Seiffen-Heidelberg befindet sich die massige Einzelerhebung des weithin sichtbaren Ahornberges (824 m ü. NN; Abb. 37, Profil 4) mit dem südlich vorgelagerten Grauhübel (795 m). Beide stellen wie der Schwartenberg (s. L 1) isolierte und erniedrigte Reste der Kammhochfläche dar, die insbesondere die Erosionskraft des oberen Schweinitzbaches losgelöst hat.

L 10 Vom Berggipfel kann man bei guter Fernsicht durch die Buchenstämme bis zu den Bergen des Böhmischen Mittelgebirges blicken. Am Westabfall des Gipfels ist ein kleiner Durchschuß jenes Feldspatbasaltes aufgeschlossen, der oberhalb von Brandov den wuchtigen Kamenný vrch (842 m, Steinl) aufbaut. Die Nordhänge wurden von Seiffen her gerodet und tragen eine lockere Streusiedlung. In der langen nordostwärts hinabziehenden Hangdelle sammeln sich im Winter beachtliche Schneemassen an, die sich meist bis in das Frühjahr hinein halten und dann dort noch Skilauf ermöglichen.

Den Gipfel des Ahornberges im Forstrevier Deutscheinsiedel bedeckt noch ein Rest vermutlich aus Naturverjüngung hervorgegangenen Buchenaltholzes, das zu den höchstgelegenen im Erzgebirge zählt. Diese Erscheinung ist umso bemerkenswerter, als gerade die Buche im früheren Deutscheinsiedler Revier recht radikal verdrängt wurde. Man vertrat um 1880 den Standpunkt, daß der Buchenhochwald seiner geringen Rentabilität wegen auf die besten Standorte zu beschränken sei und schrieb den geringen Holzzuwachs, den das gesamte Revier verzeichnete, den Buchen- und Mischbeständen zu (Bierekel/Rossel 1954/55). Daraufhin setzte ein verstärkter Kahlschlagbetrieb ein, dem vor allem die Buche zum Opfer fiel. An ihre Stelle trat die Fichte.

Das Buchenaltholz am Ahornberg ragt als „grüne Insel" aus der Landschaft hervor; an Bestandsrändern zeigen reduzierte Stammhöhen und verkrüppelnde Baumkronen an, daß hier die klimatische Obergrenze des Buchenanbaus erreicht wird (Bilder 34 und 35). An der Stelle von Fichtenbeständen an der Ahornberg-Südseite und des weiteren Deutscheinsiedler Revieres wurden Umpflanzungen mit rauchresistenten Baumarten — so Eberesche und Birke — auf weiten Flächen durchgeführt. Die Beschäftigten des Staatlichen Forstwirtschaftsbetriebes Marienberg bemühen sich um die Begründung und Pflege einer neuen Waldgeneration, die den landeskulturellen Belangen gerecht wird und die forstwirtschaftlichen Verluste in Grenzen halten soll.

Mit dieser Problematik im Zusammenhang stehen Forstpflanzungen in der Umgebung von Bad Einsiedel, die dem Wanderer wegen sehr verschieden gearteter und zum Teil ungewohnter Gehölze auffallen. Es handelt sich um Versuchspflanzungen mit einheimischen und ausländischen Baumarten, die sich nach umfangreichen Testungen in Rauchkammern als relativ rauchhart erwiesen haben. Hier werden im Feldversuch deren Anpassungsfähigkeit an Klima und Boden, für fremde Arten auch ein möglicher Schädlingsbefall sowie der Holzzuwachs unter Raucheinfluß getestet. Zur Erhöhung der Rauchresistenz gehören auch Düngungsversuche. Ferner werden besondere Pflegemaßnahmen erprobt, so mit dem Ziel, aus der Eberesche Nutzholz zu gewinnen. Die geeignetsten Gehölze, darunter die Blaufichte (Bild 31), werden in absehbarer Zeit die rauchanfällige Gemeine Fichte ersetzen.

M 1 Teichhübel

Nordöstlich von Deutscheinsiedel erhebt sich über der vernäßten und vermoorten Torfhausfläche (s. M 2) der Teichhübel (818 m ü. NN), an dessen Fuß der um 1600 angelegte Heidengraben (s. R 4) in Richtung Bad Einsiedel entlangführt.

Mit dieser nahe der Staatsgrenze gelegenen Anhöhe beginnt das zu den Hochlagen gehörige Neuwernsdorfer Rückengebiet (s. F 3). Die Fichtenbestände hier befinden sich wegen der Raucheinflüsse im Absterben, während eingestreute Laubgehölze, deren Assimilationsorgane während der Vegetationsruhe nicht den besonders im Winterhalbjahr häufigen SO_2-Wirkungen ausgesetzt sind, unbeeinflußt blieben. M 1

Torfstich Deutscheinsiedel M 2

Nur reichlich 500 m östlich von Deutscheinsiedel gelangt man an der Schneise zwischen den Waldabteilungen 9 und 10 in einen ehemaligen Torfstich. Reste der Abbauwände lassen noch den Torfaufbau mit eingeschlossenen Stubbenhorizonten erkennen. Die Torfgewinnung hat von dem Hochmoor nur einen kleinen Rest übriggelassen. Stattliche Spirken, die Baumform der Moor-Bergkiefer (*Pinus mugo*), besetzen in einem kleinen Restbestand dieses Moorstück. Daneben kommen Moorbirke (*Betula pubescens*) und Fichte vor. An Moorpflanzen besiedeln den Boden Moosbeere (*Vaccinium oxycoccus*), Trunkelsbeere (*V. uliginosum*) und Heidelbeere (*V. myrtillus*), dazwischen gedeiht spärlich das Scheidige Wollgras (*Eriophorum vaginatum*). In der Moosschicht fallen Bulte von Torfmoosen auf. Im Moor und dessen Umgebung begegnet dem Besucher die Moorotter, die schwarze Abart der Kreuzotter.

Die pollenanalytische Untersuchung der Torfschichten bis zum Untergrund, die hier vorgenommen wurde, basiert auf der Tatsache, daß der Blütenstaub der Gehölze aus der Umgebung des Moores nicht verwest ist, sondern wohlbehalten in den Torfschichten erhalten blieb. Darin spiegelt sich das Bild der Waldgeschichte des Erzgebirges wie folgt wider: Als die Torfbildung begann, herrschte die Kiefer als Waldbaum vor. Dann geschah eine Massenausbreitung der Haselnuß. Der Fichtenanteil — anfangs nur gering — nahm bald zu. Es folgten Buche und Tanne in einem solchen Ausmaß, daß man von einer Buchen-Tannen-Zeit spricht. Schließlich aber nahm die Fichte überhand. Auch aus den vertorften Pflanzen der einzelnen Horizonte gewinnt man ein Bild vom Wechsel des Pflanzenkleides. Zunächst bildeten Riedgräser den Riedtorf in Flachmoorwiesen. In der Folge wuchs das Moor über den Grundwasserstand hinaus, und Hochmoorpflanzen übernahmen die Herrschaft, vor allem Torfmoose und Scheidenwollgras. Eingelagert sind Stubbenhorizonte, die eine zeitweilige Bewaldung anzeigen.

Weithin vernäßt und ebenfalls vermoort ist das nur wenig ansteigende Gelände bis Bad Einsiedel zwischen der Neuhausener Straße und dem Heidengraben. Diese flachwellige Deutscheinsiedeler Hochfläche reicht vom Westfuß des Brand- und Teichhübels bis Brüderwiese, wo selbst der Schweinitzbach nur wenig eingetieft ist und weitere, teilweise quellige Naßbodenstandorte als Trinkwassereinzugsgebiet genutzt werden. Sonst dominieren auf den meist mächtigen skeletthaltigen aber feinbodenreichen Gneisschuttdecken Braunpodsole als Bodentyp. Als eine der wenigen kammnahen Hochflächen des Erzgebirges nimmt das Gebiet um Deutscheinsiedel klimatisch eine Übergangsstellung zwischen den oberen Mittellagen und den Hochlagen ein. Die Fichtenforsten hier gehören zu den am frühesten rauchgeschädigten Beständen des Erzgebirges (s. Seite 27).

N 1 Schwarze Pockau (Schwarzwasser)

Der 33 km lange Fluß entspringt auf der Kammhochfläche des Erzgebirges südlich von Satzung 890 m ü. NN unmittelbar am Naturschutzgebiet Schwarze Heide. Bis Kühnhaide, von wo nach 13 km Lauflänge bereits ein mittlerer Abfluß von 0,55 m^3/s angegeben wird, markiert der nur wenig eingetiefte muldenförmige Oberlauf die Staatsgrenze zur ČSSR. Hier zweigt mit dem Grünen Graben (s. N 7) bereits der zweite Kunstgraben ab, nachdem schon an der Reißigmühle über den Zeuggraben (s. Bd. 41, M 5) Pockauwasser in die Bergbaubezirke von Pobershau und Marienberg gelangt. Die aus den vielen Mooren zufließenden dunklen Wässer gaben dem Fluß auch die Bezeichnung Schwarzwasser.

Erst unterhalb von Kühnhaide wird die Erosionsbasis der Flöha wirksam; denn nun tieft sich der Fluß jäh zum schönsten Kerbtal des sächsischen Erzgebirges ein (s. G 7, N 2). Bis zur Bastion des Vogeltoffelfelsens beträgt das Gefälle auf nur 5 km Lauflänge 140 m. Erst von hier an stellt sich eine schmale Talsohle ein. Das blockreiche Bett des rauschenden Wildbaches und die nahe Hüttstätt in Wasserfällen zufließenden Nebenbäche geben ein sehr lebendiges Bild rezenter Tiefenerosion; denn das Schwarzwasser sägt sich hier zwischen dem Rabenberg (s. N 3) und dem Wildsberg (s. Bd. 41, M 7) zudem in eine 100 m hohe Landstufe ein. Deshalb steigt der rechte Hang des 100—130 m tiefen Tales oberhalb des Raubschlosses noch weiter an (Abb. 37, Profil 2).

An der Kniebreche nimmt die Schwarze Pockau, deren mittlere Wasserführung hier 0,83 m^3/s erreicht, die Rote Pockau (s. Bd. 41, M 4), auch Halbmeilenbach genannt, auf, die aus einem Einzugsgebiet von 50 km^2 Wasser in einer Menge von 0,59 m^3/s zuführt. Nachdem noch Knesenbach und Lauterbach zugeflossen sind, mündet die Pockau am gleichnamigen Ort mit einer mittleren Wasserführung von 1,8 m^3/s in 398 m ü. NN in die Flöha. Das Gesamteinzugsgebiet beträgt 133 km^2, wovon 26 km^2 auf das Territorium der ČSSR entfallen. Es beherbergt größere Trinkwasserreserven, auf die ein Talsperrenprojekt nördlich von Kühnhaide orientiert (s. N 6).

Der Name der Schwarzen Pockau (1292 *Pachowe*, 1497 *die Bockaw*) ist vermutlich mit tschech. *Paka* (*voda*) = entgegengesetzt, also von Böhmen aus nach Norden abfließendes Wasser, in Verbindung zu bringen.

Der Kerbtalabschnitt der Schwarzen Pockau, zwischen 750 und 450 m ü. NN gelegen, steht seit 1967 als NSG Schwarzwassertal unter Naturschutz. In floristischer Hinsicht (Abb. 35) zeigt es am Bachufer, auf der Talsohle und dem Hang besondere Züge. Als auffälligste Hochstaude gedeiht der weißblühende Gebirgshahnenfuß (*Ranunculus platanifolius*), eine Pflanze von montanem und subalpinem Charakter, begleitet von Stäuchern wie Bruchweide (*Salix fragilis*), Grauweide (*Salix cinerea*) und Schwarzer Heckenkirsche (*Lonicera nigra*). Im Ufergebüsch fällt das hochgewachsene Rohrglanzgras (*Phalaris arundinacea*) auf, darunter leuchten die gelben Blüten der Sumpfdotterblume (*Caltha palustris*), im anschließenden Ufersaum erkennen wir die Rasenschmiele (*Deschampsia caespitosa*) vereint mit dem Zitterriedgras (*Carex brizoides*), das auch herdenweise in der Talaue siedelt, wo man wie am Ufer die auffällige Akeleiwiesenraute (*Thalictrum aquilegifolium*) vorfindet; diese steht oft vereint mit der stattlichen

Meisterwurz (*Peucedanum osthrutium*), einer alten Arznei- und Gewürzpflanze. Nicht zu übersehen sind die feuchtigkeitsliebenden Pflanzen, wie die weißblühende Hainsternmiere (*Stellaria nemorum*), der Rauhhaarige Kälberkropf (*Chaerophyllum hirsutum*) und die Weiße Pestwurz (*Petasites albus*), die in tieferen Lagen von der Roten Pestwurz (*P. hybridus*) abgelöst wird. Wo auf der schmalen Talsohle Fichten stocken, beobachtet man auf dem Waldboden Herden der Waldhainsimse (*Luzula silvatica*).

Im Gebiet des Katzensteines und der Ringmauer taucht an felsigen grobsteinigen Hängen in feinen Fugen gegen den Untergrund das seltene Leuchtmoos (*Schistogega osmundacea*) auf, und im Tal am Wasserlauf siedelt auf Steinen die bläulichviolette Veilchenalge (*Trentopohlia jolithus*). Die Steine heißen im Volksmund Veilchenstein, da sie den Duft der Veilchenblüten auszuströmen scheinen. Flußaufwärts begleitet den lockeren Fichtenwald des schmalen Talbodens im Heidelbeergestrüpp der hochmontane und in diesen Lagen sehr seltene Alpenlattich (*Homogyne alpina*).

Auf einer Quellflur über den Nonnenfelsen wird auf einer Lichtung im Fichtenwald die niedrige Krautschicht von dem Großen Springkraut (*Impatiens noli-tangere*) und dem Waldziest (*Stachys silvatica*) überragt. Darunter versteckt bilden Hainsternmiere (*Stellaria nemorum*), Gegenblättriges Milzkraut (*Chrysosplenium oppositifolium*) und spärlich das Wechselblättrige Milzkraut (*Ch. alternifolium*) einen geschlossenen Bestand; auch Sauerklee (*Oxalis acetosella*), Gelbe Taubnessel (*Lamium galeobdolon*) und Sumpflabkraut (*Galium palustre*) sind vertreten.

Oberhalb vom Weg zur Hüttstättmühle begegnet man am Fichtenwaldrand der rechten Talböschung zwei Wintergrünarten, dem Nickenden (*Pyrola secunda*) und dem Kleinen Wintergrün (*P. minor*), inmitten großer Herden von Waldhainsimse und Heidelbeergestrüpp. Ober-

Abb. 35. Pflanzenarten im Tal der Schwarzen Pockau

1 Schwarze Heckenkirsche 2 Gegenblättriges Milzkraut 3 Hainsternmiere 4 Großes Springkraut

N 1 halb von Hintergrund siedelt an Blöcken am linken Hang mehrfach der Engelsüß (*Polypodium vulgare*), ein Farngewächs.

Durch den Bergbau im 16. Jh. setzte ein starker Eingriff in den Bestand der Wälder des Schwarzwassertales ein. Zu jener Zeit war Holz das wichtigste Brennmaterial. Es wurde zum Feuersetzen in den Bergwerken benötigt und lieferte in Form der Holzkohle den Brennstoff zum Schmelzen des Erzes; Holz diente auch als Baumaterial beim Ausbau der Strecken und für die Errichtung der Übertagegebäude. Da die Waldgebiete jedoch wegemäßig kaum erschlossen waren, mußte für den Holztransport das Wasser des Schwarzwassers dienen. Da die Flößerei auch zu Zeiten geringen Wasserstandes erfolgen sollte, waren Floßteiche (s. O 3) als Anlagen zur Wasserregulierung notwendig. An sie erinnern noch die Dämme der 3 Floßteiche in Kühnhaide, die der Oberaufseher der erzgebirgischen Flöße, CASPAR VON BERBISDORF, 1603 anlegen ließ, sowie der verfallene Ullersdorfer Teich im Kriegwald.

Als Folge des starken Einschlags in Flußnähe waren 1591 die Wälder an der Ringmauer und am Katzenstein weitgehend abgetrieben (REINHOLD 1942). Auf den entstandenen großen Kahlschlagflächen fand die Fichte günstige Bedingungen vor, sich natürlich zu verjüngen. Sie ergriff Besitz von ihnen, da Buche und Tanne wegen ihrer Frostempfindlichkeit im jugendlichen Stadium ohne Schutz eines Altbestandes nicht gedeihen konnten. Später wurden die Fichtenbestände künstlich begründet. Nur in ausgesprochenen Frostlagen, wie sie der obere Teil des Schwarzwassertales aufweist, versagte auch sie. Nach vielen vergeblichen Pflanzversuchen, selbst unter Mitpflanzung der frostharten Kiefer als schutzbietender Baumart, wird die extrem frostgefährdete Talmulde schließlich als Wiese genutzt.

Obwohl das Einzugsgebiet des Schwarzwassers heute überwiegend Fichten aller Altersklassen trägt — einzelne Laubbäume, wie Buche, Bergahorn, Esche und Eberesche, sind beigemischt —, haben sich im NSG Schwarzwassertal noch einige Naturwaldparzellen — insgesamt 20,5 ha — erhalten (Bild 40). Eine der schönsten finden wir am Fuß des Liebensteins, auch Raubschloß oder Rabenberg genannt. Locker mit Fichten bestandene krautreiche Blockhalden — besonders eindrucksvoll am rechten Hang unterhalb der Ringmauer — beherbergen ebenso wie Felsklippen sehr seltene Flechtengesellschaften.

N 2 Nonnenfelsen/Teufelsmauer

Am Aufbau der bis zu 60 m hohen senkrechten Felswände und -türme von Nonnenfelsen und Teufelsmauer sind langflaserige Muskowitgneise beteiligt, aber auch grobflaserige Zweiglimmergneise (Riesengneise), die zur Kernzone der Gneiskuppel von Hora Sv. Kateřiny (Katharinaberg) gehören und mitunter außerordentlich grobkörnig sind. Die Mineralien Quarz, Orthoklas, Oligoklas und Biotit sowie in geringerer Menge Muskowit setzen den Riesengneis zusammen. An der Teufelsmauer ist das Gestein grob- und dickflaserig ausgebildet und durch mehr oder weniger regelmäßige Klüfte in hefekloßartige dickbankige Quader (Bild 43) zerlegt. Diesem Umstand besonders großer Festigkeit hat der Gesteinszug seine Erhaltung als schroffe Felspartie im Erosionstal der Schwarzen Pockau zu verdanken.

Der in Teilen der Nonnenfelsen, zwischen denen sich halbverwachsene und nackte Blockhalden befinden, aufgeschlossene langflaserige Muskowitgneis, der mehr in den randlichen Partien der Gneiskuppel zu finden ist, besitzt eine mittel- bis feinkörnige Ausbildung und setzt sich aus Quarz, Orthoklas, Oligoklas, Muskowit, etwas Biotit und schwarzem Turmalin zusammen. Das Gestein neigt zu einer mehr plattigen Absonderung. N 2

Eine größere Störungszone trennt diese beiden Gneisvarietäten. Mit tektonischen Bewegungsvorgängen hängt wohl auch die Bildung von Quarz zusammen, den man als meist auskeilende Kluftausfüllung an den Nonnenfelsen beobachten kann.
Eine hoch aufstrebende Felsklippe der Nonnenfelsen und ein Katzensteinnadel genannter Gratturm stellen seit der ersten Hälfte unseres Jahrhunderts bergsteigerische Ziele dar.
Zwischen Nonnenfelsen und Teufelsmauer tost das Wildwasser der Schwarzen Pockau zum Teil im blanken Felsbett (Bild 43). Seine bräunliche Färbung weist auf extrem saures (dystrophes) Moorwasser hin, so daß selbst die Forelle aus Futtermangel hier kaum angetroffen wird.

Rabenberg N 3

Südlich von Ansprung steigt die Landoberfläche stetig in Form einer Landstufe um 100 Höhenmeter bis zur Rübenauer Kammhochfläche an. Hier erreicht man über den Eisensteinzechenweg nahe der Quelle des Rungstockbaches die flache rückenartige Erhebung des Rabenberges (807 m ü. NN). Ostwärts geht diese Landstufe in das Rungstock—Grünthaler Hanggebiet über. Westwärts ist ihre Stirn jenseits der Schwarzen Pockau an der Goldkrone (769 m ü. NN) und am Wildsberg (778 m) wiederzufinden, wo sie nach Süden in Richtung Hirtstein bei Satzung umbiegt.
Die Pockau hat diese Landstufe in einem tiefen Kerbtal aufgeschnitten. Durch die Landstufe bedingt, erhebt sich der Rabenberg noch reichlich 80 m über die Hangoberkante des Pockautales und bietet nur von dieser Seite aus gesehen die Form eines eigentlichen Berges.
In den älteren Gesteinen des mittleren Erzgebirges treten vereinzelt kleine Vorkommen geologisch junger Ergußgesteine auf, die als randliche Bildung der tertiären Vulkanzentren Nordböhmens anzusehen sind. Hierzu gehört auch der Nephelinbasalt in den Gneisen des Rabenberges, der bereits zu Beginn unseres Jahrhunderts für Schotterzwecke völlig abgebaut war. Lediglich die Bezeichnung Basaltweg, kleinere Halden sowie der aufgelassene Steinbruch, der mit seiner nahezu kreisrunden Anlage den ehemaligen stockförmigen Ergußgesteinsdurchbruch widerspiegelt, erinnern an das Vorkommen.
Wo der Rabenberg mit einer Bergnase im NW an drei Seiten zum Schwarzwassertal steil abfällt, fand man noch im 18. Jh. eine Ruine mit Resten eines starken Turmes, eines Grabens und doppelter Mauern. Von den Bewohnern der Umgebung wurde sie Raubschloß genannt. Die kurfürstliche Holzordnung von 1560 nennt dafür den Namen Liebenstein. Es ist anzunehmen, daß diese Burg im 13. Jh. Mittelpunkt einer Herrschaft böhmischer Lehnsträger war.

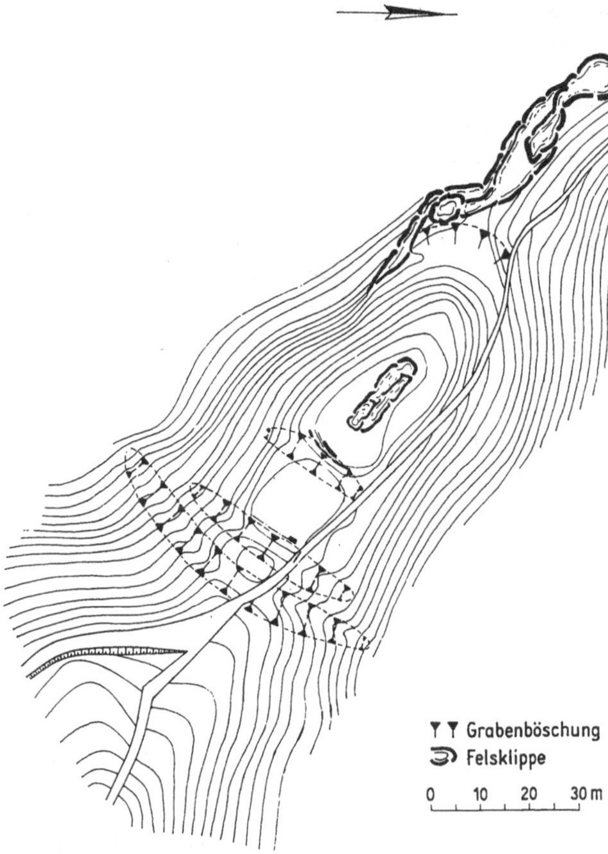

Abb. 36. Plan der mittelalterlichen Wehranlage Raubschloß Liebenstein (Entwurf T. GERLACH und V. GEUPEL)

Die Anlage (Abb. 36) besitzt eine Gesamtlänge von etwa 80 m und eine Breite von 25 m. Vom Hinterland wird sie durch zwei einfache Erdgräben mit dazwischenliegendem Wall abgeriegelt; das Innere der Burg besteht aus zwei Teilen: einem annähernd quadratischen Areal und, von diesem durch einen Graben getrennt, dem erhöhten Kernwerk, das von einer teilweise mit trocken gesetztem Mauerwerk ummantelten Felsklippe gebildet wird. Eine flache grabenartige Mulde grenzt die Anlage von der weitgehend natürlich geschützten Spornspitze ab. Die Wehranlage ist in keiner schriftlichen Quelle erwähnt; ihr Name ist auf späteren Karten überliefert. Nach den gesammelten archäologischen Funden – zumeist Keramikscherben – bestand die Burg vom 12. bis zum 14. Jh. Sie dürfte ein dörflich-grundherrlicher Sitz gewesen sein und vielleicht mit vom Wald überwachsenen Ortswüstungen, wie dem südöstlich gelegenen Ullersdorf, in Verbindung gebracht werden können. Durch wilde Grabungen sind an dem Bodendenkmal starke Zerstörungen angerichtet worden.

Steinhübel N 4

Wenig westlich der Görkauer Straße (s. O 2) erreicht man über den Torfschuppenweg die große massive und teils überwachsene Klippe des Steinhübels (817 m) mit ihrem weithin sichtbaren Holzgerüst eines trigonometrischen Punktes, dem höchsten Punkt der Rübenauer Hochfläche. Über die rauchkranken absterbenden Fichtenforste hinweg bietet der Steinhübel besonders nach S und SW Ausblicke auf die Kammhöhen der nahen ČSSR mit Jelení vrch (859 m, Bärenallee-Berg), Kamenná hůrka (880 m, Steinhübel), Jelení hora (994 m, Haßberg).
Im Vergleich zur benachbarten Kühnhaider Hochfläche ist die Rübenauer mäßig bis stark gewellt (Bild 39), weil sich die Nebenbäche der umgebenden Täler von den Rändern her tiefer eingraben konnten. Diese günstigeren Wasserabzugsbedingungen reduzieren auch den Anteil von Moor- und Naßbodenflächen, die zwar häufig, aber in geringeren Ausmaßen vorkommen, auf etwa 25%.
In einer solchen Moorfläche am Torfschuppenweg nördlich vom Steinhübel entspringt das Teichbächel, das sich bald kerbtalartig mit steileren Hängen eintieft. Es soll den Namen Ullersdorfer Bach getragen haben, weil an ihm das zur Herrschaft Liebenstein gehörige, im 13. Jh. wüst gewordene Ullersdorf gelegen haben soll (s. N 3). Der Bach fließt nach 2 km Lauflänge der Schwarzen Pockau zu, wenig nördlich der Mündung des Königshaubaches, der von SO her aus einer Moorfläche der Hü(h)nerheide kommt.
Neben den vorherrschend sandig-lehmigen Braunpodsolen der Hochfläche treten auf den sanften Einzelerhebungen auch steinreiche flachgründige Standorte auf (Rabenberg, Dürrer Berg, Abb. 3). Klimatisch gehört die Hochfläche zu den rauhen und kühlen Hochlagen, ist jedoch thermisch nicht so extrem wie die Kühnhaider, da die Bodenkaltluft randlich abfließen kann und die Mooranteile geringer sind. Sie ist vom Staatsforstrevier Kriegwald und Teilen der Rübenauer Rodung bedeckt.
Im Felsriff des Steinhübels stehen sogenannte Flammengneise an, eine besondere Art der Zweiglimmergneise der 700 bis 570 Millionen Jahre alten präkambrischen Preßnitzer Serie. Das körnig-schuppige Gestein läßt auffällige Bänder, Schmitzen, Flammen und Nester eines weißen Quarz-Feldspat-Gemenges erkennen. Heute neigt man dazu, die Bildung der hellen Flammen mit einer Ausquetschung und Anreicherung der unter erhöhten Temperatur-Druck-Verhältnissen leichter mobilisierbaren Gemengteile zu erklären. Damit können die Ausgangsgesteine der Flammengneise durchaus sehr alte tonig-sandige Ablagerungen gewesen sein, und es muß kein injektionsartiges Eindringen von Schmelzen angenommen werden.

Kriegwald N 5

Als Kriegwald wird heute ein gegenüber früher erheblich vergrößertes Waldgebiet südlich von Ansprung und östlich des Schwarzwassertales bis an die Staatsgrenze und die Flur Rübenau bezeichnet. Die heutige Staatsgrenze zwischen

N 5 Forsthaus Kriegwald und Schwarzer Pockau, die den Kriegwald nach Süden zu abschließt, wurde erst am 5. 3. 1848 durch einen in Dresden zwischen Sachsen und Österreich vereinbarten „Haupt-, Grenz- und Territorialrezeß" endgültig festgelegt. Durch den Kriegwald führte ein alter Weg nach Böhmen (s. O 2), womit die frühe Gründung der Burg Liebenstein (s. N 3) in Zusammenhang stehen dürfte.

Nach der Zerschlagung der Herrschaft Liebenstein zu Beginn des 14. Jh. beanspruchten die benachbarten Grundherren die Nutzung des großen Waldgebietes, vor allem die Herren von Rothenhaus (Červený Hrádek) und Komotau (Chomutov) und die Lautersteiner. Es ist wahrscheinlich, daß den dabei auftretenden Streitigkeiten der Wald seinen Namen verdankt. Als mit der Entwicklung des Erzbergbaus und des Hüttenwesens im 16. Jh. der Bedarf an Grubenholz und Holzkohle sprunghaft anstieg, war Kurfürst August I. rücksichtslos bemüht, das rasche Wachstum der Wettinischen Hausmacht zu forcieren und wirtschaftlich abzusichern. Deshalb setzte er durch, daß die Berbisdorfer ihm 1559 die Herrschaft Lauterstein mit den weiten zugehörigen Wäldern zu einem Preis weit unter dem Wert verkauften (s. J 10). Schon im Jahre nach dem Besitzwechsel erließ er die bekannt gewordene Holzordnung; sie bezeichnete den Kriegwald als zwischen Görkauer und Komotauer Straße sowie zwischen der Natzschung und dem Rübenauer Bach gelegen. Von nun an wurden vor allem Holzeinschlag, Flößerei und Kohlenbrennerei zielstrebig in großem Maßstab ausgebaut. Reinhold (1942) zitiert aus Akten, daß der Bestand aus Demmlichs Stallung weitgehend als Holzkohle nach Marienberg gelangte, und aus Gemlichs Heide wurden mehrere tausend Wagen mit Holzkohle für Freiberger Hütten beladen. Unter den Floßteichen (s. N 1, O 1) des Kriegwaldes blieb der Lehmheider Teich (s. O 3) noch erhalten, die anderen sind trockengelegt und aufgeforstet worden.

Der Entwicklung im Sinne des Landesherrn stand entgegen, daß die Herrschaft Rothenhaus weiterhin Anteil an der Nutzung des Kriegwaldes hatte. 1562 gelang es dem Kurfürsten, Christoph Weitmühl von Carlowitz in Komotau zur Abtretung seiner Rechte zu bewegen. Später wurde an der Grenze entlang ein langer Wildzaun errichtet. Ein in der Oederschen Karte um 1600 mit Schwertern gekennzeichneter Weg diente der schnellen Bewegung von Defensionern (Landeswehraufgeboten).

Die Waldverwüstung, insbesondere der Rückgang von Buche und Tanne, ist zu Teilen zwar dem Montangewerbe, zu Teilen aber auch Hutungsrechten zuzuschreiben. So übte um 1700 das Rittergut Olbernhau die Hutweide für Rinder und Schafe im Kriegwald (Müller 1935) aus. Die Bezeichnung Stallung für bestimmte Forstorte geht auf diese Waldweide zurück. Um 1800 gehörte der Kriegwald zu den buchenärmsten Revieren im Umkreis, die Fichte war zur herrschenden Holzart geworden.

Aus der Erkenntnis heraus, daß die Fichte auf die Dauer zu einer Bodenverarmung führt, erfolgte vor dem zweiten Weltkrieg die Anlage kleinerer Horste aus Tanne, Buche, Lärche, Douglasie und anderen Arten. Schnee und Rotwild haben ihnen allerdings so zugesetzt, daß nur wenige erhalten geblieben sind.

Industrieabgase bewirkten ihre schädlichen Einflüsse nicht nur an den Fichtenbeständen auf mineralischen Standorten. Besonders in Mitleidenschaft gezogen

wurden die Fichten auf den Heiden, worunter wir in der Regel trockengelegte Hochmoore zu verstehen haben (Schwarze Heide, Achterheide, Grünitzheide, Hühnerheide, Lehmheide), die vereinzelt Birken trugen. N 5
Die Flügel, die schnurgerade durch den Wald geschlagen wurden, hatten nicht nur forstwirtschaftliche Bedeutung. Wo keine zu großen Steigungen auftraten, wurden sie dem Verkehr nutzbar gemacht. So ermöglichte der Kühnhaider Flügel eine kurze Verbindung von Kühnhaide nach Ansprung und Olbernhau und wurde entsprechend ausgebaut. Heute werden diese Flügel lediglich für die Forsttechnik genutzt (Bild 30), wegen ihrer unzureichenden Breite ist ein sonstiger Fahrzeugverkehr nicht möglich.

Mothäuser Heide N 6

Am günstigsten erreicht man das Wasserscheidenhochmoor (730—760 m ü. NN) der Mothäuser Heide (mittelhochdeutsch *mot* = Moorerde, also Wald beim Torfhaus, das aus Wohnung und Schuppen bestand) von Kühnhaide aus über die Alte Görkauer Straße, von der man 1 km nach Erreichen des Waldes rechts in den Reitsteig einbiegt. Dieses 124 ha große Naturschutzgebiet (s. Bd. 41, M 6) ist kaum gewölbt und hat einen unregelmäßigen zerlappten Grundriß. Mit Ausnahme einer kleinen Fläche im NW, wo die Quellarme des Mothäuser Baches den postglazialen Moorkörper in Erosionsschluchten in Richtung auf die Rote Pockau aufgerissen haben, entwässert es zur Schwarzen Pockau (Wellner- und Krötenbach). Die Torfe, deren Aufbau man im unweit entfernten Kühnhaider Torfstich (s. S 2) studieren kann, sind im Mittel 4—5 m mächtig. Im Kern der Mothäuser Heide wurden bis zu 9 m Hochmoortorf erbohrt.
Die Mothäuser Heide ist das einzige Hochmoor im Raum Ansprung—Rübenau—Reitzenhain, welches den Versuchen einer Trockenlegung widerstand. Die groß angelegten Entwässerungen (1818—1854) waren aufgrund der hohen Torfauflage zum Scheitern verurteilt. Die heute noch sichtbaren Gräben füllten sich vom Rand her wieder mit Torf, und die dauernde Nässe begünstigte das Wachstum des Torfmooses, welches die Gräben nach und nach ganz ausfüllte, so daß sich diese, von Ausnahmen abgesehen, kaum noch vom umgebenden übrigen Gelände abheben. Glücklicherweise haben sich die seinerzeitigen Eingriffe nicht zerstörend auf das Hochmoor ausgewirkt.
Typisch für dieses Moor ist der Bestand alter Spirken (Bild 36). Diese Baumform der Moorkiefer (*Pinus mugo*) liebt klimatische Verhältnisse, wie sie hier in Kammnähe des Erzgebirges herrschen (Willkomm 1861). Die Moorkiefer kommt aber auch als Latsche oder Krummholzkiefer vor, und zwar vor allem im Moorinnern, wo einzelne Kusseln, die Strauchform der Moorkiefer, die offene Fläche besetzen. Hier beobachten wir einige Schlenken, entweder mit Torfschlick gefüllt oder durch Torfmoose verwachsen und mit Armblütiger Segge (*Carex pauciflora*), Rundblättrigem Sonnentau (*Drosera rotundifolia*), einer fleischfressenden Pflanze, Moosbeere (*Vaccinium oxycoccus*) und Rosmarinheide (*Andromeda polifolia*) bestückt. Häufig kommt im Moor die Trunkelsbeere (*Vaccinium uliginosum*), sehr selten die schwarzfrüchtige Krähenbeere (*Empetrum nigrum*) vor.

N 5 Die Tierwelt weist ebenfalls Eigenarten auf, so die kohlschwarze Moorotter, eine Kreuzotter. Auch zwei besondere Schmetterlinge bekommt man hier zu Gesicht, den Moorgelbling (*Colia papaeno*) und den Moorbläuling (*Lycaena optilete*), beides Eiszeitrelikte.

Ringsum ist das Moor randlich bei stärkerer Entwässerung von heidelbeerreichen Fichtenforsten umgeben. In der moosreichen Ausbildung gedeiht der Siebenstern (*Trientalis europaea*) in Herden.

Die Mothäuser Heide ist ein typischer Bestandteil der Satzung—Kühnhaider Kammhochfläche; denn fast 50% dieser auffallend flachwelligen und von der Tiefenerosion fast unberührten Kleinlandschaft werden von Naßbodenflächen und Moorbildungen bestimmt. Vom Wildsberg bis zum Südabbruch des Erzgebirges bei Hora Sv. Šebastiána (Sebastiansberg) erstreckt sich in 740—900 m ü. NN diese eintönige Hochfläche, auf der sich die Schwarze Pockau in einem flachen asymmetrischen Muldental kaum mehr als 30—40 m eingetieft hat. Nur der basaltische Hirtstein (891 m ü. NN) hebt sich mit etwas steileren Hängen heraus. Die einst bekannte Bezeichnung „Sächsisches Sibirien" hat hier sowohl wegen der Abgeschiedenheit als auch in klimatischer Hinsicht einen echten Kern. So besitzt Reitzenhain das gleiche Temperaturmittel wie das 150 m höher gelegene Oberwiesenthal. Insbesondere die Wintermonate sind hier deutlich kälter als dort (Abb. 2; Anhang D). Zu dem an sich rauhen, wolken- und niederschlagsreichen Hochlagenklima gesellt sich noch die von den Mooren ausgehende Temperaturerniedrigung und Nebelneigung. Selbst die Hochsommermonate Juli und August sind hier nicht mehr absolut frostfrei, womit die Satzung—Kühnhaider Hochfläche zu den kältesten und rauhesten Bereichen des gesamten Erzgebirges zählt.

Die Bodenvernässung wird außer vom hohen Niederschlagsdargebot auch durch verfestigten Gesteinsschutt an der Basis der meist feinbodenreichen Gneisschuttdecken begünstigt. Auf den unvernäßten Vollformen treffen wir hauptsächlich Braunpodsole, bei gröberem Korn auch Podsole als Bodentypen an. Der Wasserreichtum macht diesen Raum zu einem potentiellen Trinkwassereinzugsgebiet, obwohl für Moorwässer noch bestimmte Behandlungsfragen bestehen.

N 7 Grüner Graben

Unter den Anlagen des erzgebirgischen Bergbaus sind die über Tage verlaufenden Zeug- oder Kunstgräben (s. D 1) besonders auffällig und im allgemeinen auch leicht zugänglich. Sie legen Zeugnis ab für die Vermessungskunst der früheren Bergleute. Man kann in ihnen eine zeitige Form des Energietransportes sehen.

Von besonderer landschaftlicher Schönheit ist der Grüne Graben (mhd. *grabe* bezeichnet einen künstlich angelegten Wasserlauf durch Wald und Wiese; s. Bd. 41, M 7). Er wird aus dem Schwarzwasser (Schwarze Pockau) abgeleitet und läuft in etwa 700 m ü. NN am westlichen Hang des Schwarzwassertales entlang, um nahe dem Katzenstein (s. G 7) die Wasserscheide zum Tal der Roten Pockau zu überschreiten. Seine Länge beträgt 8,2 km.

Mit dem Bau dieses Grabens wurde 1678 begonnen. Um die Ausbeute zu erhöhen, mußte man damals in den Erzgruben am Wildsberg bei Pobershau

in größere Tiefen vordringen, wurde aber daran durch die starken Gruben- N 7
wässer gehindert. Um diese zu heben, waren entsprechende Künste erforderlich, für die es jedoch an Aufschlagwasser mangelte. So entstand der Plan, Wasser vom Nachbartal heranzuholen. Beim Bau waren zeitweise gegen 70 Arbeiter, darunter annähernd 40 Bergleute, beschäftigt. Knapp 6 km des Grabens mußten ausgehoben bzw. ausgehauen werden. Für mehr als ein Viertel der Trasse waren jedoch anspruchsvollere Bauten erforderlich. Über weite Strecken wurde an der Talseite auch Schutzmauerung benötigt, um ein Niederbrechen des Grabenrandes und Abfließen des Wassers zu verhindern. Kleine Seitenschluchten und Felsnischen mußte der Graben in Gerinnen überwinden; starke Felsvorsprünge zwangen zum Aushauen des Gesteins, wo sie allzu hoch und mächtig waren, sogar zur Anlage eines kurzen Stollens. Trotz dieser Schwierigkeiten und der Unterbrechungen im Winter war der Bau nach einer Bauzeit von nur 57 Wochen schon 1680 vollendet.

Hatte schon die Bauleitung in der Hand des Bergamtes Marienberg gelegen, so oblag diesem auch bis zur Mitte des 19. Jh. die Grabenverwaltung. Die Kosten zur Instandhaltung des Grünen Grabens mußten die Nutzer tragen. Das waren neben den Gruben vornehmlich Pochwerke und Erzwäschen. Die Zahl der nach der Fertigstellung angetriebenen Wasserräder wird mit 23 angegeben. Später — bei Niedergang des Bergbaus — nutzten auch holzverarbeitende Betriebe das Grabenwasser. Für die notwendig werdenden Reparaturen sorgten die Grabensteiger. Jetzt ist die Bedeutung des Grünen Grabens vor allem in seinem Erholungswert als romantische Wanderroute und als technisches Denkmal zu sehen.

Steinbach O 1

Wie die meisten auf der Rübenauer Hochfläche entstehenden Bäche (s. O 3) geht auch der Steinbach aus einer heute vermoorten Quellmulde hervor, die den Flurnamen Achterteich (in Abt. 23/24, 760—780 m ü. NN) trägt. Schon nach 1,5 km Lauflänge, nachdem noch der am Sudelweg herabkommende Nebenarm zugeflossen ist, gräbt sich der Steinbach in einem hängigen bis steilhängigen Kerbtal bis zu 90 m tief ein, bevor er 585 m ü. NN in die Natzschung mündet. 140 Höhenmeter beträgt das Längsgefälle auf diesem 3 km langen Laufstück, das der Tallandschaft der Natzschung (s. P 2) angehört.

Im 16. Jh. wurde auf „der" Steinbach — wie die Leute hier sagen — viel Holz über die Natzschung nach Blumenau geflößt, dort in Meilern verkohlt und nach Freiberg transportiert (Abb. 4). Dem Floßbetrieb dienten im Oberlauf des Steinbaches zwei Floßteiche (1570/1600?), die mit ihrem gestauten Wasser Steinbach und Natzschung speisten. Die OEDERsche Karte zeigt noch die inzwischen verfallenen und bepflanzten Teiche (s. O 3).

Die Waldbestände „in der Steinbach" haben unter dem Einfluß von Flößerei und Köhlerei den gleichen Wandel erfahren wie alle an flößbaren Gewässern gelegenen Wälder (s. N 1). Heute stocken im Steinbachtal wüchsige Fichtenbestände.

O 2 Görkauer Straße

Eine alte Wegeverbindung von Chemnitz nach Böhmen (s. Seite 13) mit Rastplätzen in Zschopau und Zöblitz ist südwestlich von Ansprung in Hohlwegabschnitten nachgewiesen. Sie führte dann vom Kriegwald an durch den Grenzwald und über den Kamm des Gebirges nach Komotau (Chomutov). An einem Abzweig wurden später die Rübenauer Mühle (s. T 1) und der Einsiedler Sensenhammer (s. T 2) gebaut, er berührte sodann die Gebiete der heutigen Orte Kalek, Orasín, Červený Hrádek und Jirkow – das frühere Görkau, wonach diese Teilstrecke heute ihren Namen trägt.

O 3 Lehmheider Teich

Auf dem Viererweg erreicht man westlich der Görkauer Straße den reichlich 1 ha großen Lehmheider Teich. Das dunkle, weil anmoorige, aber klare Gewässer bildet eine willkommene Abwechslung auf der eintönigen Kammhochfläche. Unmittelbar oberhalb des Teiches finden wir das moorige Quellgebiet (Hintergrund im Bild 38) des Lehmheider Baches, wie die meisten der Rübenauer Hochfläche (s. H 5, N 4, O 1) von begrenzter Ausdehnung und zum Teil künstlich entwässert.
Neben dem Lehmheider Teich bestanden um die Mitte des 19. Jh. auf der Rübenauer Hochfläche noch drei weitere ähnlich große Floßteiche

- der Ullersdorfer Teich am Teichbächel (Damm am Torfschuppenweg),
- der Achterteich (Damm am Achterweg, s. O 1),
- der Kleine Steinbacher Teich, ebenfalls am oberen Steinbach.

O 4 Lochmühle, Ortsteil von Rübenau

Bevor sich das Kerbtal der Natzschung flußabwärts von Rübenau weiter verengt, beschreibt der Fluß eine größere Schleife. Dort steht am linken Hang die Lochmühle, die vornehmlich als Sägewerk arbeitete. Mit dem Straßenbau (s. T 1) entwickelte sich hier auch eine Ausflugsgaststätte, das heutige Ferienheim. In unmittelbarer Nähe befindet sich an der Straße eine kleine Produktionsstätte des Staatlichen Forstwirtschaftsbetriebes Marienberg.

P 1 Stößerfelsen

Der Stößerfelsenweg beginnt an der Pföbe (s. J 7) und führt als Hangweg durch herrliche Buchenbestände an der Felsengruppe des Sophiensteins vorbei zum Naturdenkmal Stößerfelsen, zu dem man auch durch einen Steilaufstieg von Rothenthal aus gelangen kann. Ein knapp 4 ha großes Felsmassiv bestimmt den Oberhang des Natzschungtales am Stößerfelsen und zeichnet hier einen alten Prallhang nach. Von den Aussichtsbastionen des bis zu 80 m hohen Felsoberhanges blickt man bis zu 140 m tief auf die Natzschung und auf die um 170 m

ansteigenden Gegenhänge (Bild 37). Nordwärts geht das Gelände in den flachen Sophienstein-Rücken über, der einen erniedrigten Rest der Kammhochfläche darstellt (s. J 9). P 1
Die Felsklippen des Stößerfelsens baut langflaseriger Roter Gneis auf, wie er für das Randgebiet der Gneiskuppel von Hora Sv. Kateřiny (s. N 2) kennzeichnend ist. Fein- bis mittelkörnige Feldspäte und Quarze bilden im Gestein kürzere und längere Schmitzen, die von zusammenhängenden Flaserhäuten hellen und dunklen Glimmers umgeben sind.
Bis 1964 nistete am Stößerfelsen ein Greifvogel, der Wanderfalke, der im Flug auf seine Beute stößt. Der Volksmund nennt diese Greifvögel deshalb „Stößer" und bezeichnet die Felsengruppe in entsprechender Weise. Steigen wir von diesem Felsen wenig talaufwärts ins Natzschungtal ab, so durchwandern wir einen krautreichen Buchen-Tannen-Wald. In der Baumschicht herrscht die Buche, daneben kommen die Esche und eingestreut der Bergahorn vor. Sträucher findet man nur einige vom Seidelbast (*Daphne mezereum*), Charakterarten dieses Bestandes sind die Zwiebeltragende Zahnwurz (*Dentaria bulbifera*) mit blattachselständigen schwärzlichen Brutknöllchen und die Waldgerste (*Elymus europaeus*). Spärlich gedeiht das Sanikel (*Sanicula europaea*). Es fehlen nicht der Waldmeister (*Asperula odorata*) und das zierliche Moschusblümchen (*Adoxa moschatellina*). An typischen Pflanzen begegnen wir weiterhin Waldtrespe (*Bromus ramosus*), Waldsegge (*Carex silvatica*), verstreut der Vierblättrigen Einbeere (*Paris quadrifolia*) und ganz vereinzelt einer Orchidee, der Bergwaldhyazinthe (*Platanthera chlorantha*), spärlich dem Hohlen Lerchensporn (*Corydalis cava*) und dem als giftig geltenden Christophskraut (*Actaea spicata*).

Natzschungtal P 2

Die 16,5 km lange Natzschung ist fast in ihrer gesamten Länge Grenzgewässer zur ČSSR, weshalb sie auch Grenzbach genannt wird. Sie entwässert weite Teile der Kammhochfläche der ČSSR zwischen Kalek und Rudoltice, von wo ihr auch der Telčský p. (Töltzschbach) als längster Nebenbach zufließt. Von dem 84 km² großen Einzugsgebiet entfallen 60 km² auf die ČSSR. Der höchste Quellarm entspringt 820 m ü. NN in der weithin vermoorten Seeheide etwa 3 km südwestlich von Načetin. An der Einmündung des Rübenauer Baches beträgt die mittlere Wasserführung der Natzschung bereits 0,64 m³/s, in Grünthal, mit dem Eintritt in die Flöha, 468 m ü. NN, 1,34 m³/s.
Schon unterhalb von Rübenau hat das Flüßchen ein tiefes, steilhängiges und gewundenes Tal herausgearbeitet, meist noch mit einer schmalen Talsohle, stellenweise aber auch als reines Kerbtal ausgebildet. Ein besonderes Kennzeichen stellen die zahlreichen Augengneisklippen dar, unter denen es sogar einige echte Kletterfelsen gibt. Am Stößerfelsen (s. P 1) erreicht das Tal mit bis zu 170 m Höhendifferenz zwischen Talboden und Hangkante seine größte Tiefe (Abb. 37, Profil 3). Der saubere, vielfach wildbachartige Wasserlauf, einige in Hangnischen herabstürzende Nebenbäche und die Ruhe und Abgeschiedenheit des von langschäftigen Fichten und einzelnen Laubgehölzen bewachsenen Tales bieten einen hohen Erholungswert. Von Rothenthal an weitet sich das Tal immer mehr, bevor es bei Pfőbe in die Olbernhauer Talwanne eintritt.

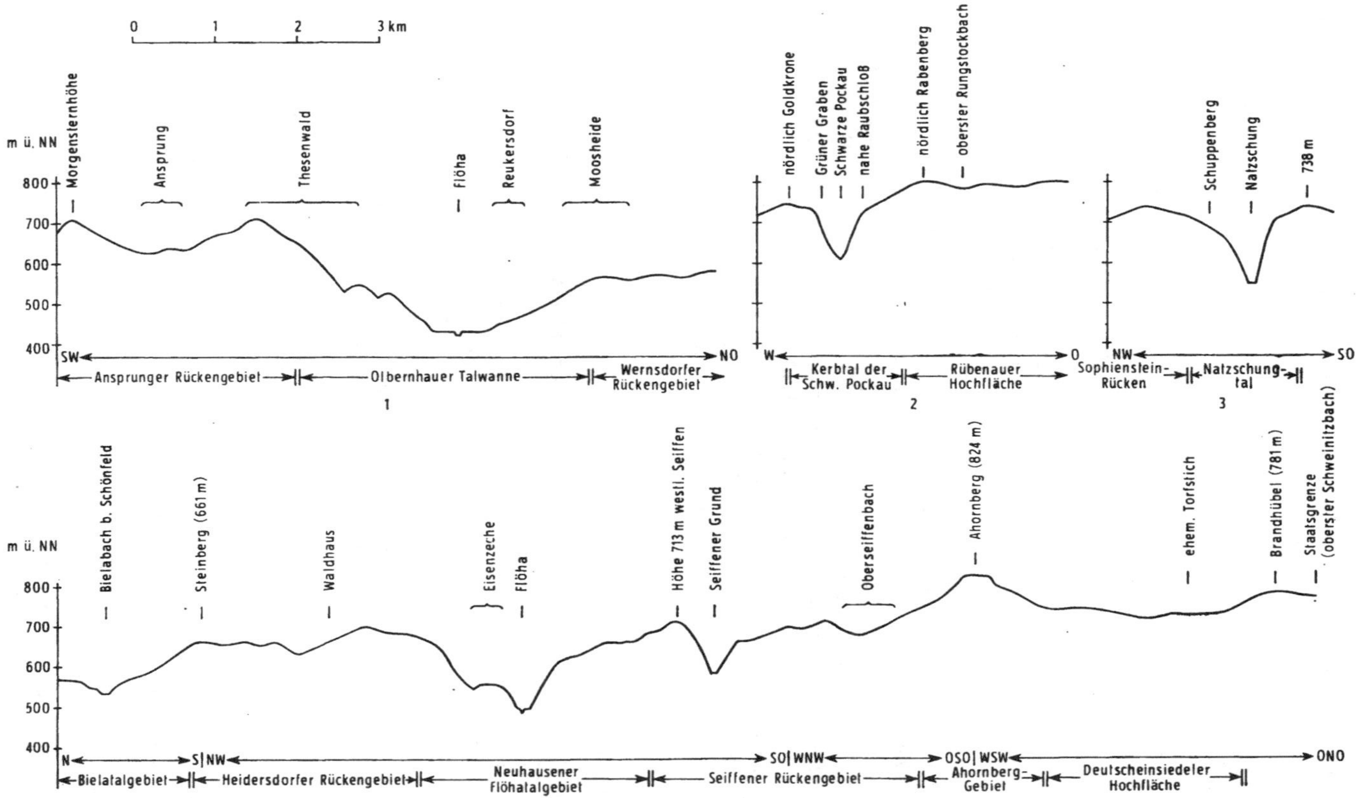

Abb. 37. Morphologische Profile 1–4 (Entwurf A. BERNHARDT); Überhöhung fünffach

Die Natzschung — 1497 als die *Natzka(w)*, 1555 als *Naczka* und 1626 als die *Naczschkaw* überliefert — heißt wohl so nach einem alttschech. Personennamen (*Načko*), wobei offenbar die ursprüngliche Bezeichnung für eine Flur- oder Waldstelle auf das Gewässer übertragen wurde. P 2

Oberlochmühle, Ortsteil von Deutschneudorf, Q 1

liegt an der Einmündung des Wildbaches in die Schweinitz auf einer Flußterrasse und im unteren Teil eines kerbartig eingetieften Tälchens. Hier entstand bereits am Ende des 17. Jh. eine Mahlmühle an einer Stelle, an der vorher eine Zinnseife gewesen sein soll. Zu Beginn des 19. Jh. war aus der Mühle eine Werkstatt geworden, die zu ihr gehörigen Felder wurden parzelliert und Holzdrechslern überlassen, die sich unterhalb der Mühle ansiedelten. Sie nutzten die Wasserkraft des Wildbaches und drehten mit ihrer Hilfe hauptsächlich Nadelbüchsen und Kegelspiele. Später wurde die Mühle, die der Siedlung ihren Namen gab, ein Drehwerk und zuletzt — 1920 — eine kleine Holzwarenfabrik. Immerhin bestand Oberlochmühle bereits 1880 aus 23 Häusern mit 182 Einwohnern. Am unteren Ende des Ortes steht noch der 140 m lange, stark gekrümmte Viadukt, über den bis 1967 die Eisenbahn nach Deutschneudorf fuhr. Dorthin wurde Oberlochmühle 1939 umgemeindet, nachdem es bis dahin zu Oberseiffenbach gehört hatte.
Abgesehen von kleineren holzverarbeitenden Betrieben, die einige Arbeitsplätze bieten, finden die meisten Bewohner in Deutschkatharinenberg und Deutschneudorf Beschäftigung. Direkt an der Straße liegt ein Betriebsferienheim.
Die geologische Spezialkarte verzeichnet im Riesengneis bei Oberlochmühle aufsetzende Erzgänge der Zinnerzformation; sie gehören zum gleichen Typ wie der ‚Mönch Morgengang' (s. Q 2). Reste eines einstigen Bergbaus lassen sich kaum noch finden.

Deutschkatharinenberg, Ortsteil von Deutschneudorf Q 2

Westlich von Deutschneudorf, in der verbreiterten Talaue der Schweinitz und an deren rechtem Hang, verteilen sich die Wohn- und Industriegebäude von Deutschkatharinenberg. Am Nordhang des Schweinitzbachtales setzen im flaserigen Rotgneis kupferreiche Gänge der kiesig-blendigen Bleierzformation auf, die von der Grube ‚Morgenröthe' (Halden hinter dem Betriebsgelände des VEB Leuchtenbau Deutschneudorf) bebaut wurden. Es handelte sich vor allem um die nördlichen Ausläufer des einst bekannten Nikolaiganges im Stadtberg von Hora Sv. Kateřiny. Die Mächtigkeiten lagen zwischen 0,2 und 0,5 m. Haupterzminerale waren Kupferkies, Buntkupferkies und Kupferglanz neben wenig Bleiglanz und Zinkblende. Gangart war Quarz. Blieb auch die Bedeutung der Vorkommen gering, so werden doch Kupfergehalte in Reicherzen von 50—60%, in armen Erzen bis 14% angegeben. Der Bleiglanz enthielt wenig Silber. Ein zweiter Gang im NW, der ‚Mönch Morgengang' führte in oberen Teufen zudem noch Zinnerz wie in Seiffen (s. L 4.1).

Q 2 Das eine Streusiedlung mit ehemals Block- und Parzellenflur bildende Deutschkatharinenberg wurde 1663 von böhmischen Exulanten gegründet. Es handelt sich bei der Namengebung um eine Namenübertragung vom benachbarten Katharinaberg jenseits der Grenze (1528 *Hora Swate Katherziny*, 1549 *Kathrnbergk*). 1787 wird *Teutsch Katharinberg* genannt. Im Volksmund heißt es Töpfer.

Von den alten Anwesen ist das gut gepflegte Arbeiterwohnhaus Nr. 12 beachtenswert. Es entstand aus einem Dreiseithof mit abschließender Toreinfahrt und weist ein schönes Fachwerkobergeschoß auf. Geschmückt wird es von einer prächtig gemalten Sonnenuhr an der Südwand. Auch das Haus Nr. 13, eine geschlossene vierseitige Anlage von 1827 dicht an der Staatsgrenze, verdient Beachtung.

Die wirtschaftliche Entwicklung verlief in der Vergangenheit ähnlich wie in Deutschneudorf (s. R 3). Heute bieten zwei größere Betriebe einigen 100 Werktätigen Beschäftigung, die aus Deutschneudorf, Deutscheinsiedel, Seiffen und Olbernhau kommen. Außerdem vergeben beide Betriebe Heimarbeit in größerem Maße in die weitere Umgebung. Einmal handelt es sich um den unmittelbar an der durchführenden Straße stehenden VEB Leuchtenbau. Seine Erzeugnisse haben eine längere Tradition und basieren auf dem Rohstoff Holz, der hier in Verbindung mit Glas verarbeitet wird. Oft werden gedrechselte Holzteile verwendet. Die Holzleuchten, verwendbar in Kinderzimmern, Küchen oder Bauden, werden zum Teil auch exportiert. Zum anderen besitzt der VEB Elektroinstallation Deutschneudorf in Deutschkatharinenberg seinen Hauptbetrieb. Kleinere Betriebsteile stehen in Deutschneudorf selbst, in Seiffen und in Olbernhau. Außer Tasten- und Warngeräteschaltern stellt er als einziger Betrieb in der DDR Sicherungs-Schraubkappen her.

R 1 Grauhübel

Am höchsten Punkt des Kieferbergweges von Deutschneudorf nach Seiffen, der den Grauhübel (795 m) westlich berührt, besteht vom Hochbehälter der südlich Brüderwiese beginnenden Trinkwasserleitung in 760 m ü. NN ein gutes Sichtfeld nach SO. Klar tritt die tiefe Einsattelung des Erzgebirgskammes bei Nová Ves v Horách (Gebirgsneudorf) mit nur 720—760 m ü. NN hervor, die gegen W von Medvědi skála (Bernsteinberg, 924 m ü. NN), gegen O von Mračný vrch (Wolkenhübel, 853 m) und schließlich von Loučná (Wieselstein, 956 m ü. NN) begrenzt wird. Die über diese Paßlücke bei südlichen Winden besonders häufig einströmenden Rauchgase aus dem nordböhmischen Braunkohlenrevier haben den Fichtenwald der umgebenden Südhänge schon vor Jahren devastiert. Ältere Fichtenbestände sind deshalb bis auf geringe Reste verschwunden. Jungbestände zeigen schüttere Benadelung und starke Wuchsstockungen. In einer auf natürlichem Wege entstehenden Sekundärvegetation dominieren Eberesche und Birke (Bild 32).

Neben noch vorhandenen produktionslosen Flächen kann man in zunehmendem Maße Kulturen von rauchresistenten Baumarten feststellen, die das Bemühen der Beschäftigten des Staatlichen Forstwirtschaftsbetriebes Marienberg

um die Walderhaltung deutlich machen. Diesem Ziel dient auch das Belassen der Eberesche auf größeren Flächen, unter deren Schutz nach Rückgang der Immissionen wieder empfindlichere, jedoch leistungsstarke Baumarten gepflanzt werden können. R 1

Mehrere Versuchspflanzungen forstlicher Forschungsinstitutionen in diesem Waldgebiet testen die Eignung von rauchharten Baumarten in Abhängigkeit von den standörtlichen Gegebenheiten (s. L 10). Bisher sind eingebracht worden: Blaufichte, Murraykiefer, Omorikafichte, Rumelische Strobe und Japanische Lärche.

Aus zwei vernäßten Hangmulden am Westhang des Grauhübels fließt der Brettmühlenbach als das einzig nennenswerte Nebengewässer dem Wildbach zu. Wie die meisten Nebentäler der oberen Flöha und der Schweinitz besitzt auch das des Wildbaches einen muldenförmigen Oberlauf, in dem sich Oberseiffenbach ausbreitet, und einen kerbsohlentalförmigen Unterlauf. 150 Höhenmeter beträgt das Gesamtgefälle des Wasserlaufes, der 548 m ü. NN in die Schweinitz mündet.

Brüderwiese, Ortsteil von Deutscheinsiedel R 2

In einer breiten Einmuldung des Seiffener Rückens, am Oberlauf der Schweinitz stehen an der Straße und am Hang verstreut die Häuser von Brüderwiese. Neben dem auffälligen Ferienobjekt des VEB Braunkohlenwerk Erich Weinert Deuben mit seinen zahlreichen Bungalows sind jetzt hier noch drei weitere Betriebsferienheime vorhanden. In Brüderwiese verbrachte oft Wilhelm Walther (s. E 3) seine Ferien.

In Brüderwiese, einer Exulantensiedlung von 1666, befaßten sich einige Einwohner in der Vergangenheit mit Leineweberei und Holzdrechslerei. Die Wasserkraft der vom Ahornberg herunterkommenden kleinen Bäche trieb eine Reihe von Mühlen. 1707 erhielt Christian Mäder die Erlaubnis, an der Schweinitz einen Eisenhammer und eine Brettmühle anzulegen. Der Eisenhammer erlangte keine Bedeutung, vorhanden ist aber noch das am Hang gelegene Hammerherrenhaus; es steht unter Denkmalschutz (Abb. 38). An dem stattlichen Fachwerkgebäude ist auf der talwärtigen Giebelseite das Obergeschoß vorgezogen und ruht mit drei Holzsäulen auf einer Natursteinmauer, wodurch eine Vorlaube entsteht. Kopfbänderreste deuten an, daß der Wohnteil als Umgebindekonstruktion errichtet worden ist. Das hohe Walmdach war schindelgedeckt. Ein Nebengebäude mit verschindelter Giebelseite und jetzt verschaltem Fachwerk diente vermutlich als Gesindehaus, Rinderstall und Scheune. Auf dem Gelände des Eisenhammers entstand später das Sägewerk, der heutige VEB Holzverarbeitung. Der VEB Holzwarenfabrik stellt Lineale her.

Deutschneudorf, Kreis Marienberg R 3

Die Industriegemeinde Deutschneudorf erstreckt sich einmal längs einer Terrasse der Schweinitz, zum anderen zieht sie sich nach N am teilweise stark geneigten Hang bis zum Seiffener Rückengebiet in 700 m Höhe hinauf. Die von Deutsch-

Abb. 38. Deutscheinsiedel-Brüderwiese (Nr. 12), Hammerherrenhaus; Zustand 1967

neudorf nach Seiffen führende Straße überwindet auf 1 km Länge fast 100 m Höhendifferenz.
Es wird berichtet, daß der Grünthaler Faktor August Rohdt (s. J 8) mitten im Dreißigjährigen Krieg im Gebiet des Purschensteiner Grenzwaldes ein Hammerwerk mit Hochofen und Arbeiterwohnungen errichten ließ, das aber nach Schiffner (1960) im 18. Jh. wieder eingegangen ist. Für die um 1650 gegründete Exulantensiedlung führt Blaschke (1957) *Naudorff untern Catherbergk* auf, 1651 urkundlich erstmals erwähnt. Exulanten aus dem jenseits des Grenzflusses liegenden Gebirgsneudorf (Nová Ves v Horách) hatten sich hier in der Grundherrschaft Purschenstein niedergelassen. Um den Ortskern entstanden schon 10 Jahre nach der Gründung aufgelockerte Häusergruppen, sogenannte Tempel, wie der Mühlentempel am Flüßchen in Richtung nach Brüderwiese, der Wolfstempel am darüberliegenden Hang oder der Hegertempel im Quellgebiet des Morgengründels. Die Feldblöcke und Parzellen lagen auf der geneigten Hochfläche über dem Hang. Im Grundstück Nr. 35 ist aus der Gründungszeit ein Hof mit einem Dörrhaus erhalten. Eine Kupfergrube

‚Saxonia' in Deutschneudorf, auf die FRENZEL 1874 mehrfach hinweist, ist in der geologischen Spezialkarte nicht verzeichnet. R 3

Die Mehrheit der Bevölkerung arbeitete als Tagelöhner, suchte sich Waldnahrung oder trieb Paschhandel, bis auch hier das Holzwarengewerbe Fuß faßte. Der Salzweg war zu dieser Zeit Teil einer Handelsverbindung zwischen Freiberg und Chomutov (Komotau). Zu Beginn des 19. Jh. arbeiteten im Tal 7 kleine Mühlen mit insgesamt 8 Gängen. Später wurden daraus Drehwerke und Fabriken. In Deutschneudorf wurden in erster Linie Dosen und Schachteln hergestellt. Eine Zeitlang war auch die Zigarrenmacherei verbreitet.

Ein Stamm von Fabrikarbeitern begünstigte die Entwicklung der Arbeiterbewegung. Zwar organisierten sich viele Arbeiter zunächst auswärts, aber schon vor 1914 bestanden im Ort eine SPD-Gruppe, eine Zahlstelle des Holzarbeiterverbandes und ein Arbeitersportverein mit Sängerriege. 1912 kam es in einer Firma zu einem erbitterten Lohnstreik, neben den Neuhausener Arbeitskämpfen (s. E 3) einer der ersten im Spielwarengebiet. Nach der Novemberrevolution entstand aus einer USPD-Organisation 1922 eine KPD-Ortsgruppe. Die klassenbewußten Kräfte standen während der Naziherrschaft im antifaschistischen Widerstandskampf.

Die 1734—36 über dem Grundriß eines gestreckten Achtecks errichtete schlichte Kirche ist seit 1801 Pfarrkirche, vorher gehörte der Ort zu Neuhausen. Die Innenausstattung stammt aus dem 19. Jh.; der hölzerne Kanzelaltar entstand 1876. Deutschneudorf hatte eine eigene Schule, das jetzige Schulhaus wurde 1892 eingeweiht und um 1970 erweitert.

Bis 1920 besaß der Ort Pferdepostverbindung mit Olbernhau, dann wurde diese durch Kraftomnibusse abgelöst. Von 1927 bis 1967 befand sich im Tal die Endstation der Eisenbahnstrecke Olbernhau—Deutschneudorf, die bei Brandov (Brandau) durch tschechoslowakisches Gebiet führte; danach wurde der Transport vom Kraftverkehr übernommen.

Die in Deutschneudorf beheimatete Industrie stützt sich noch immer vorwiegend auf die Verarbeitung von Holz. So produzieren zwei Werkteile des VEB Möbelfabrik Erzgebirge/Olbernhau Stilmöbel, teilweise mit gedrechselten Verzierungen, und Plastteile für die Möbelindustrie. Der VEB Kunstgewerbe fertigt Leuchter an, und im VEB Drechslerwaren werden Figurengruppen und Menagen für Gewürze hergestellt. Zur Urlauberbetreuung stehen 3 Betriebsferienheime zur Verfügung.

Unter aktiver Beteiligung vieler Einwohner entstand 1970 nach vierjähriger Bauzeit eine zentrale Wasserversorgung, aufgrund der geologischen Bedingungen und des bewegten Reliefs eine recht aufwendige Arbeit.

Unweit des westlichen Ortseingangs von Deutschneudorf, wo die Straße die Schweinitztalaue verlassen hat und am Hang entlangführt, unterquert die Erdgasleitung „Nordlicht" die Straße, die den nördlichen Teil Westsibiriens mit unserer Republik verbindet. Nur wenige Meter Rohr verlaufen an der Grenzübergangsstelle oberirdisch. Seit 1972 erreicht hier sowjetisches Erdgas die DDR. An der Übergangsstelle wurde 1977 ein Gedenkstein errichtet. Der VEB Blechwalzwerk Olbernhau (s. J 3) war einer der ersten Betriebe der DDR, die mit dem Erdgas aus der Sowjetunion versorgt wurden.

R 4 Schweinitztal

Der 17,6 km lange Schweinitzbach markiert von der Quelle, 796 m ü. NN nordöstlich des Brandhübels, bis zur Einmündung in die Flöha, 477 m ü. NN, die Staatsgrenze zur ČSSR. Er entwässert eine Fläche von 63,4 km^2, wovon 30 km^2 auf das Territorium der DDR entfallen. Der mittlere natürliche Abfluß an der Mündung wird mit 1,04 m^3/s angegeben.
Wie das obere Flöhatal (s. E 5) ist auch das der oberen Schweinitz nach Südwesten gerichtet und wohl sehr alter Anlage. Bis Brüderwiese zählt es als flachmuldiges Tal zur Deutscheinsiedeler Hochfläche (s. M 2). Bei Deutschneudorf tieft es sich mit dem Umbiegen auf die natürliche Abflußrichtung zu einem steilhängigen Kerbsohlental ein, das nur wenig Raum für Siedlungen läßt. Hora sv. Kateřiny jenseits der Staatsgrenze thront in exponierter Spornlage zur Linken 120 m über der Aue. Etwa von der Einmündung des Seiffener Grundes an reduziert sich das Gefälle wieder. Im Gegensatz zu den steilen rechten Talhängen oberhalb von Hirschberg gehen die sanfteren linken in eine Schrägfläche über, die schon Bestandteil der Olbernhauer Talwanne ist. Der Kerbsohlentalabschnitt des Schweinitzbaches entspricht in seiner Naturausstattung weitgehend dem Neuhausener Flöhatal (s. E 5). Der Flußname lautete schon 1497 wie heute Schweinitz (slaw. *Swinica* = Wildschweinbach).
Als Kunstgraben kleineren Ausmaßes wurde der Heidengraben Anfang des 17. Jh. angelegt, um Wasser aus dem Quellgebiet der Schweinitz in den Seiffenbach überleiten zu können, damit den Pochwerken der Zinngruben und wohl auch einem Kunstgezeug ausreichend Wasserkraft zur Verfügung stand. Später kam das Wasser den Seiffener Drehwerken zugute; auch das Preißlersche Drehwerk (s. L 7) wurde größtenteils vom Wasser des Heidengrabens getrieben.

S 1 Kühnhaide, Kreis Marienberg

Am Oberlauf der Schwarzen Pockau, wo dieser Fluß die Staatsgrenze zur ČSSR bildet, stehen am linken Hang und gegen die Hochfläche zu die verstreut angelegten Häuser von Kühnhaide.
Die Gründung von Marienberg am Anfang des 16. Jh. verursachte die Entstehung neuer Verkehrsverbindungen über das Gebirge. Wo ein Weg nach Jirkov (Görkau) an der Pockau die Grenze überschritt, entstand zuerst ein Lehngut mit Ausspanne und Mühle, 1552 als *Kynheide* erwähnt, mit dem 1603 CASPAR VON BERBISDORF, Oberaufseher der erzgebirgischen Flöße, erblich beliehen wurde. Der Name bedeutet soviel wie Kiefernwald und wurde zu Beginn des 17. Jh. (*uff der Kühnhayde*) auch für die entstehende Waldarbeiter- und Holzflößersiedlung verwendet.
Die Kirche von Kühnhaide, seit 1607 mit Reitzenhain selbständige Kirchgemeinde, zu der bis 1853 als Filial auch Rübenau gehörte, wurde nach Abbruch der vermutlich in Holz errichteten Vorgängerin 1691 geweiht. Im Gegensatz zum benachbarten Rübenau, wo Anfang des 18. Jh. eine Kirche als Zentralbau entstand, hielt man hier noch am herkömmlichen Langhaus und dem Dreiseitenabschluß der Ostseite fest. Der Westturm, der sich mit seiner reizvollen Haube

gut in das Landschaftsbild einfügt, wurde erst 1787 gebaut. Bemerkenswert sind die beiden Abendmahlskelche aus dem 17. Jh., der ältere ist die Arbeit eines Freiberger Meisters G. M. von 1654. Seit Anfang des 17. Jh. hatte Kühnhaide einen Lehrer. S 1

Die Ortslage in rauhester Gegend war für Ackerbau denkbar ungünstig, so daß die Ansiedlung sich zunächst auf das bedeutende, durch große Holzvorräte begünstigte Eisenwerk der Herren von Berbisdorf beschränkte. Diese betrieben es als kompletten Weißblechhammer mit 1 Hochofen, 2 Stabfeuern, 1 Blechhammer und 1 Zinnhaus. Nach SCHUMANN (1818) wurden 1789 hier „1142 Wagen Eisen fabriziert und abgesetzt"; 1800 produzierte man „464 Schocke Dünneisen, 130 Wagen Sturzbleche, 1360 Wagen Stabeisen, zusammen 6544 Thaler am Werth" in diesem Werk. Die 1603 gezählten 20 Waldhäuser dienten wohl ausschließlich der Belegschaft als Behausung. Die Mühlen an der Pockau waren bekannt für gutes, billiges Brot — ein beim erschwerten Kartoffelanbau nicht nur für die Hammerleute recht erheblicher Faktor, sondern zugleich ein Hinweis auf den starken Grenzhandel. Noch war aber das Hammerwerk der Hauptbetrieb; 1800 hatte es eine Belegschaft von 21 Mann, doch ist es bald nach 1813 stillgelegt worden.

Um der vom grenznahen Kühnhaide aus betriebenen Pascherei, dem durch die Not der Bewohner verursachten Wildfrevel, der Bandenbildung und dem Räuberunwesen zu begegnen, traf 1755 ein Aufgebot von Soldaten und Jägern in Kühnhaide und Rübenau ein; hier und in umliegenden Dörfern beiderseits der Grenze wurden an die 50 Räuber verhaftet. Eine große Zahl von ihnen wurde in Rübenau und Wolkenstein, in Rothenhaus (Červený Hrádek) und Komotau (Chomutov) dem Henker übergeben. Damit konnte man wirkliche Gewaltverbrechen eindämmen, um die sich keine Legenden gebildet haben wie um die Taten des Wildschützen KARL STÜLPNER (s. Bd. 41, B 3 und Bd. 28, R 5), der einige Jahrzehnte später auch gern in den Wäldern bei Kühnhaide jagte.

Nach der Stillegung des Eisenhammers wurden Posamenten- und Spitzenherstellung sowie die Gewinnung von Torf wichtige Erwerbszweige. Immer mehr Kühnhaider Einwohner suchten auch Beschäftigung im Wald oder auswärts. FRIEDRICH GOTTLOB KELLER aus Hainichen wollte in Kühnhaide seine Erfindung der Papierherstellung aus Holzschliff nutzen, hatte aber das Unglück, daß die von ihm erworbene Mühle durch Hochwasser hinweggerissen wurde; er wandte sich daraufhin nach Krippen (s. Bd. 2, H 15).

In der Zeit des Kapitalismus wurden viele Einwohner von Kühnhaide zu Proletariern, die nur unterbezahlte Arbeit fanden und oft von Arbeitslosigkeit bedroht waren. Auch wenn sie ein kleines Anwesen besaßen, konnte es sie nicht völlig ernähren. So ist es erklärlich, daß die Arbeiter sich hier schnell der revolutionären Arbeiterbewegung anschlossen. Seit 1923 bestand in Kühnhaide eine der ersten KPD-Ortsgruppen dieses Grenzgebietes. Die KPD-Fraktion wurde auch bald zur stärksten im Gemeindeparlament, sie blieb dies auch noch am 5. 3. 1933, als die erste Reichstagswahl nach dem Machtantritt des Hitlerfaschismus erfolgte. Mehrfach war Kühnhaide der Ort von Grenztreffen mit tschechoslowakischen Genossen und Sportlern. Ein bedeutungsvolles Pioniertreffen mit einem Zeltlager auf dem Sportplatz, an dem Chemnitzer Arbeiter-

S 1 kinder teilnahmen, fand 1931 statt. Unter der faschistischen Herrschaft wurden viele Arbeiter in Zuchthäuser und Konzentrationslager geworfen; am 30. 3. 1933 waren allein 8 Genossen aus Kühnhaide verhaftet worden. Auch der Kupferschmied OSWIN FRIEDRICH, Mitglied der KPD seit 1920 und Mitbegründer der Parteiortsgruppe, wurde eingekerkert. 1945 war er an der Selbstbefreiung der Häftlinge im KZ Buchenwald beteiligt. Weiterhin leisteten HILDE SCHMIDT und andere illegale Grenzarbeit, schleusten Verfolgte und Kuriere ins Nachbarland und holten von dort Agitationsmaterial.

Die Bewohner dieser Grenzgemeinde haben heute günstige Beschäftigungsmöglichkeiten in Betrieben, die in den letzten Jahrzehnten hier angesiedelt wurden. Den bedeutendsten stellt ein Betriebsteil des VEB Sportgerätewerk Karl-Marx-Stadt mit seinen annähernd 100 Beschäftigten dar. Dieser in der ehemaligen Schneidemühle entstandene Betrieb — unmittelbar am Wasser gelegen — fertigt vor allem Federballschläger und Minigolfspiele. Der VEB Textil Grenzland entwickelte sich aus einer Genossenschaft und fertigt Babygarnituren und Arbeitshemden, ein Betriebsteil des VEB Häkelchic Annaberg stellt Mützen her. Die drei genannten Betriebe vergeben in größerem Maße Heimarbeit — auch in die umliegenden Orte —, so daß der Beschäftigungsgrad der Einwohner von Kühnhaide heute recht hoch ist. Außerdem werden im Ort Wohnraumleuchten und Nachttischlampen in einem Betriebsteil des VEB Leuchtenbau Lengefeld produziert.

Die Landwirtschaft spielt gegenüber der Industrie eine untergeordnete Rolle. Die Fluren des Ortes werden vorwiegend als Grünland von der LPG (T) Frohe Zukunft Marienberg genutzt.

S 2 Stengelheide

Unter den Hochmooren um Kühnhaide, zu denen wir auch Erl- und Kühnheide zählen, besitzt die Stengelheide die größte Ausdehnung. Ihre Ausbildung zeigt ähnliche Züge wie andere Hochmoore des Erzgebirges, die in früheren Bänden ausführlich beschrieben wurden (z. B. Georgenfelder Hochmoor, s. Bd. 7, M 1; Großer Kranichsee, s. Bd. 11, R 3; Kleiner Kranichsee, s. Bd. 20, Q 2). Eine Anhäufung vertorfter Pflanzenreste aus Schilf, Binsen, Seggen und vor allem Moosen in den älteren Schichten geht in Torfmoos (*Sphagnum*) über. Grenzhorizonte lassen eine Unterbrechung der Moorbildung infolge des Eintritts wärmeren und trockeneren Klimas erkennen, mit dem das Entstehen von Waldbäumen verbunden war. Ihre Stubben und Stämme wurden bei Klimaverschlechterung von Torfmoos überwuchert und in den Torfmassen begraben. Knapp 10 km südlich kann man im NSG Schwarze Heide bei Satzung ein noch nicht in dem Ausmaß wie die Stengelheide abgebautes Hochmoor studieren (s. Bd. 41, V 4).

Mit Hilfe der Torfstecherei in den Hochmoorflächen westlich von Kühnhaide konnten die Einwohner ihren Lebensunterhalt ein wenig aufbessern. Während dieses Gewerbe in der Mothäuser Heide (s. N 6) seit 1833 eingestellt wurde, ist in der Stengelheide die Torfgewinnung immer wieder in Angriff genommen worden. In der Mitte des 19. Jh. arbeiteten hier bei trockenem Wetter gegen

geringe Bezahlung bis zu 50 Arbeiter, die im Jahr ungefähr 2 Millionen Torfziegel herstellten; die Aufsicht führte ein von den Forstbehörden eingesetzter Torfmeister. 1855 stellte der Staat die Arbeit im Moor ein. Sie wurde 1891 von den Sächsischen Torfstreu- und Mullwerken Reitzenhain und 1919 vom Gemeindeverband Torfwerk Reitzenhain zeitweilig fortgesetzt. In den dreißiger Jahren dieses Jahrhunderts waren die meisten Einrichtungen wieder verfallen. Der Brennstoffbedarf nach dem zweiten Weltkrieg führte zu einem erneuten Abbau. Jede Arbeitsaufnahme im Moor war mit der Verwendung neuerer Technik verbunden. Torf wurde anfangs als Heiz- und Einstreumaterial, schließlich als Düngemittel und als Industrierohstoff verwendet. Die Gewinnung liegt heute in der Hand des Torfwerkes Reitzenhain. S 2

In Teilen der Forstabteilungen 35 und 36 des Reitzenhainer Reviers ist noch ein Moorplenterwald erhalten, der aber infolge der Entwässerung, die in den Jahren 1848—54 durchgeführt wurde, nicht mit dem des ursprünglichen Stengelheider Moores verglichen werden kann. Nach Abbau der noch auflagernden Torfschichten wird die Stengelheide wieder aufgeforstet werden.

Wildhäuser, Ortsteil von Reitzenhain S 3

Die überwiegend niedrigen Häuser gruppieren sich beiderseits der 1926 bis 1928 erbauten Straße von Kühnhaide nach Reitzenhain und schließen sich im Südosten von Kühnhaide unmittelbar an dessen Siedlungsgebiet an. Die kleine Ansiedlung war ursprünglich — wie der Name sagt — für Jagdzwecke angelegt worden. 1842 gab es hier lediglich drei Gebäude. Das Sägewerk ist heute die Betriebsstätte Meisterbereich Wildhäuser des VEB Vereinigte Holzindustrie Marienberg, Betriebsteil Reitzenhain.

Rübenau, Kreis Marienberg, T 1

stellt eine typische Streusiedlung dar; die meist kleinen Häuser stehen zwar sehr vereinzelt in der Ortsflur (Bild 39), schließen sich dennoch zu Gruppen zusammen (Abb. 39; Tabelle Seite 175), so Gasse, Neunhäuser, Wasserhäuser, Hirschberg oder Hradschin, dessen tschechischer Name auf böhmische Einflüsse in historischer Zeit verweist. Mit seinen Ortsteilen (s. T 2 und T 3), die noch bis ins 19. Jh. als selbständige Siedlungen bestanden, breitet es sich über eine ausgedehnte Rodungsflur von nahezu 10 km² Größe aus, deren annähernd elliptischer Grundriß Achsenlängen von ungefähr 3 km und 5 km besitzt.

Überschaut man die von ausgedehnten Wäldern umgebene Grenzgemeinde Rübenau von der ehemaligen Bergschule, einem Aussichtspunkt im südlichen Teil des Ortes, so schweift der Blick über die weite, leicht gewellte Hochfläche, die zur Ortsmitte hin geringer und nach NO in Richtung zur Natzschung stärker abfällt. Während die Straße von Olbernhau nach Reitzenhain den Ort vom Natzschungtal her mit sanfter Steigung durchquert, steigt die kreuzende Verbindung nach Zöblitz und in den Ortsteil Sensenhammer zum Teil recht erheblich an, auf knapp 1 km einen Höhenunterschied von 100 m überwindend. Die mittlere Höhenlage des Ortes liegt bei etwa 700 m ü. NN.

T 1

Abb. 39. Fluren Rübenau und Natzschung (nach dem Flurkroki um 1835 im Staatsarchiv Dresden)

Die verstärkte Nutzung des Holzes im Kriegwald für den Bedarf der Bergwerke und Hütten nach dem Erwerb der Herrschaft Lauterstein durch Kurfürst August I. 1559 erforderte die Anlage von Flößen längs der Natzschung und ihrer Nebenbäche Rübenauer Bach und Steinbach. Gegen 1571 begann der Bau

Tabelle: Rübenau und Natzschung 1875 (nach Alphabetisches Verzeichniß der im Königreiche Sachsen belegenen Stadt- und Landgemeinden ..., Dresden 1876) T 1

Ort/Ortsteil	Bewohnte Hausgrundstücke 1. 12. 1875	Einwohnerzahl 1. 12. 1875
Rübenau	293	2626
davon		
Einsiedel-Sensenhammer	56	553
Die Gasse	32	247
Heidehäuser	18	126
Hirschberg	12	107
Hradschin	14	127
Kriegwald	5	79
Lochmühle	4	22
Niedernatzschung	24	209
Obernatzschung	35	336

von Floßteichen. Der Wald belebte sich immer mehr mit Holzhauern, Teichbauern, Flößern und Köhlern. Es ist deshalb nicht verwunderlich, daß GEORG MÜLLER, ein Bäcker aus Olbernhau, darum bat, an der Kreuzung von Rübenauer Bach und Görkauer Straße (s. O 2) eine Mühle errichten zu dürfen. Die Genehmigung hierfür erfolgte 1580. 1595 wurde *Ruebenaw* im Erbbuch des Amtes Lauterstein verzeichnet. Der ursprüngliche Bachname, 1559 (die) *Rybenau*, d. h. Fischbach, wurde auf den später gegründeten Ort übertragen.

Das Dörflein vergrößerte sich rasch. Schon bald wurde eine hölzerne Kirche errichtet, in deren Kirchenbuch die Eintragungen 1607 begannen. Sie gehörte zeitweise zur Pfarre Kühnhaide und betreute auch die Bewohner des Einsiedler Sensenhammers und das jenseits der Natzschung liegende böhmische Kalek (Kallich). Aus der Mühle wurde ein Lehngut und 1629 ein Kammergut.

Der Dreißigjährige Krieg setzte dem Aufschwung vorerst ein Ende. Der Kurfürst überließ das im Krieg wüst gewordene Kammergut 1656 ABRAHAM OEHMICHEN, dem Lehnrichter von Olbernhau. Nachdem dieser daraus keinen Nutzen erwirtschaften konnte, erhielt sein Sohn bei der Übernahme des Gutes das Recht, weitere Häusler anzusiedeln. 1690 wurde es Rittergut; diese Jahreszahl findet man an der Hinterpforte des alten Herrenhauses.

Ein um 1860 erloschenes Hammerwerk dürfte vor 1626 entstanden sein und bei der geringwertigen und fast ganz vom Rittergut eingenommenen Ackerflur die einzige Erwerbsmöglichkeit geboten haben. Nach dem Dreißigjährigen Krieg vergrößerten die Bewohner die Rodefläche bis annähernd zum heutigen Umfang. Während 1698 26 Häusler in Rübenau wohnten, wurden 1764 schon 80 gezählt. Da diese ihre Familien nicht von dem spärlichen Grasland und den kleinen Äckern ernähren konnten, waren sie gezwungen, anderswo Arbeit zu suchen. Im Forst wurde nur eine beschränkte Anzahl von Arbeitern benötigt. Deshalb entwickelten sich verschiedene Gewerbe. Einen besonderen Aufschwung nahm im 18. Jh. die Nagelschmiederei. Beinahe in jedem Haus wohnte und arbeitete ein Nagelschmied, der gewöhnlich im Winter schmiedete; im Sommer aber arbeiteten diese Männer auswärts als Maurer oder Zimmerleute. Der bis gegen 1870 betriebene unbedeutende Bergbau brachte nur wenig Erfolg.

Im 19. Jh. bildeten neben der Nagelschmiederei Spitzenklöppeln, Holzver-

T 1 arbeitung (Schlitten) und Spielwarenherstellung weitere Erwerbszweige der Bevölkerung. Aber der Verdienst war so gering, daß die Kinder zur Arbeit selbst in den Nagelschmieden herangezogen werden mußten. Mit der weiteren kapitalistischen Entwicklung wurden die Lebensbedingungen noch schlechter. Die Waren, die ursprünglich im Hausierhandel abgesetzt wurden, mußten Verlegern überlassen werden, und diese drückten die Preise auf ein Minimum herab. Die Konkurrenz der großen Industrie entzog dem Heimgewerbe in der entlegenen Gebirgsgegend die Existenzgrundlage: Die Einwohnerzahl des ausgedehnten Dorfes, die nach der Eingemeindung von Ober- und Niedernatzschung und Einsiedel-Sensenhammer 1874 annähernd 2500 betragen hatte (Anhang A), sank in der Folgezeit durch Abwanderung rasch. Allmählich entstanden Sägewerke, kleine Holz- und Metallwarenfabriken sowie Textilbetriebe, die, da wenig konkurrenzfähig, auf billige Arbeitskräfte reflektierten. Viele Arbeiter suchten sich trotz der weiten Wege auswärts Beschäftigung. Sehr spät wurden mit dem Bau der Talstraße nach Rothenthal 1889 und der Fertigstellung der Straße nach Kühnhaide 1938 bessere Verkehrsbedingungen geschaffen.

Naturgemäß interessierten sich die notleidenden Rübenauer Arbeiter sehr für die sozialistischen Ideen, die hauptsächlich von Auspendlern mitgebracht wurden. Verhältnismäßig früh für das obere Gebirge wurde in Rübenau 1893 ein sozialdemokratischer Wahlverein gegründet. Emil Rosenow fand bei seinen Besuchen begeisterte Zuhörer (s. J 8), auch wenn die Versammlungen wegen bürgerlicher Schikanen oft auf freiem Felde oder jenseits der Staatsgrenze abgehalten werden mußten. Durch die politischen Auseinandersetzungen wurden die Kindheitserlebnisse der späteren kommunistischen Reichstagsabgeordneten Olga Körner geprägt, die — 1887 in Rübenau geboren — bis 1907 hier lebte und deren Namen die Oberschule trägt. Nach und nach entstanden im Ort Arbeitervereine: Turn-, Radfahrer- und Gesangverein sowie andere, jedoch erst 1927 konnte sich eine Ortsgruppe der KPD konstituieren. Es gelang den Faschisten nicht, nach ihrer Machtübernahme die Arbeiterbewegung in Rübenau völlig zu zerschlagen, obwohl sie 9 der bewährtesten Funktionäre in ihre Gefängnisse und Konzentrationslager sperrten. Rübenau gehörte auch zu den deutschen Grenzstützpunkten, über die in der Zeit des Faschismus Berichte der Oberberater des Zentralkomitees und der Bezirksleitung Chemnitz der KPD zu den Organen der Parteiführung ins Ausland gelangten.

Die kurz nach 1700 in Form eines länglichen Achtecks gebaute Kirche löste ihren wohl hölzernen Vorgängerbau aus dem Anfang des 17. Jh. ab und war nach dem Beispiel von Bernsbach (1681) eine der ersten Kirchen des Erzgebirges, die über einem zentralisierenden Grundriß errichtet wurden. Die einfache Ausstattung entspricht dem schlichten Äußeren der kleinen Zentralkirche. Der 1745 bemalte hölzerne barocke Kanzelaltar stammt aus der Erbauungszeit. Der Taufstein von 1858 ist eine Arbeit aus Zöblitzer Serpentin. Die beiden zinnernen Altarleuchter sind 1686 gegossen worden, die Orgel stammt von 1886/87, der auf dem steilen Walmdach sitzende Dachreiter von 1808. In der Nähe steht das 1903 geweihte Schulhaus. Bevor es gebaut wurde, besuchten die Kinder des großen und ausgedehnten Dorfes 4 verschiedene Schulen in den Ortsteilen. Heute bilden Rübenau und Kühnhaide einen Oberschulbereich; die Schüler werden mit Omnibussen befördert.

Aus der Ortslage von Rübenau ergeben sich auch heute noch für viele Bewohner recht lange Wege zu den kommunalen Einrichtungen des Ortes, die sich im Bereich der Straßenkreuzung konzentrieren. Von hier aus bestehen Omnibusverbindungen (Abb. 6) nach Olbernhau und über Reitzenhain in die Kreisstadt Marienberg. Des weiteren bringen Werkbusse zahlreiche Rübenauer Werktätige an ihre Arbeitsplätze im VEB Federnwerk Marienberg, im VEB Armaturenwerk Zöblitz sowie im VEB Blechwalzwerk Olbernhau. Obwohl also immer noch eine Anzahl Rübenauer Werktätiger auspendelt, ist doch in den letzten Jahren eine gewisse industrielle Entwicklung im Ort selbst nicht zu übersehen. So entstand in Rübenau aus einem ehemaligen Handwerksbetrieb der VEB Formplast Rübenau. Während im Betriebsteil Rothenthal (s. J 8) die Formteilproduktion durch Polyesterverarbeitung erfolgt, wird in Rübenau selbst die Generalüberholung des B 1000 und der Robur-Kleinbusse durchgeführt. Dies geschieht am gesamten Aufbau dieser beiden Fahrzeugtypen, angefangen beim Rahmen über die Installation der Elektrik bis zur Polsterung. T 1

Im östlichen Teil des Ortes, an der Natzschung gelegen, stehen zwei Kleinstbetriebe, die an die Anfänge der hiesigen Industrie erinnern. Zum einen handelt es sich um den VEB Nagelfabrik Rübenau, der vor allem gestanzte Drahtnägel fertigt, zum anderen steht hier der Betriebsteil Holzbau Rübenau des VEB Kisten- und Bauelemente Marienberg-Gebirge. In dieser Produktionsstätte eines ehemaligen Sägewerkes werden Fertigteile für den Holzhausbau hergestellt. Außerdem sind in Rübenau einige kleine Zweigbetriebe angesiedelt worden, die Konsumgüter produzieren, so Strickhandschuhe in der ehemaligen Torfmühle (VEB Polar Karl-Marx-Stadt), Holz- und Drechslerwaren (VEB Hodrewa Rothenthal) und kleine gepreßte Formteile, wie Knöpfe, Gürtel, Schnallen u. ä. (VEB Modedekor Wolkenstein). Ein Teil dieser Produktion erfolgt in Heimarbeit durch Frauen.

Die landwirtschaftlich genutzte Fläche von Rübenau bearbeitet zum größten Teil die LPG (P) Ansprung (s. G 10), die einen Brigadestützpunkt im ehemaligen Herrengut unterhält. Die Ställe dienen der LPG (T), ebenfalls in Ansprung, zur Rinderaufzucht.

Rübenau beherbergt aufgrund seiner Höhenlage und seiner waldreichen Umgebung annähernd 100 vertraglich gebundene FDGB-Urlaubsplätze, die sich in privaten Unterkünften befinden. Wenn sich in den Sommermonaten täglich aber annähernd 300 Feriengäste in Rübenau erholen, dann haben daran außerdem die Betriebsferienheime ihren Anteil, die Großbetriebe aus den Räumen um Karl-Marx-Stadt und Leipzig in den Ortsteilen von Rübenau einrichteten.

Einsiedel-Sensenhammer, Ortsteil von Rübenau, T 2

ist älter als sein Hauptort. Noch ehe die Rübenauer Mühle (s. T 1) gebaut wurde, erhielten 1556 zwei Freiberger Bürger von der Lautersteiner Herrschaft das Recht bewilligt, auf dem *Einsiedel* einen Sensenhammer zu errichten, der dann auch 1595 im Lautersteiner Amtsbuch verzeichnet wurde. Hier überschritt die Görkauer Straße (s. O 2) die böhmische Grenze und führte zunächst in das benachbarte Kalek (Kallich). Um das Hammerwerk entstand eine Streusiedlung

T 2 mit Blockflur, die eine ähnliche Entwicklung wie das benachbarte Rübenau nahm. Anstelle des Sensenhammers, dessen Name zur Unterscheidung von den vielen anderen Einsiedel-Orten des Erzgebirges erhalten blieb, verbreitete sich auch hier um 1850 die Schmiederei von Nägeln und kleinen Ketten. Eine alte Nagelschmiede bestand noch bis nahe an die Gegenwart heran im Haus Nr. 32.

Zur Entwicklung des einheimischen Sensenhammers ist vom montangeschichtlichen Standpunkt aus zu sagen, daß der totale Quellenverlust hier besonders schmerzlich empfunden wird. Es darf nicht übersehen werden, daß gerade dieses auf Sensen spezialisierte Werk für das gesamte Erzgebirge in der Zeit, in der die Sichel vorherrschte, besondere Bedeutung besaß. Die an die Kunst des Schmiedes wie an die Qualität des Eisens hohe Ansprüche stellende Sense ist bis um 1600 fast ausschließlich und noch um 1780 vorwiegend für die das Erzgebirge bestimmende Graswirtschaft benutzt worden — Getreide erntete man mit der einfachen Sichel, die recht und schlecht jeder Schmied auszuschmieden verstand. Gern wüßten wir, ob dieser einzige Spezialhammer im ganzen Erzgebirge die um 1595 in Scharrnstein bei Waidhofen an der Ybbs erfundene Mechanik für das Ausschmieden der Sensenknüttel zu -blättern aufgegriffen hat. Allein wir besitzen nicht eine einzige Quelle, die bis in die — wohl um 1800 erloschene — Betriebszeit des Hammers zurückreicht. Nur das Hammergut ist noch nachzuweisen.

T 3 **Ober- und Niedernatzschung,** Ortsteile von Rübenau

Südwestlich von Rübenau verzeichnet die Oedersche Karte zu Beginn des 17. Jh. noch keine menschlichen Wohnstätten in dem annähernd rechten Winkel, den die Grenze zur ČSSR hier bildet. Lediglich dort, wo heute die stattlichen Gebäude des alten Forstamtes Kriegwald liegen, war am Ahornbach, einem Zufluß zum Lehmheider Bach, ein Haus eingetragen. An ihm vorbei führte eine Straße, die von hier an auf fast 1 km bis zur Natzschung Sachsen von Böhmen trennte (s. N 5). Auf ihr suchten Fuhrleute, viel mehr vielleicht Pascher (s. S 1), oft anstelle der amtlichen Straße die Grenze zu überqueren. Über die Unterhaltung dieser Verbindung kam es zu Streitigkeiten zwischen den anliegenden Herrschaften, und schließlich wurde die Straße neutralisiert. Noch heute besteht der Zustand, daß die Grenzsteine auf beiden Seiten liegen. Ebenso findet man ein Haus, das mit der einen Seite auf dem Boden der DDR, mit der anderen in der ČSSR steht.

Die kleinen Anwesen Ober- und Niedernatzschungs entstanden im wesentlichen im 18. Jh. Der Ortsname *Natzschkau, Natzschung* taucht erst 1791 auf. Er ist von dem gleichnamigen Bach übernommen worden (s. P 2).

A. Einwohnerzahlen vom 16. bis 20. Jahrhundert (nach BLASCHKE 1957)

Ort/Ortsteil	1551/52				1764			1834	1871	1890	1910	1925	1939	1946	1971[1])
	bes. Mann	Gärtner[14])	Häusler	Inwohner	bes. Mann	Gärtner	Häusler								
Ansprung	32		7	18	26	14	22	612	922	1002	1005	1006	1067	1114	960
Blumenau	17		8	29	18		16	368	511	763	1021	1043	1060	1113	915
Brüderwiese							4[4])	113	179	117	zu Deutscheinsiedel				
Deutscheinsiedel	1[2])						21[3])	391	604	510	686	694	695	758	629
Deutschkatharinenberg							12[4])	142	192	214	zu Deutschneudorf				
Deutschneudorf							33[3]) 81[4])	772	938	1112	1489	1413	1565	1929	1373
Dittersbach	11			29	10		9	233	306	404	464	417	458	558	zu Neuhausen
Dittmannsdorf	21			39	20		12	420	472	427	410	437	429	506	339
Einsiedel-Sensenhammer						6	17	zu Rübenau							
Eisenzeche								84[5])	zu Heidersdorf						
Frauenbach							9[6])	118	162	191	zu Neuhausen				
Grundau		9[7])				9		51	54	56	41	53	zu Ansprung		
Grünthal								162	167	279	496	458	zu Olbernhau		
Hallbach	18			69	16		17	488	587	713	959	1058	1010	1146	946
Heidelbach							12[8])	109	146	113	zu Neuhausen				
Heidelberg							108[4])	1349	1990	1967	1742	1872	zu Seiffen		
Heidersdorf	24			73	27	10	17	699	988	1032	1148	1206	1516	1730	1319
Hirschberg			6[9])				9[10])	90	99	159	zu Niederseiffenbach				
Kleinneuschönberg							44[4])	485	533	519	949	924	1012	1092	zu Olbernhau
Kühnhaide							55	958	1299	1290	1191	1127	zu Reitzenhain		940
Neuhausen	25			66	24		18	1072[11])	1492	1701	2875	2863	3093	3243	3184
Neuwernsdorf						47		392	494	483	532	zu Cämmerswalde			
Niedernatzschung							12[6])	zu Rübenau							
Niederneuschönberg			7[12])			12[4])	18[4])	390	506	798	1296	1239	1267	1335	zu Olbernhau

Einwohnerzahlen vom 16. bis 20. Jahrhundert (Fortsetzung)

Ort/Ortsteil	1551/52				1764			1834	1871	1890	1910	1925	1939	1946	1971[1])
	bes. Mann	Gärtner	Häusler	Inwohner	bes. Mann	Gärtner	Hausler								
Niederseiffenbach							14[10])	412	563	508	784	808	zu Seiffen		
Obernatzschung							9[6])	zu Rübenau							
Oberneuschönberg					3[4])		57[4])	530	692	906	1506	1483	1632	1780	zu Olbernhau
Oberseiffenbach							20[10])	384	611	695	682	659	zu Seiffen		
Olbernhau	39		13	45	32		101	2362	3550	6206	9681	10004	10297	11133	13808
Pfaffroda	23			59	22		17	732	833	856	775	826	859	943	1293
Purschenstein								100[13])	83	51	zu Neuhausen				
Rauschenbach							3[8])	40	40	33	zu Neuwernsdorf				
Reukersdorf	6			18	4	3	4	132	159	171	231	zu Kleinneuschönberg			
Rothenthal								435	736	927	1030	1043	946	955	935
Rübenau							80	1723	2483	2380	2127	2019	1915	2070	1463
Schönfeld	12			47	10		14	339	435	406	463	464	467	511	zu Pfaffroda
Seiffen	14			58	13		44	1000	1453	1441	1437	1479	4281	4534	3980
Sorgau	24		6		19	16		389	444	455	483	546	567	621	459
Zöblitz	55		4	46	15	43	48	1330	1868	2336	2407	2489	2818	3054	2734

1 = nach Ortslexikon der Deutschen Demokratischen Republik, Berlin 1974
2 = 1542
3 = 1711
4 = 1787
5 = 1840 (Häusler)
6 = 1791
7 = 1595
8 = 1786
9 = 1667
10 = 1748
11 = ab 1834 mit Ortsteil Purschenstein
12 = 1655
13 = 1855
14 = immer Gartennahrungsbesitzer

B. Historische Daten der Städte und Gemeinden (nach Blaschke 1957)

1 Orts- und Flurform; Flurgröße (1900)
2 Exulantengründung (Jahr)
3 Landesherrliche Verwaltungsbezirke
4 Grundherrschaftliche Unterstellung

Abkürzungen:

A.	Amt	GA.	Gerichtsamt
Adf.	Amtsdorf	Ortst.	Ortsteil
Ah.	Amtshauptmannschaft	Rg.	Rittergut
Ant.	Anteil	teilw.	teilweise
Ex.	Exulantengründung	Wdf.	Waldhufendorf

Ansprung: **1** Wdf.; 653 ha. **3** 1590, 1764, 1816, 1843 A. Lauterstein; 1856 GA. Zöblitz; 1875 Ah. Marienberg. **4** 1552 Rg. Lauterstein; 1590, 1764 Adf.

Blumenau: **1** Einreihiges Wdf.; 454 ha. **3** 1590, 1764, 1816, 1843 A. Lauterstein; 1856 GA. Zöblitz; 1875 Ah. Marienberg. **4** 1552 Rg. Lauterstein; 1590, 1764 Adf.

Brüderwiese: **1** Streusiedlung, Block- und Parzellenflur; 63 ha (1842). **2** Ex. (1666). **3** 1791, 1843 A. Freiberg; 1856 GA. Sayda; 1875 Ah. Freiberg. **4** 1791 Rg. Purschenstein.

Deutscheinsiedel: **1** Streusiedlung, Blockparzellenflur; 80 ha (1843). **3** 1791, 1816 A. Freiberg u. Ant. A. Lauterstein; 1843 A. Freiberg u. Ant. A. Frauenstein; 1856 GA. Sayda; 1875 Ah. Freiberg. **4** 1542 Rg. Purschenstein; 1791 Rg. Purschenstein u. Ant. Adf. Lauterstein.

Deutschkatharinenberg: **1** Streusiedlung, Block- u. Parzellenflur; 50 ha (1842). **2** Ex. (1663). **3** 1816 A. Freiberg; 1843 A. Lauterstein; 1856 GA. Sayda; 1875 Ah. Freiberg. **4** Rg. Purschenstein.

Deutschneudorf: **1** Streusiedlung, Block- u. Parzellenflur; 131 ha (1842). **2** Ex. (~ 1650). **3** 1696, 1816, 1843 A. Freiberg; 1856 GA. Sayda; 1875 Ah. Freiberg. **4** 1696, 1791 Rg. Purschenstein.

Dittersbach: **1** Wdf.; 312 ha. **3** 1696, 1764, 1816, 1843 A. Freiberg; 1836 GA. Sayda; 1875 Ah. Freiberg. **4** 1551, 1696, 1764 Rg. Purschenstein.

Dittmannsdorf: **1** Wdf.; 580 ha. **3** 1696, 1764, 1816, 1843 A. Freiberg; 1856 GA. Sayda; 1875 Ah. Freiberg. **4** 1551 Rg. Purschenstein; 1696, 1764 Rg. Pfaffroda.

Einsiedel, Bad: **1** Einzelgut

Einsiedel, Sensenhammer: 1 Streusiedlung, Blockflur; 161 ha (1842), 3 1764, 1816, 1843 A. Lauterstein; 1856 GA. Zöblitz; 1875 Ah. Marienberg.
Eisenzeche: 2 Ex. (1670).
Frauenbach: 1 Häuslerreihe. 3 1816, 1843 A. Freiberg; 1856 GA. Sayda; 1875 Ah. Freiberg. 4 1791 Rg. Purschenstein.
Gasse: 1 Häuslerreihe.
Grundau: 1 Einreihiges Wdf. mit kurzen, kleinen Waldhufen; 73 ha. 3 1590, 1764, 1816, 1843 A. Lauterstein; 1856 GA. Zöblitz; 1875 Ah. Marienberg. 4 1590, 1764 Adf.
Grünthal, Kupferhammer: 1 Großer Werkweiler, Blockflur; 28 ha. 3 1816, 1843 A. Lauterstein; 1856 GA. Zöblitz; 1875 Ah. Marienberg. 4 1552 Rg. Lauterstein; 1791 Amtshammer.
Hallbach: 1 Wdf.; 418 ha (1875). 3 1696, 1764, 1816, 1843 A. Freiberg; 1856 GA. Sayda; 1875 Ah. Freiberg. 4 1551 Rg. Purschenstein; 1696, 1764 Rg. Pfaffroda.
Heidehäuser: 1 Häuslerreihe.
Heidelbach: 1 Streusiedlung. 2 Ex. (1659). 3 1816, 1843 A. Freiberg; 1856 GA. Sayda; 1875 Ah. Freiberg. 4 1791 Rg. Purschenstein.
Heidelberg: 1 Streusiedlung, Block- u. Parzellenflur; 384 ha. 3 1696, 1816, 1843 A. Freiberg; 1856 GA. Sayda; 1875 Ah. Freiberg. 4 1696, 1787 Rg. Purschenstein.
Heidersdorf: 1 Wdf.; 963 ha. 3 1696, 1764, 1816, 1843 A. Freiberg; 1856 GA. Sayda; 1875 Ah. Freiberg. 4 1551, 1696, 1764 Rg. Purschenstein.
Hintergrund: 1 Streusiedlung.
Hirschberg: 1 Einzelgut u. Streusiedlung, Gutsblöcke u. Parzellen; 58 ha (1842). 3 1791, 1816 A. Frauenstein; 1843 A. Lauterstein; 1856 GA. Sayda; 1875 Ah. Freiberg. 4 Adf. 1791.
Hradschin: 1 Häuslerreihe.
Kleinneuschönberg: 1 Streusiedlung, Block- u. Parzellenflur; 197 ha. 2 Ex. (1659). 3 1696, 1816, 1843 A. Freiberg; 1856 GA. Sayda; 1875 Ah. Freiberg. 4 1696, 1820 Rg. Dörnthal.
Kühnhaide: 1 Streusiedlung, Parzellenflur; 198 ha. 3 1696, 1764, 1816, 1843 A. Wolkenstein; 1856 GA. Marienberg; 1875 Ah. Marienberg [illegible] 552, 1696, 1764 Rg. Kühnhaide.
Lässigherd: 1 Streusiedlung. 2 Ex. (1680).
Leibnitzdörfel (oder Dörfel): 1 Häuslerreihe in Flur Olbernhau.
Mörtelgrund: 1 Häuslerreihe.
Nennigmühle: 1 Einzelgut, Blockflur. 3/4 Amtsmühle A. Laut[illegible] 764.
Neuhausen: 1 Streusiedlung, Block- u. Parzellenflur; 771 ha ([illegible] urschenstein). 3 1696, 1764, 1816, 1843 A. Freiberg; 1856 GA. Sayda; 1875 Ah. Freiberg. 4 1551, 1696, 1764 Rg. Purschenstein.
Neuwernsdorf: 1 Waldstreifendorf u. Parzellenfluranteil; 145 ha (1843). 2 Ex. (~ 1660). 3 1764, 1816 A. Lauterstein; 1843 A. Frauenstein; 1856 GA. Sayda; 1875 Ah. Freiberg. 4 1764 Adf.
Niedernatzschung: 1 Streusiedlung. 3/4 wie Rübenau.
Niederneuschönberg: 1 Streusiedlung, Parzellenflur; 62 ha. 2 Ex. (1651). 3 1696, 1816, 1843 A. Freiberg; 1856 GA. Sayda; 1875 Ah. Freiberg. 4 1696 Rg. Dörnthal; 1787 Rg. Pfaffroda.

Niederseiffenbach: **1** Streusiedlung, Blockflur; 250 ha (1842). **2** Ex. (1655). **3** 1791, 1816 A. Frauenstein; 1843 A. Lauterstein u. Ant. A. Freiberg; 1856 GA. Sayda; 1875 Ah. Freiberg. **4** Adf. 1791 u. Ant. Rg. Purschenstein.

Oberlochmühle: **1** Streusiedlung, Parzellenflur; 19 ha (1842).

Obernatzschung: **1** Streusiedlung. **3/4** wie Rübenau.

Oberneuschönberg: **1** Reihendorf u. Streusiedlung, Block- u. Parzellenflur; 100 ha. **2** Ex. (1651). **3** 1696, 1816, 1843 A. Freiberg; 1856 GA. Sayda; 1875 Ah. Freiberg. **4** 1696 Rg. Dörnthal; 1787 Rg. Pfaffroda.

Oberseiffenbach: **1** Waldstreifendorf; 137 ha (1842). **2** Ex. (1666). **3** 1791, 1816 A. Frauenstein; 1843 A. Lauterstein; 1856 GA. Sayda; 1875 Ah. Freiberg. **4** 1791 Adf.

Olbernhau: **1** teilw. parzelliertes Wdf. m. Ortst.; 1080 ha. **3** 1590, 1764, 1816, 1843 A. Lauterstein; 1856 GA. Zöblitz; 1875 Ah. Marienberg. **4** 1552 Rg. Lauterstein; 1590 Adf.; 1696, 1764 Rg. Olbernhau.

Pfaffroda: **1** Wdf.; 1833 ha. **3** 1696, 1764, 1816, 1843 A. Freiberg; 1856 GA. Sayda; 1875 Ah. Freiberg. **4** 1551 Rg. Purschenstein; 1696, 1764 Rg. Pfaffroda.

Purschenstein: **1** Gutssiedlung, Gutsblockflur; 674 ha (1843). **3** 1696, 1764, 1816, 1843 A. Freiberg; 1856 GA. Sayda; 1875 Ah. Freiberg. **4** 1551, 1696, 1764 Rg. Purschenstein.

Rauschenbach: **1** Werkweiler, Blockflur; 36 ha (1842). **2** Ex. (~ 1660). **3** 1764, 1816 A. Lauterstein; 1843 A. Frauenstein; 1856 GA. Sayda; 1875 Ah. Freiberg. **4** 1764 Adf.

Reukersdorf: **1** Gutssiedlung, Gutsblöcke u. Parzellen; 143 ha. **3** 1696, 1764, 1816, 1843 A. Freiberg; 1856 GA. Sayda; 1875 Ah. Freiberg. **4** 1551 Rg. Purschenstein; 1696, 1764 Rg. Pfaffroda.

Rothenthal: **1** Häuslerreihe, Parzellenflur; 29 ha. **3** 1764, 1816, 1843 A. Lauterstein; 1856 GA. Zöblitz; 1875 Ah. Marienberg. **4** 1834 Rg. Rothenthal.

Rübenau: **1** verstreute Häuslerreihen u. Streusiedlung, Block- u. Parzellenflur; 1774 ha. **3** 1595, 1764, 1816, 1843 A. Lauterstein; 1856 GA. Zöblitz; 1875 Ah. Marienberg. **4** 1696, 1764 Rg. Rübenau.

Rungstock: **1** Häuslerreihe.

Schönfeld: **1** Wdf.; 385 ha. **3** 1696, 1764, 1816, 1843 A. Freiberg; 1856 GA. Sayda; 1875 Ah. Freiberg. **4** 1551 Rg. Purschenstein; 1696, 1764 Rg. Pfaffroda.

Seiffen: **1** unregelmäßige Stadtanlage aus Reihendorf, m. Streusiedlung, Blockflur; 235 ha. **3** 1696, 1764, 1816, 1843 A. Freiberg; 1856 GA. Sayda; 1875 Ah. Freiberg. **4** 1551, 1696, 1764 Rg. Purschenstein.

Sorgau: **1** lockeres Reihendorf, waldhufenähnliche Block- u. Parzellenflur; 489 ha. **3** 1590, 1764, 1816, 1843 A. Lauterstein; 1856 GA. Zöblitz; 1875 Ah. Marienberg. **4** 1552 Rg. Lauterstein; 1590, 1764 Adf.

Steinhübel: **1** Streusiedlung.

Wetzelhübel: **1** Häuslerreihe.

Zöblitz: **1** Regelmäßige Stadtanlage auf Waldhufenflur; 760 ha. **3** 1590, 1764, 1816, 1843 A. Lauterstein; 1856 GA. Zöblitz; 1875 Ah. Marienberg. **4** 1552, 1764 Rg./A. Lauterstein.

C. Kleinlandschaften

Nr.	Bezeichnung der Kleinlandschaft	Höhenlage (m ü. NN)	Morphologie	vorherrschende Gesteine	vorherrschende Böden	Nutzung	weitere Angaben in Suchpunkt
1.	**Unteres Bergland** (Untere Lagen des Erzgebirges)						
1.1. T	Pockauer Flöhatalgebiet	390–560	Kerbsohlen- und Sohlental, gewunden, hängig–steilhängig, stark gegliedert	Graugneise, randlich Rotgneise	st–$\overline{st}$ lS–sL Braunerden bis Ranker; Gleye in der Aue; Böden kleinflächig stark wechselnd	30% Wald 60% LNF	A 2
2.	**Mittleres Bergland** (Mittlere Lagen des Erzgebirges)						
2.1. T	Unteres Pockautalgebiet	420–640	Kerbsohlentäler, steilhängig, z. T. gewunden	Rot- und Graugneise	st–$\overline{st}$ lS–sL Braunerden u. -podsole bis Ranker; Gleye in der Aue; Böden kleinflächig stark wechselnd	60% Wald 35% LNF	G 1
2.2. T	Olbernhauer Talwanne	430–660	breite ebene Aue; gegliederte mäßig steile bis steile Hänge	Rot- und Graugneise, sand.-lehm. Alluvium	st–$\overline{st}$ SL–sL Braunerden; fast 20% Gleye mit Mooren; mäßiger Bodenwechsel	25% Wald 49% LNF stärker besiedelt	J 5
2.3. T	Bielatalgebiet	500–620	Mulden- und Kerbsohlentäler dicht geschart, hängig bis steilhängig	Rot- und Graugneise	st–$\overline{st}$ lS–sL Braunerden und Ranker-Braunerden; Böden kleinflächig stark wechselnd, Gleye in den Auen	42% Wald 49% LNF	B 3
2.4. T	Neuhausener Flöhatalgebiet	480–700	Kerbsohlental, hängig bis steilhängig; mit ähnlichen Nebentälern	Rot- und Graugneise	st–$\overline{st}$ lS–sL Braunerden u. -podsole, z. T. Ranker-Braunerden; Gleye in den Auen; mäßiger–starker Bodenwechsel	57% Wald 37% LNF	E 5
2.5. T	Natzschungtal	490–740	Kerb- u. Kerbsohlental; steilhängig, felsreich	Rotgneise	st–$\overline{st}$ SL Braunerden u. -podsole, z. T. Schuttböden	72% Wald+) 13% LNF	P 2
2.6. T	Schwarze-Pockau-Tal	540–760	Kerbtal, sehr steilhängig, felsreich	Rotgneise	Schuttböden (Ranker bis Rankerbraunerden) u. $\overline{st}$ SL Braunerden bis -podsole	97% Wald 3% LNF	N 1
2.7. S	Rungstock-Grünthaler Hanggebiet	520–760	mäßig steile bis steile Nordhänge, von Bachkerben gegliedert	Rotgneise	st SL–sL Braunerden und Braunpodsole	98% Wald 2% LNF	H 3, J 6

2.8. R Wernsdorfer Rückengebiet	540–630	flache Rücken, zerdellt, getrennt von Muldentälchen	Rot- und Graugneise	st'–st SL–sL Braunerden, Braunstaugleye u. Staugleye	n. b.	n. b.
2.9. R Heidersdorfer Rückengebiet	580–700	flacher breiter Rücken, zerdellt, flankiert von Muldentälchen	Rotgneise	st'–st SL–sL Braunerden, z. T. s̄t lS–SL Braunerden bis -podsole	21% Wald 77% LNF	C 4
2.10 R Saydaer Rückengebiet	640–730 (o. M.)	flacher breiter isolierter Rücken, zerdellt	Rot- und Graugneise	st–s̄t lS–sL Braunerden u. Braunpodsole	n. b.	n. b.
2.11. (s)R Seiffener Rückengebiet	600–740 (o. M.)	schmale zerdellte Rücken, getrennt von Mulden- u. Kerbsohlentälchen	Grau- und Rotgneise	st SL–sL Braunerden u. Braunpodsole, kleinflächig auch s̄t, lS u. flachgründig	47% Wald 42% LNF	L 5
2.12. R Ansprunger Rückengebiet	600–720 (o. M.)	flache zerdellte Rücken, getrennt von Muldentälchen	Graugneise, randlich Rotgneise	st SL–sL Braunerden u. -podsole, z. T. Braunstaugleye u. Staugleye	22% Wald 70% LNF	G 9
2.13. R Sophiensteinrücken	680–740 (o. M.)	flacher breiter Rücken, zerdellt	Rotgneise	st SL–sL Braunerden u. -podsole, z. T. Staugleye	100% Wald	J 9
2.14. H Deutscheinsiedler Hochfläche	670–760 (o. M.)	wellige bis flachwellige Hochfläche	Rotgneise, randlich Graugneise	st'–st SL–sL Braunerden u. -podsole, etwa 25% Naß- und Moorböden	64% Wald+) 34% LNF	M 2
3. **Oberes Bergland** (Obere Lagen des Erzgebirges)						
3.1. sR Neuwernsdorfer Rückengebiet	700–840	steilhängige schmale Rücken, zerdellt, getrennt von tiefen Kerbtälern	Grau- und Rotgneise	st SL–sL Braunpodsole, z. T. Podsole	92% Wald+) 8% LNF	F 3
3.2. sR Ahornberggebiet	720–820	massige Einzelerhebung mit mäßig steilen Hängen	Grau- und Rotgneise	st SL–sL Braunpodsole	78% Wald 22% LNF	L 10
3.3. H Rübenauer Hochfläche	740–840	mäßig bis stark wellige Hochfläche	Rotgneise, z. T. Graugneise	st'–st SL–sL Braunpodsole, z. T. Podsole, etwa 25% Naß- und Moorböden	74% Wald+) 25% LNF	N 4
3.4. H Satzung-Kühnhaider Hochfläche	740–900	flachwellige Hochfläche	Rot- und Graugneise	st'–st SL–sL Braunpodsole, z. T. Podsole, etwa 25% Naß- u. Moorböden	67% Wald+) 29% LNF	N 6

Erläuterungen:

T = Täler und Talgebiete
R = Rücken und Rückengebiete
[sR = steilhängig, (s) = z. T.]

H = Hochflächen
S = Landstufen und Hanggebiete
(o. M.) = obere Mittellagen

st = steinig [st' = schwach, s̄t = stark steinig]
lS = lehmiger Sand
SL = stark sandiger Lehm
sL = sandiger Lehm

LNF = Landwirtschaftliche Nutzfläche
+) bezogen auf DDR-Anteil
n. b. = nicht bearbeitet

D. Klimatologische Daten

Station	Höhenlage in m ü. NN	I	II	III	IV	V	VI	VII	VIII	IX	X	XI	XII	Jahr		
		Mittlere Niederschlagssummen (Zeitraum 1901 – 50) in mm														
Pockau	417	65	54	63	69	85	91	**104**	91	69	64	60	68	883	Lee-Einfluß	Mittlere Gebirgslage
Olbernhau	450	70	70	63	71	84	91	**108**	93	69	64	65	68	916	Lee-Einfluß	Mittlere Gebirgslage
Neunzehnhain	415	69	68	60	75	87	99	**111**	102	69	69	67	68	944		Mittlere Gebirgslage
Neuhausen	536	80	62	67	75	82	94	**105**	96	75	65	63	62	926		Mittlere Gebirgslage
Rechenberg-Bienenmühle	605	77	69	63	77	96	109	**121**	110	79	78	66	75	1 020	Luv-Einfluß	Mittlere Gebirgslage
Sayda	650	67	64	63	79	92	105	**125**	108	85	74	66	68	996	Luv-Einfluß	Mittlere Gebirgslage
Annaberg-Buchholz	621	74	67	65	76	88	107	**112**	109	74	72	66	72	982		Mittlere Gebirgslage
Reitzenhain	760	79	73	69	75	84	92	**110**	102	68	67	67	75	961		Obere Gebirgslage (Hochlage)
Jöhstadt	789	80	69	66	73	88	93	**111**	92	75	61	59	73	940	Lee-Einfluß	Obere Gebirgslage (Hochlage)
		Mittlere Lufttemperaturen (Zeitraum 1901 – 50) in °C														
Freiberg	398	−1,2	−0,5	2,7	6,9	12,0	14,7	16,6	15,9	13,0	8,2	3,2	0,0	7,6		Untere Gebirgslage
Geising	592	−2,5	−2,0	1,2	5,3	10,5	13,2	15,1	14,3	11,3	6,5	1,7	−1,3	6,1		Mittlere Gebirgslage
Neuhausen	538	−2,6	−1,7	0,5	4,6	9,6	13,0	15,0	14,2	11,0	6,3	1,2	−1,5	5,8+)		Mittlere Gebirgslage
Annaberg-Buchholz	621	−2,3	−1,7	1,5	5,7	10,9	13,6	15,4	14,7	11,7	6,9	2,0	−1,1	6,4		Mittlere Gebirgslage
Reitzenhain	772	−4,2	−3,6	−0,4	3,9	9,2	12,1	14,0	13,2	10,1	5,2	0,2	−2,9	4,7		Obere Gebirgslage
Přisečnic-Špičak	790	−3,9	−3,0	−0,1	4,1	9,4	12,5	14,3	13,6	10,3	5,3	0,2	−2,7	5,0		Obere Gebirgslage
Oberwiesenthal	922	−4,0	−3,4	−0,4	3,6	8,7	11,6	13,6	13,1	10,2	5,4	0,4	−2,8	4,7		Obere Gebirgslage

+) 60jähriges Mittel der Meßreihe 1866 – 1925

E. Vogelwelt des Gebietes

Abkürzungen

J = hier brütende Jahres- oder Standvögel
S = hier brütende Strichvögel, zeitweilig herumstreichend
Z = hier brütende Zugvögel
D = Durchzügler
W = Wintergäste
u. L. = untere Lagen
o. L. = obere Lagen

1. Fichtenwälder (Fi), Buchenwälder (Bu), Mischwälder (Mi), Kahlschläge (K), Feldgehölze (Fg), Parkgelände (Pa)

Mäusebussard (*Buteo buteo*)	Bu, Z
Sperber (*Accipiter nisus*)	Fi, J, Z
Habicht (*Accipiter gentilis*)	Bu, Z
Wespenbussard (*Pernis apivorus*)	Mi, Z
Birkhuhn (*Lyrurus tetrix*)	Moore, S, o. L.
Fasan (*Phasianus colchicus*)	rauchgesch. Wälder, J
Waldschnepfe (*Scolopax rusticola*)	Fi, Mi, Z
Hohltaube (*Columba oenas*)	Bu, Z
Ringeltaube (*Columba palumbus*)	Bu, Mi, Z
Turteltaube (*Streptopelia turtur*)	Mi, Z
Kuckuck (*Cuculus canorus*)	Bu, Mi, Z
Sperlingskauz (*Glaucidium passerinum*)	Fi, o. L., J
Waldkauz (*Strix aluco*)	Bu, J, S
Waldohreule (*Asio otus*)	Bu, Fi, Pa, S
Rauhfußkauz (*Aegolius funereus*)	Bu, Fi, J, S
Ziegenmelker (*Caprimulgus europaeus*)	K, D
Grünspecht (*Picus viridis*)	u. L., Pa, J, S
Grauspecht (*Picus canus*)	Bu, J
Buntspecht (*Dendrocopos major*)	Bu, J
Schwarzspecht (*Dryocopus martius*)	Bu, Mi, Fi, J
Rabenkrähe (*Corvus corone corone*)	Fi, Fg, J
Dohle (*Corvus monedula*)	Bu, J
Eichelhäher (*Garrulus glandarius*)	Fi, Bu, J
Tannenhäher (*Nucifraga caryocatactes*)	Fi, D

Pirol (*Oriolus oriolus*)	Bu, D
Kohlmeise (*Parus major*)	Mi, Bu, J
Blaumeise (*Parus caeruleus*)	Mi, J
Tannenmeise (*Parus ater*)	Fi, Mi, S
Haubenmeise (*Parus cristatus*)	Fi, J
Schwanzmeise (*Aegithalos caudatus*)	Mi, Pa, u. L., J, W
Sumpfmeise (*Parus palustris*)	Bu, Mi, u. L.
Waldbaumläufer (*Certhia familiaris*)	Fi, Bu, J
Gartenbaumläufer (*Certhia brachydactyla*)	Bu, u. L., J
Kleiber (*Sitta europaea*)	Bu, J
Misteldrossel (*Turdus viscivorus*)	Fi, Z
Singdrossel (*Turdus philomelos*)	Fi, Bu, Z
Rotkehlchen (*Erithacus rubecula*)	Mi, Fi, Z
Feldschwirl (*Locustella naevia*)	rauchgesch. Wälder, Z
Mönchsgrasmücke (*Sylvia atricapilla*)	Mi, Bu, Z
Weidenlaubsänger (*Phylloscopus collybita*)	Bu, Mi, Z
Fitislaubsänger (*Phylloscopus trochilus*)	Fi, Z
Waldlaubsänger (*Phylloscopus nitidus*)	Bu, Mi, Z
Wintergoldhähnchen (*Regulus regulus*)	Fi, J
Sommergoldhähnchen (*Regulus ignicapillus*)	Fi, Z
Trauerfliegenschnäpper (*Ficedula hypoleuca*)	Bu, Mi, Z
Zwergfliegenschnäpper (*Ficedula parva*)	Bu, Z
Heckenbraunelle (*Prunella modularis*)	Fi, Z
Baumpieper (*Anthus trivialis*)	K, Fi, Bu, Fg, Z
Star (*Sturnus vulgaris*)	Bu, Z
Erlenzeisig (*Carduelis spinus*)	Fi, J
Alpen-Birkenzeisig (*Carduelis flammea cabaret*)	Moore, J
Gimpel (*Pyrrhula pyrrhula*)	Fi, J
Fichtenkreuzschnabel (*Loxia curvirostra*)	Fi, J
Buchfink (*Fringilla coelebs*)	Fi, Bu, Z

2. Garten- und Parkgelände, Ortsbereiche, Feldgehölze, offene Fluren

Weißer Storch (*Ciconia ciconia*)	D
Baumfalke (*Falco subbuteo*)	Z
Turmfalke (*Falco tinnunculus*)	Z
Rebhuhn (*Perdix perdix*)	J
Wachtel (*Coturnix coturnix*)	Z
Wiesenralle (*Crex crex*)	Z
Kiebitz (*Vanellus vanellus*)	D
Bekassine (*Gallinago gallinago*)	Z
Lachmöwe (*Larus ridibundus*)	D
Türkentaube (*Streptopelia decaocto*)	J
Waldkauz (*Strix aluco*)	J
Mauersegler (*Apus apus*)	Z
Wiedehopf (*Upupa epops*)	D
Kleinspecht (*Dendrocopus minor*)	D

Wendehals (*Jynx torquilla*)	D
Feldlerche (*Alauda arvensis*)	Z
Haubenlerche (*Galerida cristata*)	W
Ohrenlerche (*Eremophila alpestris*)	W
Rauchschwalbe (*Hirundo rustica*)	Z
Mehlschwalbe (*Delichon urbuca*)	Z
Elster (*Pica pica*)	J
Saatkrähe (*Corvus frugilegus*)	D
Kohlmeise (*Parus major*)	J
Blaumeise (*Parus caeruleus*)	J
Wacholderdrossel (*Turdus pilaris*)	Z
Rotdrossel (*Turdus iliacus*)	D
Ringdrossel (*Turdus torquatus*)	D
Amsel (*Turdus merula*)	J
Braunkehlchen (*Saxicola rubetra*)	Z
Gartenrotschwanz (*Phoenicurus phoenicurus*)	Z
Hausrotschwanz (*Phoenicurus ochruros*)	Z
Steinschmätzer (*Oenanthe oenanthe*)	D
Sumpfrohrsänger (*Acrocephalus palustris*)	Z, u. L.
Gelbspötter (*Hippolaris icterina*)	Z, u. L.
Gartengrasmücke (*Sylvia borin*)	Z
Dorngrasmücke (*Sylvia communis*)	Z
Zaungrasmücke (*Sylvia curruca*)	Z
Grauer Fliegenschnäpper (*Muscicapa striata*)	Z, u. L.
Wiesenpieper (*Anthus pratensis*)	Z
Weiße Bachstelze (*Motacilla alba*)	Z
Seidenschwanz (*Bombycilla garrulus*)	W
Raubwürger (*Lanius excubitor*)	W
Rotrückenwürger (*Lanius collurio*)	Z
Star (*Sturnus vulgaris*)	Z
Kernbeißer (*Coccothraustes coccothraustes*)	J, u. L.
Grünfink (*Carduelis cloris*)	J
Stieglitz (*Carduelis carduelis*)	Z
Bluthänfling (*Carduelis cannabina*)	Z
Girlitz (*Serinus serinus*)	Z, u. L.
Buchfink (*Fringilla coelebs*)	Z
Bergfink (*Fringilla montifringilla*)	W
Goldammer (*Emberiza citrinella*)	J
Haussperling (*Passer domesticus*)	J
Feldsperling (*Passer montanus*)	J

3. Wasserläufe und Umgebung, Teiche

Schwarzhalstaucher (*Podiceps nigricollis*)	D
Zwergtaucher (*Podiceps ruficollis*)	D, W
Stockente (*Anas platyrhynchos*)	J
Krickente (*Anas crecca*)	D

Flußuferläufer (*Actitis hypoleuca*)	D
Eisvogel (*Alcedo atthis*)	D
Weidenmeise (*Parus montana*)	J, Ufererlen
Wasseramsel (*Cinclus cinclus*)	J
Zaunkönig (*Troglodytes troglodytes*)	J
Gebirgsstelze (*Motacilla cinerea*)	Z

F. Literaturauswahl

Weitere Literaturangaben siehe in Band 41 (Zwischen Wolkenstein, Marienberg und Jöhstadt) dieser Reihe.

I. Allgemeine Darstellungen

BLASCHKE, K.: Historisches Ortsverzeichnis Sachsen. Leipzig 1957.
Die Bezirke der DDR. Ökonomische Geographie. Gotha 1974
ENGEL, E.: Das sächsische Obererzgebirge und seine gewerbliche Bedeutung in der Gegenwart und Zukunft. Dresden 1855
GÄBERT, C.; ZEMMRICH, J.: Das Erzgebirge. Meißen 1911
HAMMERMÜLLER, M.: Das Schwartenberggebiet Seiffen—Sayda—Neuhausen. Brockhaus-Wanderheft 118. Leipzig 1974
KASPER, H.-H.; GLÄSER, W.; NEUBAUER, H.; NEUBER, W.; SIEGEL, L.: Olbernhau—Schwarzwassertal—Pockau—Lengefeld. Brockhaus-Wanderheft 131. Leipzig 1970
LANGER, J.: Heimatkundliche Streifzüge durch Fluren und Orte des Erzgebirges und seines Vorlandes. Schwarzenberg 1931
MELZER, K.-H.: Unser Heimatkreis Marienberg in Vergangenheit und Gegenwart. Unsere Heimat 17 (1973) 11, S. 162—167
SCHIFFNER, A.: Das Königreich Sachsen. Stuttgart 1839
SCHUMANN, A.: Vollständiges Staats-, Post- und Zeitungs-Lexikon von Sachsen (Supplementbände von A. SCHIFFNER). Zwickau 1814—1830
Topographische Karten (Meßtischblätter vor 1945) 1 : 25000 Nr. 129/5345 (Zöblitz); Nr. 130/5346 (Olbernhau); Nr. 131/5347 (Neuwernsdorf); Nr. 140/5445
Werte unserer Heimat
Bd. 2: Zwischen Sebnitz, Hinterhermsdorf und den Zschirnsteinen. Berlin 1959
Bd. 7: Um Altenberg, Geising und Lauenstein. Berlin 1964
Bd. 11: Die Bergbaulandschaft von Schneeberg und Eibenstock. Berlin 1967
Bd. 20: Um Aue, Schwarzenberg und Johanngeorgenstadt. Berlin 1972
Bd. 28: Das mittlere Zschopaugebiet. Berlin 1977
Bd. 31: Zwischen Zwickauer Mulde und Geyerschem Wald. Berlin 1978
Bd. 33: Karl-Marx-Stadt. Berlin 1979
Bd. 41: Zwischen Wolkenstein, Marienberg und Jöhstadt. Berlin 1985

II. Natur

1. *Physische Geographie/Geologie*

BARTHEL, H.; MANNSFELD, K.; SANDNER, E.: Flächen gleicher Abflußbereitschaft bei sommerlichen Starkregen (dargestellt am Beispiel des Einzugsgebietes der Flöha im Erzgebirge). Petermanns Geogr. Mitt. 117 (1973) 2, S. 105—116

BAUMANN, L.: Die Erzlagerstätten der Freiberger Randgebiete. Freiberger Forschungshefte C 188. Leipzig 1965

BERNSTEIN, K.-H. u. a.: Erläuterung zur Geologischen Übersichtskarte der Bezirke Dresden, Karl-Marx-Stadt und Leipzig 1:400000. Freiberg 1972

BOLDUAN, H.: Die Zinnmineralisation im Erzgebirge. Geologie 21 (1972) 6, S. 677—692

FLEMMING, G.: Meteorologische Überlegungen zum forstlichen Rauchschadengebiet am Erzgebirgskamm. Sächs. Heimatblätter (1968) 5, S. 223—228

FRENZEL, A.: Mineralogisches Lexicon für das Königreich Sachsen. Leipzig 1874

GOLDSCHMIDT, J.: Das Klima von Sachsen. Abh. Meteorol. Dienst DDR 3. Berlin 1950

Klima und Witterung im Erzgebirge. Abh. Meteorol. Dienst DDR 104. Berlin 1973

MATHE, G.: Die Serpentinit-Vorkommen bei Zöblitz und ihre Nutzung. Zur Geschichte eines 500jährigen Erwerbszweiges im Erzgebirge. Sächs. Heimatblätter 17 (1971) 5, S. 224—228

MÜLLER, H.: Die Erzgänge des Freiberger Bergreviers. Erläuterung zur Geologischen Spezialkarte Sachsens. Leipzig 1901

OELSNER, O. W.: Die Abhängigkeit der Paragenesen erzgebirgischer Lagerstättenbezirke vom Intrusionsalter der zugehörigen Granite. Freiberger Forschungshefte C 3, S. 24—34. Freiberg 1951

OTTO, G.: Zur kartographischen Darstellung der Niederschlagsverteilung im Maßstab 1:200000. Petermanns Geogr. Mitt. 113 (1969) 1, S. 72—80 (Flußgebiet der Freiberger und Zwickauer Mulde)

REINISCH, R.; GRASER, H.: Erläuterungen zur Geologischen Karte von Sachsen Blatt Nr. 129: Zöblitz. Leipzig 1929

RICHTER, H.: Oberes Westerzgebirge und oberes Osterzgebirge. In: Handbuch der naturräumlichen Gliederung Deutschlands, 6. Lieferung, S. 662—665. Remagen 1959

SANDNER, E.: Karte der Naturräumlichen Gliederung des Einzugsgebietes der Flöha im Erzgebirge 1 : 50000. Andruck TU Dresden 1974

2. *Biologie/Forst*

BIEREKEL, L.; ROSSEL, B.: Erläuterungsband zur Standortserkundung des Wuchsgebietes „Oberes Erzgebirge" im StFB Freiberg 1954/55

FLÖSSNER, D.: Zur Kenntnis der Vogelwelt um Olbernhau. Sächs. Heimatblätter 7 (1961) 5, S. 294—299; 6, S. 377—380; 7, S. 430—437.

FLÖSSNER, W.: Über die Verbreitung einiger Gräser der Gattung Poa, Glyceria und Festuca in Sachsen. 1. Jahresbericht d. Arbeitsgemeinschaft Sächs. Botaniker für das Jahr 1941, S. 49—56. Dresden 1942

FLÖSSNER, W.: Die Pflanzenwelt des Erzgebirges. Heimatkundl. Blätter des Bezirkes Dresden 2 (1956) 12/13, S. 9—21

FLÖSSNER, W.: Die Hochmoore im Erzgebirge. In: WIRTH, H.: Geschützte Wildnis, S. 242—266. Wittenberg 1964

FRENZEL, H.: Entwicklungsgeschichte der sächsischen Moore und Wälder seit der letzten Eiszeit. Abh. Sächs. Geolog. Landesamt 9. Leipzig 1930
KÄSTNER, M.; FLÖSSNER, W.: Die Pflanzengesellschaften der erzgebirgischen Moore. In: KÄSTNER; FLÖSSNER; UHLIG: Die Pflanzengesellschaften des Westsächsischen Berg- und Hügellandes II, S. 1–206. Dresden 1933
KÖHLER, A. E.: Traugott von Gersdorffs Reise durch das Erzgebirge im Jahre 1765. Glückauf (Schwarzenberg) 16 (1896) 3–10, S. 33–40, 49–57, 65–71, 81–86, 105–109, 124–126, 137–139, 148–151
LUNGWITZ, H.: Wild und Jagden im sächsischen Erzgebirge. Glückauf (Schwarzenberg) 23 (1903) 9, S. 154–158
MÜLLER, G.: Zur Forst- und Wirtschaftsgeschichte des Marienberger Forstbezirkes im Erzgebirge. In: Tharandter Forstliches Jahrbuch 86, S. 121–164. Berlin 1935
REINHOLD, F.: Die Bestockung der kursächsischen Wälder im 16. Jahrhundert. Dresden 1942
UHLIG, J.: Die Gesellschaft des nackten Teichschlammes (Eleocharetum ovatae). In: KÄSTNER; FLÖSSNER; UHLIG: Die Pflanzengesellschaften des Westsächsischen Berg- und Hügellandes. 23. Berichte Naturwiss. Ges. Chemnitz. Chemnitz 1931
WILLKOMM, M.: Versuch einer Monographie der europäischen Krummholzkiefer. In: Jahrbuch der Königl. sächs. Akademie für Forst- und Landwirthe zu Tharand 14, S. 166–258. Leipzig 1861

III. Gesellschaft

1. Geschichte

ARNOLD, R.: Die böhmischen Steige im mittleren Erzgebirge von der Mitte des 10. Jahrhunderts bis Mitte des 14. Jahrhunderts. Diplomarbeit Pädagog. Hochschule Dresden 1979
BESCHORNER, H.: Die Herrschaft Riesenburg und ihre Besitzer bis zum Übergang in wettinischen Besitz i. J. 1338. In: Forschungen zur Geschichte Sachsens und Böhmens, S. 92–128. Dresden 1937
BILLIG, G.: Rechenberg — Burg der Hrabišice. Sächs. Heimatblätter 10 (1964) 5, S. 409–418
BILZ, H.: Die gesellschaftliche Stellung und soziale Lage der hausindustriellen Seiffener Spielzeugmacher im 19. und Anfang des 20. Jahrhunderts. Schriftenreihe Erzgebirgisches Spielzeugmuseum Kurort Seiffen 2. Seiffen 1975
DIENER VON SCHÖNBERG, A.: Zur Geschichte des Saydaer Berglandes. Olbernhau 1926
DIETRICH, A.: Erzgebirgische Exulantendörfer. Crimmitschau 1927
EICHHORN, J.: Emil Rosenow — 100 Jahre. Unsere Heimat 15 (1971) 3, S. 38 bis 40
Gedenkstätten des revolutionären Kampfes der deutschen und internationalen Arbeiterbewegung, Kreis Marienberg. Annaberg-Buchholz 1977
GEUPEL, V.: Tönerner Beweis für einen Fernweg. Ein archäologischer Fund in Deutscheinsiedel und der böhmische Steig Sayda—Most. Erzgeb. Heimatblätter 3 (1981) 1, S. 12–14
GEUPEL, V.; WERNICKE, L.: Ein hochmittelalterliches Gefäß aus Deutscheinsiedel, Kr. Marienberg, und der böhmische Steig Sayda—Most. Ausgrabungen und Funde 26 (1981)

HOSÁK, L.: Mittelalterliche Straßenverbindungen von Böhmen nach Sachsen und in die Oberlausitz. Sächs. Heimatblätter 11 (1965) 1, S. 21—24

KADEN, W.: 70 Jahre Arbeitergesang in Olbernhau. Unsere Heimat 15 (1971) 9, S. 129—131; 10, S. 147—149; 11, S. 161—165

KÖTZSCHKE, R.; KRETZSCHMAR, H.: Sächsische Geschichte. 2 Bände. Dresden 1935

LÖFFLER, K.: Kurfürst Johann Georg I. kauft Purschensteiner Land. Sächs. Heimatblätter 25 (1979) 4, S. 163—166

MELZER, K.-H.: Emil Rosenow und die Arbeiterbewegung im Kreis Marienberg. Unsere Heimat 9 (1965) 2, S. 4—5

MELZER, K.-H.: Der Bauernaufstand 1790 und das Osterzgebirge. Unsere Heimat 18 (1974) 7, S. 97—102

MÜLLER, E.: Die Anfänge der Arbeiterbewegung im Kreis Marienberg (Manuskript im Stadtarchiv Olbernhau). Lauterbach 1953/54

MÜLLER, M.; HENGST, W.: Max Roscher. Ein revolutionärer Führer des Proletariats. Bezirksleitung Karl-Marx-Stadt der SED, Kommission zur Erforschung der Geschichte der örtlichen Arbeiterbewegung. O. O. u. J.

PINDER, P. O.; Bearb. DIENER VON SCHÖNBERG, A.: Geschichte der Kirchfahrt Olbernhau. Olbernhau 1925

RODER, P.: Auf geschichtlichen Spuren während einer Wanderung von Olbernhau nach Pfaffroda. Unsere Heimat 17 (1973) 6, S. 90—95

RODER, P.: Zu den Ortsgründungen im oberen Flöhatal. Unsere Heimat 20 (1976) 10 u. 11, Umschlagseiten

RODER, P.: Begegnung mit Zeugen der Vergangenheit und der Gegenwart auf einer Wanderung von Olbernhau nach der Saigerhütte Grünthal. Unsere Heimat 22 (1978) 3, S. 54—61

RODER, P.: Das rechte Flöhaufer bei Olbernhau und seine Besiedlung (ab 1690). Unsere Heimat 22 (1978) 5, S. 96—100

STERN, L.; VOIGT, E.: Deutschland in der Feudalepoche von der Mitte des 13. Jahrhunderts bis zum ausgehenden 15. Jahrhundert. Berlin 1964

WIEFEL, B.: Bebel in Olbernhau. Zum 65. Todestag von August Bebel. Unsere Heimat 22 (1978) 5, S. 106—107

WIEFEL, B.: Vor 50 Jahren schlugen sie die Reaktion. Ereignisse während der Zeit des Kapp-Putsches im oberen Erzgebirge. Erzgeb. Heimatblätter 2 (1980) 4, S. 83—85

WOLF, B.: Einwanderung böhmischer Protestanten in das obere Erzgebirge zur Zeit der Gegenreformation. Mitt. Verein f. Geschichte von Annaberg u. Umg. III., Jb. 1890—1892, 1. Bd., S. 17—88

ZIEGNER, W.: Zum 30. Jahrestag des Volksentscheides in Sachsen. Der Volksentscheid vom 30. Juni 1946 im Landkreis Marienberg. Unsere Heimat 20 (1976) 6, S. 85—87

2. Montangeschichte

ARNOLD, G.: Einige Erfahrungen der Jugendarbeit (in der Saigerhütte Grünthal). Erzgeb. Heimatblätter 2 (1980) 1, S. 22—24

BOKEMEYER, A. H.: 400 Jahre Kupferhammer Grünthal (Geschichtliche Abhandlung zur Erinnerung an die 400-Jahrfeier 1937). Olbernhau 1937

DIENER VON SCHÖNBERG, A.: Vergessener Bergbau um Sayda und Olbernhau. Unsere Heimat (1935) 2

FOITSCHEK, J.: Olbernhauer Anthrazitkohle. Unsere Heimat 18 (1974) 1, S. 4—6

HENTSCHEL, W.: Kursächsischer Eisenkunstguß. Dresden 1955

KASPER, H.-H.: Die Entstehung und Anfänge der Saigerhütte in Olbernhau-Grünthal (unveröfft. Manuskript in Privatbesitz, 84 S.)
KASPER, H.-H.: Die Gründung und die Anfänge der Saigerhütte und des Kupferhammers in Grünthal. Sächs. Heimatblätter 24 (1978) 4, S. 155—164
KUNIS, R.: Aus der Arbeit der Fachgruppe Bergbauforschung Marienberg. Erzgeb. Heimatblätter 2 (1980) 2, S. 42—43
LORENZ, F.: Betrachtungen um den Olbernhauer „Althammer". Sächs. Heimatblätter 7 (1961) 6, S. 346—352
MÜLLER, P.: Olbernhauer Zinngießer. Sächs. Heimatblätter 9 (1963) 2, S. 159—163
RENNAU, M.: Von den Eisenhämmern und Eisengruben insbesondere der Olbernhau—Neuhausener Gegend. Unsere Heimat (1937) 1
Saigerhütte Grünthal. Museen der Stadt Olbernhau. Olbernhau 1979
SCHIFFNER, C., bearb. v. GRÄBNER, W.: Alte Hütten und Hämmer in Sachsen. Freiberger Forschungshefte D 14. Berlin 1960
SIEBER, S.: Kupferhammer Grünthal und seine Arbeiter. Aus der Geschichte einer Manufaktur. Sächs. Heimatblätter 6 (1960) 9, S. 521—534
WILSDORF, H.: Umrisse der alten bergmännischen Wasserwirtschaft auf dem Freiberger Revier. 100 Jahre Naturkundemuseum Freiberg (Festschrift), S. 107—142. Freiberg 1964
WILSDORF, H.: Das Aufkommen der „Berg-Fabriquen" durch technische Innovationen in den Randbereichen des erzgebirgischen Montanwesens. Veröff. z. Volkskunde u. Kulturgeschichte 69 (Volksleben zwischen Zunft und Fabrik), S. 21—106. Berlin 1981
WILSDORF, H.; HERRMANN, W.; LÖFFLER, K.: Bergbau—Wald—Flöße. Untersuchungen zur Geschichte der Flößerei im Dienste des Montanwesens und zum montanen Transportproblem. Freiberger Forschungshefte D 28. Berlin 1960

3. *Wirtschaft, Technik, Verkehr*

ARNOLD, G.: Vom Nidberg und Serpentin. Erzgeb. Heimatblätter 1 (1979) 6, S. 135—136
ARNOLD, G.: Geschichte und Technologie der Pulvermühle im Rungstocktal von Olbernhau. Jahrbuch Erzgebirge 1982, S. 27—35
BALDAUF, G.: 100 Jahre Flöhatalbahn. Unsere Heimat 19 (1975) 3, S. 41—46; 4, S. 55—58; 6, S. 82—85; 7, S. 102—106; 8, S. 115—117
BARTH, E.: Aus der Entwicklung der Nagelschmiederei. Beiträge zur Heimatgesch. von Karl-Marx-Stadt 19 (1972), S. 55—64 (betr. Rübenau)
BARTH, E.: Zum Stand der Erforschung des Einsatzes von Landmaschinen im Kreis Marienberg. Unsere Heimat 17 (1973) 4, S. 50—52
BERGSTRÖM, S.: Die Entwicklung des Glases und Herausbildung der sächsischen Glasindustrie. Sächs. Heimatblätter 7 (1961) 3, S. 172—176
BILZ, H.: Erzgebirgisches Spielzeugmuseum Kurort Seiffen. Ein Führer durch die historische Abteilung des Museums mit einem Überblick über die Entwicklung der erzgebirgischen Spielwarenindustrie von ihren Anfängen bis zum Jahre 1945. Schriftenreihe Erzgebirgisches Spielzeugmuseum Kurort Seiffen 1. Seiffen 1975 (a)
BRINKMANN, H.: Die Olbernhauer Gewehrmanufaktur und deren Statut. Unsere Heimat 16 (1972) 2, S. 23—25
BRINKMANN, H.: Als noch im Kriegwald der Meiler rauchte. Heimatfreund f. d. Erzgebirge 1973, 2, S. 28—30

Einiges über Holzwarenfertigung, Serpentinsteinbrüche und Serpentindrechselei sowie über die Perlenfischerei im Königreich Sachsen. Mitt. Statist. Verein f. d. Königr. Sachsen. Dresden 1837
Fritzsch, K. E.: Die Ablösung des Seiffener Zinnbergbaus durch die Spielzeugindustrie. Der Anschnitt (1956) 3, S. 13–17
Fritzsch, K. E.: Die Umstellung des Bergortes Seiffen zur Spielzeugproduktion. Sächs. Heimatblätter 11 (1965) 6, S. 482–498
Meyer, G.: Die Spielwarenindustrie im sächsischen Erzgebirge. Leipzig 1911
Roder, P.: Entstehung, Blüte, Niedergang und Bedeutung der Leineweberei. Noch sichtbare Hinweise auf einstige Produktionsstätten in Olbernhau. Unsere Heimat 21 (1977) 10, S. 151–155
Roder, P.: Folienhammer und Spiegelfabrikation in Olbernhau. Unsere Heimat 21 (1977) 11, S. 166–168
Roder, P.: Wie kam der Strumpfstuhlbau nach Olbernhau? Unsere Heimat 21 (1977) 8, S. 119–122
Westenberger, B. E.: Die Holzspielwarenindustrie im sächsischen Erzgebirge unter besonderer Berücksichtigung der Hausindustrie. Leipzig 1911

4. Kunstgeschichte, Volks- und Namenkunde

Bachmann, M.: Zur Geschichte der Seiffener Volkskunst. Abh. u. Ber. Staatl. Museum für Völkerkunde Dresden 28 (1968), S. 171–191
Bilz, H.: Das Reifendreherhandwerk im Spielwarengebiet Seiffen. Schriftenreihe Erzgebirgisches Spielzeugmuseum Kurort Seiffen 3. Seiffen 1976
Bilz, H.: Die Museen unseres Kreises – ihre Aufgaben und Perspektiven. Unsere Heimat 5 (1961) 4, S. 3–4; 5, S. 6–7; 6, S. 2–4; 7, S. 9–11
Bilz, H.: 25 Jahre Erzgebirgisches Spielzeugmuseum Kurort Seiffen. Sächs. Heimatblätter 24 (1978) 6, 241–244
Denkmale in Sachsen. Weimar 1978
Eichhorn, J.: Auf den Spuren Seiffener Volkskunsterzeugnisse. Sächs. Heimatblätter 26 (1980) 6, S. 246
Eichhorn, J.: Aus Holz gewachsene Volkskunst. Unsere Heimat 17 (1973) 1, S. 4–8
Eichhorn, J.: Das „Seiffener Drehwerk". Heimatkundliche Blätter 3 (1957) 4, S. 306–313
Eichhorn, J.: Der Dresdener Fürstenzug und sein Schöpfer Prof. Wilhelm Walther, ein Sohn des Erzgebirges. Sächsische Gebirgsheimat (Kalender) 9.–15. Februar 1981
Eichhorn, J.: Die Entwicklung des Seiffener Spielzeuges zur Handelsware und der gegenwärtige Stand des Volkskunstschaffens. Heimatkundliche Blätter 3 (1957) 6, S. 483–494
Eichhorn, J.: Lea Grundig und die Seiffener Volkskunst. Sächsische Gebirgsheimat (Kalender) 7.–13. Sept. 1980
Eichhorn, J.: Seiffener Volkskunst. Ein Arbeitsbericht 1950–1980. Sächs. Heimatblätter 26 (1980) 1, S. 13–18
Eichhorn, J.: Von Weihnachtsleuchtern. Unsere Heimat 15 (1971) 12, S. 183 bis 185
100 Jahre ev.-luth. Kirche in Neuhausen/Erzgeb. o. O. 1968
Fritzsch, K. E.: Bergmann und Engel. Zur Geschichte der weihnachtlichen Lichterträger des Erzgebirges. Sächs. Heimatblätter 6 (1960) 9, S. 534–542
Fritzsch, K. E.: Ein erzgebirgisches Spielzeugmacherbuch aus Olbernhau. Sächs. Heimatblätter 7 (1961) 9, S. 529–533

FRITZSCH, K. E.: Erzgebirgische Spielwaren auf Märkten und Messen. Sächs. Heimatblätter 13 (1967) 6, S. 241–263
FRITZSCH, K. E.: Motive des Spielzeuges nach erzgebirgischen Musterbüchern des 19. Jahrhunderts. Sächs. Heimatblätter 11 (1965) 6, S. 499–576
FRITZSCH, K. E.: Vom Bergmann zum Spielzeugmacher. Deutsches Jahrbuch für Volkskunde 2 (1956), S. 179–211
FRITZSCH, K. E.: Zur Entwicklungsgeschichte des Lichterengels. Sächs. Heimatblätter 9 (1963) 6, S. 516–522
FRITZSCH, K. E.; BACHMANN, M.: Deutsches Spielzeug. Leipzig 1965
HENGST, K.: Zur Namengebung im oberen Erzgebirge. Namenkundliche Informationen 34, S. 1–13. Leipzig 1978
KUNZE, R.: Von der königlichen Kunstkammer zur Bergmannsstube (Zur Geschichte der bergmännischen Volkskunst im Erzgebirge). Sächs. Heimatblätter 26 (1980) 1, S. 1–12
MÜLLER, W.: Zur Geschichte der Silbermannorgeln im Kreis Marienberg. Unsere Heimat 14 (1970) 8, S. 13–16
RODER, P.: Schwibbogen als Weihnachtsschmuck. Unsere Heimat 21 (1977) 12, S. 185–188
SCHEITHAUER, B.: Ein wenig Spielzeuggeschichte. Unsere Heimat 21 (1977) 12, S. 178–184
SCHMIDT, R.: Denkmale und Sachzeugen der Wald- und Forstarbeiter im Osterzgebirge. Arbeitsmaterial des Zentralen Fachausschusses Kulturgeschichte/Volkskunde beim Kulturbund der DDR 1 (1979), S. 96–99. Berlin 1978
SPICKENREUTHER, W.: Das Fachwerk im Kreis Marienberg. Manuskript Inst. f. Denkmalpflege Dresden 1980
SPICKENREUTHER, W.: Denkmale aus Geschichte und Kultur. Unsere Heimat 20 (1976) 10, S. 149–154
SPICKENREUTHER, W. (unter Mithilfe von EUSEWIG, H.): Die Kirche in Kühnhaide/Erzgeb. 275 Jahre Kirche zu Kühnhaide. o. O. 1966
SPICKENREUTHER, W.: Die Kumthallen im Bielatal. Unsere Heimat 11 (1967) 12, S. 6–9

5. *Darstellung einzelner Orte und Persönlichkeiten*

ARNDT, G.: Erinnerungen an den Seiffener Männelmacher Louis Hiemann. Sächs. Heimatblätter 6 (1960) 9, S. 543–547
BACHMANN, M.: Seiffen – Deutschlands Spielzeugschachtel. Natur und Heimat 7 (1958) 12, S. 370–373
BACHMANN, M.: Seiffener Spielzeugschnitzer. Leben und Werk der Volkskünstler Auguste Müller und Karl Müller. Leipzig 1956
BARTH, E.: Die „neutrale Straße" bei Rübenau im Erzgebirge. Sächs. Heimatblätter 6 (1960) 2, S. 127–128
BARTH, E.: Ein Besuch im alten Herrenhaus in Rübenau. Unsere Heimat 1 (1957) 10, S. 5–7
BRINKMANN, H.: Vom Spielzeugdorf Kurort Seiffen nach dem Schwartenberg. Unsere Heimat 20 (1976) 2, S. 19
BRINKMANN, H.: Zur Entwicklung des Gesundheitswesens in Olbernhau. Unsere Heimat 22 (1978) 2, S. 24–25
Chronik der Erzgebirgsgemeinde Heidersdorf. o. O. 1951
Festschrift 650-Jahrfeier des Kurortes Spielzeugdorf Seiffen vom 21. bis 30. Juni 1974
Festschrift zum Heimatfest Olbernhau am 2., 3. u. 4. Juli 1927

Festschrift zum Schul- und Heimatfest Pfaffroda aus Anlaß des hundertjährigen Bestehens der Schule Pfaffroda 1954
Festschrift zur 950-Jahrfeier von Zöblitz 1954
Heimatfest zur 700-Jahrfeier der Stadt Olbernhau 25. Juni bis 3. Juli 1960
IHLE, K.: Eine alte Karte gibt wichtige Hinweise. Unsere Heimat 12 (1968) 7, S. 1—6 (betr. Wald Rübenau)
IHLE, K.: Noch einmal: Die Entwicklung von Rübenau. Unsere Heimat 12 (1968) 3, S. 9—11
IHLE, K.: Zur Siedlungsgeschichte von Rübenau. Unsere Heimat 15 (1971) 9, S. 132—136
JEREMIES, C.: Als Neuhausen brannte. Unsere Heimat 7 (1963) 2, S. 8—9; 3, S. 6—9; 4, S. 5—7
KADEN, W.: Hermann Kretzschmar zum Gedenken. Unsere Heimat 17 (1973) 1, S. 10—12
KIESLING, A.: Das Mineralbad zu Einsiedel bei Seiffen in Sachsen. Dresden 1881
KOENEN, E.: Olga Körner. Unsere Heimat 21 (1977) 8, S. 113—117
LÖSCHER, H.: Alles Getrennte findet sich wieder. Berlin 1954 (betr. Pfaffroda/Schönfeld)
950-Jahrfeier — Heimatfest der Serpentinstein-Stadt Zöblitz/Erzgeb. 24. Juli bis 1. August 1954
PINDER, P. O.: Geschichte der Kirchfahrt Olbernhau. Olbernhau 1889
RAUSCH, C. F.: Olbernhau, die jüngste Stadt Sachsens und deren reizende und industriereiche Umgebung in Wort und Bild. Olbernhau 1903
RENNAU, M.: Beiträge zur Geschichte von Rothenthal. Unsere Heimat (1929), 14
RODER, P.: Die dürre Heide an der Arles. Zur Besiedlung von Niederneuschönberg ab 1651. Unsere Heimat 17 (1973) 4, S. 61—63
RODER, P.: Die sieben Olbernhauer Täler und die Höhen des linken und rechten Flöhaufers. Unsere Heimat 16 (1972) 10, S. 150—155
RODER, P.: 1871—1971. Hundertjähriges Bestehen der Marktbrücke in Olbernhau. Unsere Heimat 15 (1971) 3, S. 42—44
RODER, P.: Genosse Kühn — ein Kämpfer für die revolutionäre Umgestaltung der Landwirtschaft. Unsere Heimat 15 (1971) 4, S. 52—54
ROITZSCH, P.: Historische Einzeldarstellungen der Meßtischblätter 130/131 betr. Gebiete um Pfaffroda, Olbernhau, Rothenthal. Manuskript 1962 im Institut für Geographie und Geoökologie, Arbeitsgruppe Heimatforschung
ROITZSCH, P.: Entstehung des Kirchdorfes Kühnhaide und des Beidorfes Reitzenhain. 275 Jahre Kirche zu Kühnhaide. o. O. 1966
SCHÄDLICH, H.-J.: Die Entwicklung von Rübenau. Unsere Heimat 12 (1968) 1, S. 3—6; 2, S. 9—10
SCHEITHAUER, B.: Eine Ausstellung zur 350-Jahrfeier von Rothenthal. Unsere Heimat 20 (1976) 11, S. 165—166
750 Jahre Cämmerswalde, eine Festschrift. o. O. 1957
STEINBACH, W.: Historie des von dem edlen Serpentinstein weitbekannten Städtgens Zoeblitz im Meißnischen Oberertzgebürge. Dresden 1750
WEBER, W.: Festschrift 300-Jahrfeier Oberneuschönberg
ZABEL, H.: Chronik von Zöblitz. Annaberg 1890

Anmerkung:

Unsere Heimat. Monatliche Beilage des Erzgebirgischen Generalanzeigers Olbernhau. 1925—1935
Unsere Heimat. Monatsblätter. Kreisleitung Marienberg des Kulturbundes der DDR. 1958—1978

G. Abbildungsverzeichnis

Gestaltung der Abbildungsunterlagen: U. Berger (Pflanzen, Spielzeug), Dipl.-Ing. W. Hähle (Architektur, Vorlage für Einbandprägung), S. Pertzsch und H. Schulze (Karten, Profile, Diagramme)

Bildnachweis: Barbara Bastian: Abb. 12, 17, 19, 22; Deutsche Fotothek: 17, 36, Abb. 34; Fotogruppe Oberschule Olbernhau-Niederneuschönberg: 24; Johannes Eichhorn: 13; Werner Hoffmann; 2, 4, 5, 12, 14—16, 18, 26; Institut für Denkmalpflege (Waltraud Rabich): 10; Alfred Kaden: 28, 29, 31, 40, 41; Gerhard Rothe: 1, 3, 6—9, 11, 19—23, 25, 27, 32—35, 37—39, 42, 43; Lothar Schacht: 30; Hermann Schmidt: Abb. 23

H. Namenverzeichnis

J. Sachverzeichnis

1/2 Kupferhammer Grünthal: Hüttenschenke, Häuser des Richters und Anrichters (oben von links nach rechts); Althammerinneres

3–5 Olbernhau
Partie an der Flöha;
Haus der Heimat;
Stadtteil unterhalb vom
Bahnhof

6

7

Olbernhauer Talwanne: *6* Von Neuer Schenke nach N mit Reukersdorf
7 Von Sorgau nach SO

8 Olbernhau: Grünthaler Straße

9–11 Zöblitz:
Blick über das Knesenbachtal; Zöblitzer Serpentin als Altarsäulen (Stadtkirche); Serpentinsteinbruch

10

11

12–14 Seiffen:
Bäumchenstecher;
Neuglücker Binge, Zeichnung von W. WALTHER 1842;
Nußknackerwerkstatt

12

15

16

15/16 Freilichtmuseum Seiffen-Heidelberg: Reifendrehwerk (oben); Fachwerk-Bergmannshaus und Flößerhaus

17

18

17/18 Schwartenberg: Flacher Auslieger der Kammhochfläche von SO mit Kurort Seiffen im Vordergrund; eindrucksvoller Anstieg von Neuhausen

19

20

19/20 Rauschenbachtalsperre: Staumauer, FDGB-Ferienheim Paul Gruner

21

22

23

24

21 Bielatal unterhalb Pfaffrodas

22 Südhang der Olbernhauer Talwanne mit Spielzeugfabrik in Blumenau

23 Feierabendheim Pfaffroda

24 Kunstgraben bei Dittmannsdorf

25

26

25 Blick vom Steinberg bei Schönfeld nach O

26 Blick übers Flöhatal mit Neuhausen nach N

27 Hochsilos bei Ansprung

28 Hirschberger Revier: 480 Jahre alte Tanne gefällt (um 1910)

ZT 300

27

480 Jahre alt
Durchm
Gruss aus dem
Erzgebirge
Hirschberger Staatsforstrevier
Abteilung

28

29

30

29 Pferdeeinsatz zur Holzrückung im Hirschberger Revier

30 Spezialrücketraktor LKT 75 im Kriegwald

31 Rauchresistente Blaufichtenpflanzung bei Deutscheinsiedel

32 Natürlich entstehende Sekundärvegetation westlich vom Grauhübel

31

32

33

35

33–35 Rotbuchen:
Am Bruchberg (670 m),
am Ahornberg (800 m) und
an dessen windexponiertem Hangrand

36 Mothäuser Heide mit Spirken und Krummholz

37 Blick vom Stößerfelsen gegen SW ins Natzschungtal

36

37

38 

39 

38 Lehmheider Teich

39 Hochfläche mit Rübenau

41

42

40 Naturwaldparzelle im NSG Schwarzwassertal

41 Katzenstein

42 Über Talwand aufragende Ringmauer

43 Felsbett der Schwarzen Pockau mit Teufelsmauer

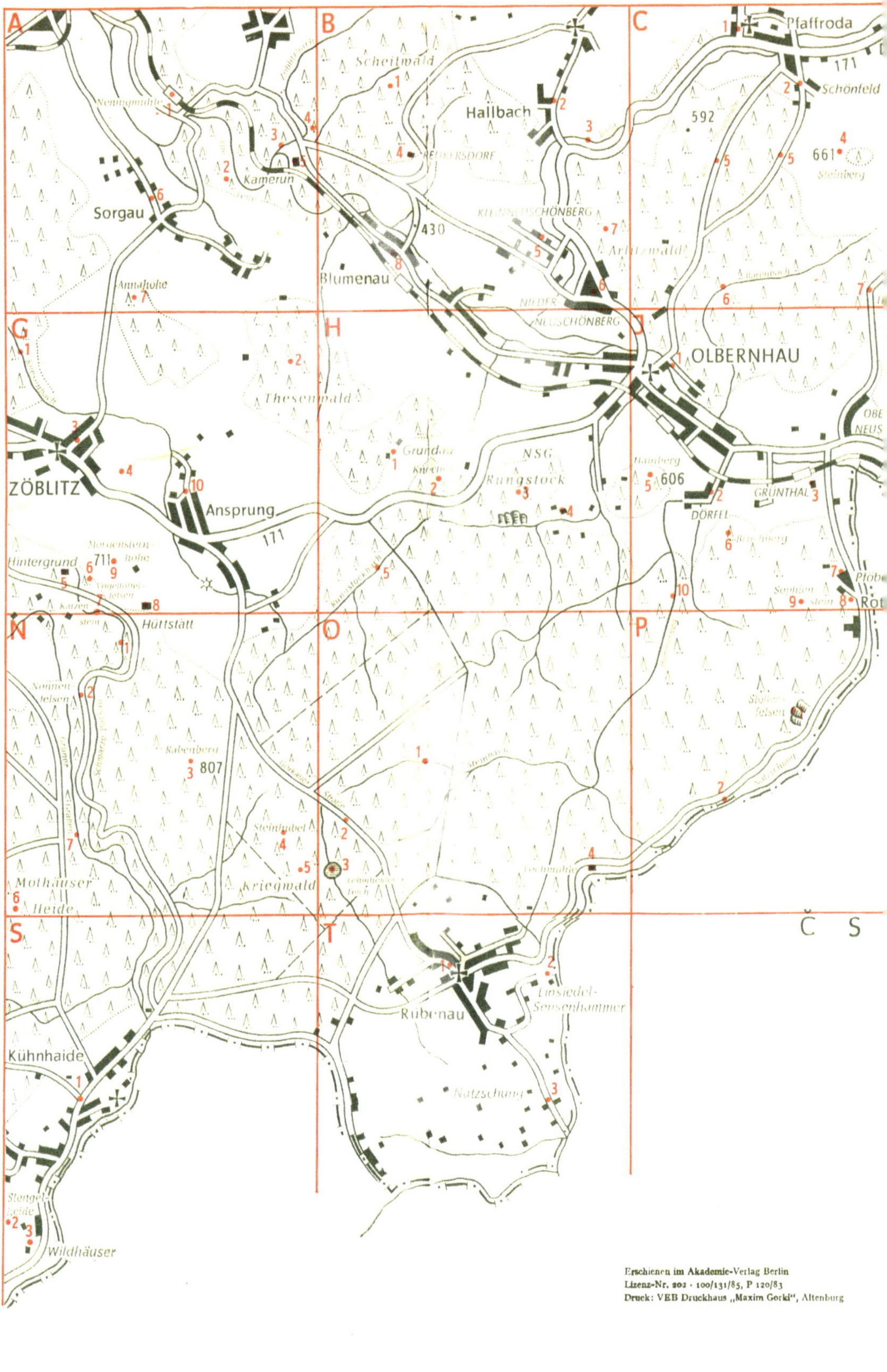

Erschienen im Akademie-Verlag Berlin
Lizenz-Nr. 202 · 100/131/85, P 120/83
Druck: VEB Druckhaus „Maxim Gorki", Altenburg

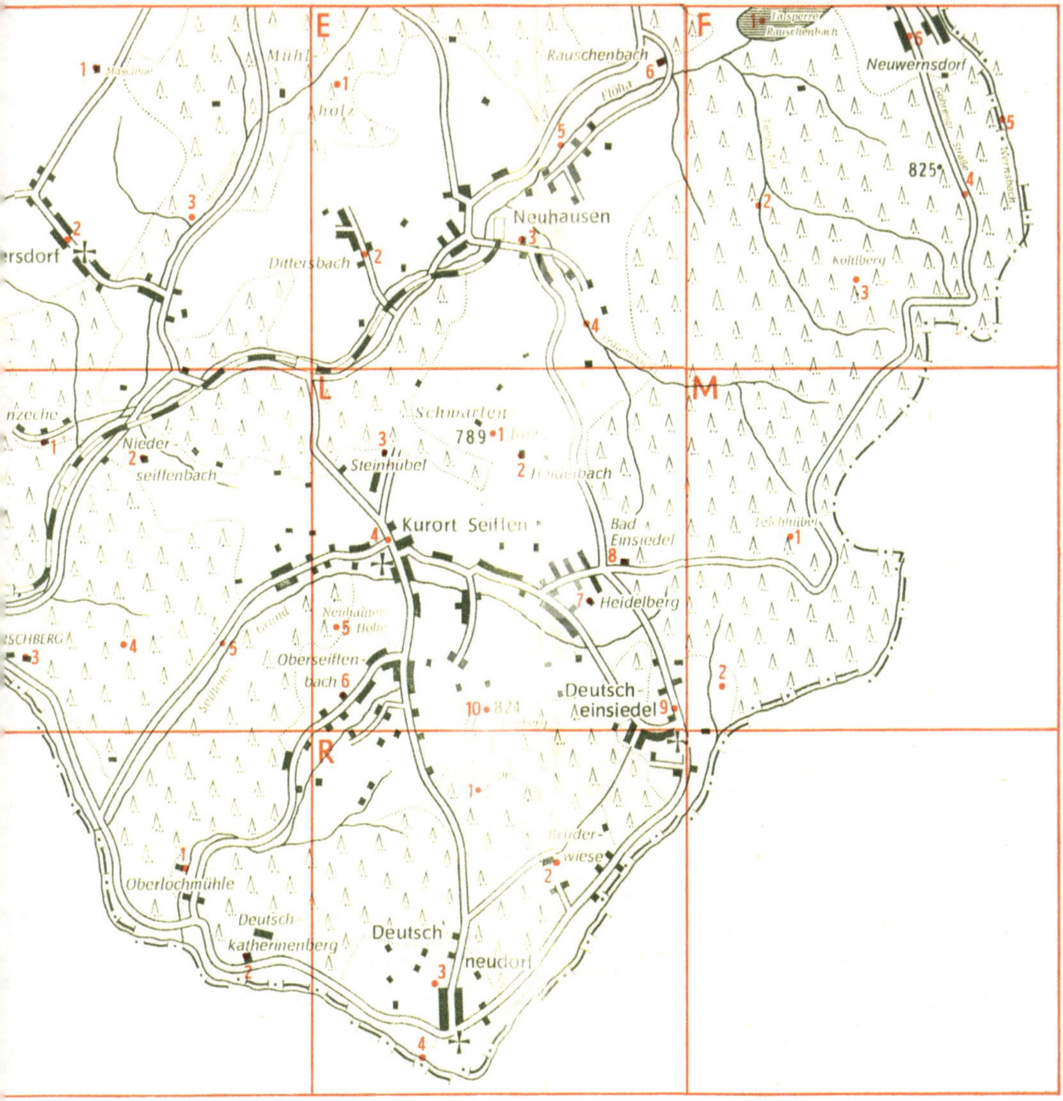

1 : 50 000

500 0 1 2 km

OLBERNHAU	Stadt
HIRSCHBERG	Stadtteil
Neuhausen	Gemeinde
Rauschenbach	Gemeindeteil

Karte nach Übersichtskarte der DDR 1 : 200 000
zu „Um Olbernhau und Seiffen"
WERTE UNSERER HEIMAT, Band 43

Kolibri 360 GmbH
Ferdinand-Jühlke-Straße 7
99095 Erfurt, Deutschland
produktsicherheit@kolibri360.de